松辽流域重要水系
典型有毒有机物污染特征

Pollution Characteristics of Typical Toxic Organic Pollutants in the Main Water-system of Song-Liao Watershed

何孟常 林春野 杨志峰 等 著
全向春 郭 伟

科学出版社
北京

内 容 简 介

松辽流域是我国东北老工业基地。过去由于重工业比重过大、产业结构失调，以及粗放型的经济增长方式等原因，导致严重的环境污染问题。本书提供大量实测数据和模拟实验结果，系统地分析松辽流域重要水系——松花江水系和大辽河水系典型河流，及辽东湾营口河口表层水、悬浮颗粒物和沉积物中有毒有机污染物的时空分布特征，研究沉积物不同有机组分对有机污染物的吸附特征，探讨河流沉积物中微生物群落分布与有机污染物之间的相互关系，并对松辽流域水体中有毒有机污染物的生态风险进行初步评价。

本书可供高等院校和科研院所从事流域有毒有机污染物研究的教学和研究人员阅读，也可供从事流域水环境监测与管理人员参考。

图书在版编目（CIP）数据

松辽流域重要水系典型有毒有机物污染特征／何孟常等著 . —北京：科学出版社，2015.4

ISBN 978-7-03-044064-8

Ⅰ.松… Ⅱ.何… Ⅲ.①松花江–流域–有毒废物–有机污染物–研究②辽河流域–有毒废物–有机污染物–研究 Ⅳ.X522

中国版本图书馆 CIP 数据核字（2015）第 072959 号

责任编辑：李 敏 吕彩霞／责任校对：朱光兰
责任印制：肖 兴／封面设计：无极书装

科 学 出 版 社 出版
北京东黄城根北街 16 号
邮政编码：100717
http://www.sciencep.com

北京通州皇家印刷厂 印刷
科学出版社发行 各地新华书店经销

*

2015 年 4 月第 一 版 开本：787×1092 1/16
2015 年 4 月第一次印刷 印张：15 3/4
字数：375 000

定价：128.00 元
（如有印装质量问题，我社负责调换）

前　言

地球上的环境问题是人类社会片面追求经济发展的恶果，自从人类社会步入工业化社会以来，环境污染与日俱增，逐渐成为影响人类自身生存和发展的基本因素。种类繁多的有机污染物使环境不断恶化，有机污染也成为继重金属污染以来的又一大污染，目前在空气、水、土壤和食物链中发现的难降解有机化合物已经威胁着地球的生态环境和人类的生活健康。水环境作为地球环境的中转站，接纳和传递着各种来源的有机污染物。水体中的这些有机污染物通过大气沉降、废水排放、雨水淋溶与冲刷进入水体造成直接污染，经过一定的物理、化学、生物作用部分降解迁移转化，而其余部分及降解产物及生物残骸则沉积到沉积物中，在沉积物中逐渐富集，使沉积物受到严重污染并在一定条件下释放到水体中造成二次污染。当今千奇百怪的生物疾病和生理异常现象的出现被认为在很大程度上与环境严重的有机污染有关，这些有机污染物对生态环境及人类生存与发展已构成了极大威胁。因此，研究水环境中有机污染物的赋存状态和迁移转化规律具有重要的现实意义。

松辽流域是我国东北地区的主要水体，辽河与松花江是这一流域的两大江河，是东北地区的母亲河。中国重要的工业基地——东北老工业基地就位于该流域内。然而由于重工业比重过大、产业结构失调，以及粗放型的经济增长方式等原因导致老工业基地普遍存在矿产资源枯竭、经济滞后和严重的环境污染问题。日益严重的污染已经使这两条母亲河变了颜色，也给东北地区可持续发展笼罩了一层阴影。随着东北工业的振兴，人民生活的日益提高，各种合成有机物的增加，水体污染的形势也将日趋严峻。

针对东北老工业基地突出的环境污染和生态环境问题，在科技部国家重点基础研究发展计划支持下，立项开展了"东北老工业基地环境污染形成机理与生态修复研究（2004CB418500）"。其中，课题 2 是关于松辽流域"重要水系典型污染形成过程及环境行为（2004CB418502）"的研究，该课题围绕项目总体目标，针对松花江、辽河两大污染水系，开展典型水体中 Hg、Cd 和石油烃等典型污染形成过程与环境行为，以及非点源等污染对水环境的影响研究。本书是该 973 课题（2004CB418502）成果的一部分，系统地报道了松辽流域重要水系——松花江水系和大辽河水系典型河流及辽东湾营口河口表层水、悬浮颗粒物和沉积物中有毒有机污染物的时空分布特征，研究了沉积物不同有机组分对多环芳烃的吸附特征、河流沉积物中微生物群落分布与有机污染物之间的相互关系，并对松辽流域水体中有毒有机污染物的生态风险进行了分析。

参加该课题研究的老师和学生有何孟常、林春野、杨志峰、全向春、刘瑞民、郭伟、门彬、张景环、王浩正、谭丽、王赢、王育来、王文燕、汤茜等，全书由何孟常负责统稿。由于作者才疏学浅以及时间仓促，书中疏漏之处在所难免，恳请各位读者批评指正。

作　者
2014 年 12 月

目　录

第1章 绪 论

1.1 松辽流域概况和水污染状况

1.1.1 松辽流域概况

松辽流域泛指东北地区,行政区划包括辽宁、吉林、黑龙江三省和内蒙古自治区东部的四盟(市)及河北省承德市的一部分。松辽流域总面积为 123.80 万 km²。西、北、东三面环山,南部濒临渤海和黄海,中、南部形成宽阔的辽河平原、松嫩平原,东北部为三江平原。松辽流域主要河流有辽河、松花江、黑龙江、乌苏里江、绥芬河、图们江、鸭绿江以及独流入海河流等(图 1-1)。松辽流域处于北纬高空盛行西风带,具有较多的西风带天气和气候特色,东北地区有明显的大陆性气候特点,为温带大陆性季风气候区。冬季严寒漫长,夏季温湿而多雨,部分地区属寒温带气候。

作为国家工业化基地的东北地区,以其能源、原材料、机械装备、化工、森工和军工等门类齐全的工业体系,在我国工业发展史上曾写下无数辉煌。自 20 世纪 50 年代国家将 156 个重点建设工程的 54 项建在东北三省开始,东北现代工业发展进入了一个新的历史时期。经过 30 多年的发展建设,东北区域经济已在全国处于重要地位,成为国家区域经济发展的重要增长极和发达的经济地区,工农业生产特别是工业生产在全国处于领先地位。

1)松花江流域概况

松花江流域位于 119°52′E ~ 132°31′E,41°42′N ~ 51°48′N,东西长 2309km,南北宽 1070km,流域面积为 55.68 万 km²。松花江流域西部为大兴安岭,海拔高程为 700 ~ 1700m;北部为小兴安岭,海拔高程为 1000 ~ 2000m;东部和东南部为完达山山脉和长白山山脉,海拔高程为 200 ~ 2700m;西南部的丘陵区地带是松花江与辽河两流域的分水岭,海拔高程为 140 ~ 250m;中部是松嫩平原,海拔高程为 50 ~ 200m,是该流域的主要农业区。流域内山区面积为 23.79 万 km²,占流域面积的 42.7%;丘陵面积为 16.2 万 km²,占流域面积的 29.1%;平原面积为 15.23 万 km²,占流域面积的 27.4%;其他面积占流域面积的 0.8%。松花江水资源总量为 734.70 亿 m³,河川径流总量为 725.80 亿 m³。人均地表水资源量为 1568m³,为全国人均地表水资源量的 7/10,流域内农田地表水资源量为 6495m³/hm²,为全国的 25%。

松花江有南北两源,南源第二松花江发源于吉林省长白山天池,北源嫩江发源于大兴安岭伊勒呼里山中段南侧,两源于三岔河附近汇合向东而流始称松花江。松花江流经黑龙江、吉林两省和内蒙古自治区,在同江县附近汇入黑龙江,从嫩江源头计算,松花江总长 2308km。北源嫩江是比较大的河流。它发源于大兴安岭伊勒呼里山,自北向南流至三岔

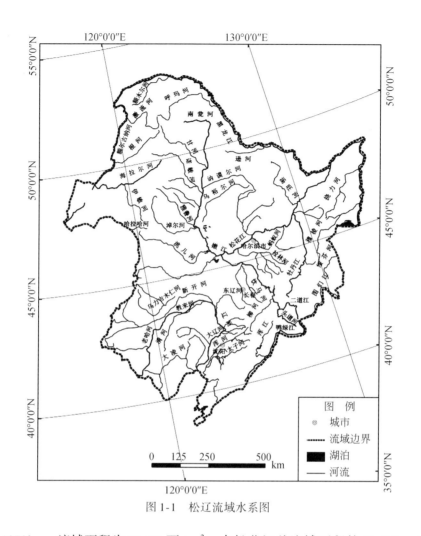

图 1-1　松辽流域水系图

河,全长 1379km,流域面积为 29.70 万 km²,占松花江总流域面积的 51.9%;流量占松花江干流的 31%。嫩江接纳了许多发源于大小兴安岭的支流,主要有甘河、诺敏河、雅鲁河、绰尔河、洮儿河、科洛河、讷漠尔河、乌裕尔河等,流域内包括内蒙古自治区的呼伦贝尔盟、兴安盟,黑龙江省的大兴安岭、黑河、嫩江、绥化等地区和齐齐哈尔市以及吉林省的白城地区。南源第二松花江是松花江的正源,它发源于长白山的白头山,全长 795km,流域面积为 78 180km²,占松花江流域总面积的 14.30%。它供给松花江 39% 的水量。流域在行政区划上分属吉林省延边、通化、吉林、四平、长春、白城 6 个地区,包括 2 个市和 22 个县,是吉林省人口集中、工农业较发达,交通方便的地区。第二松花江为东北地区的主要河流之一,较大的支流有辉发河、饮马河等,流域面积为 7.34 万 km²,河流总长为 958km。松花江干流是指嫩江和第二松花江在三岔河汇合后,折向东流至同江镇河口这段河道。松花江干流全长 939km,从大赉水文站进入黑龙江省,它将流过哈尔滨、佳木斯等大城市,沿途还有肇源、双城、肇东、呼兰、巴彦、木兰、通河、依兰、汤原、桦川、绥滨、富锦等市(县、区),在同江附近注入黑龙江。松花江干流右岸有拉林河、蚂蚁河、牡丹江、倭肯河等主要支流注入。左岸汇入的支流有呼兰河、汤旺河、梧桐河、都鲁河等（图1-2）。

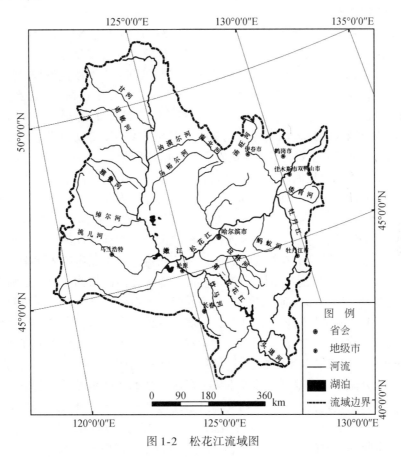

图1-2　松花江流域图

松花江流域属北温带季风气候区，大陆性气候特点明显。春季干旱多风；夏季受太平洋高压控制，盛行的东南风沿地形抬高促成凝水和热带海洋气团与极地大陆气团相遇形成锋面降水，高温多雨，人们叫7、8、9三个月为"水季"；秋季晴冷，温差大；冬季受内蒙古高压控制，多刮西北风，严寒漫长，最冷地区冰雪覆盖多达210天。松花江干流年平均气温2~4°C，无霜期110~140天，年平均降雨500~700 mm，水面蒸发600~800 mm，水面封冻期11月初~4月初，冻土深1.50~2.50 m。松花江流域河川径流主要由降水形成，径流的地区分布不均匀。高值区多年平均径流深200~500mm，长白山脉天池附近高达600 mm。径流低值区多年平均径流深小于150 mm，嫩江中下游平原地区年径流深小于25 mm。径流年际变化大，并存在明显的丰、枯变化周期。

松花江流域土地资源十分丰富，可耕地面积为1700万hm²，养育着6500万人口。松嫩平原和三江平原，是我国的著名大粮仓和重要商品粮基地。流域水力资源丰富，已建成的白山、红石、丰满、莲花4座较大的水电站，人称松花江大地上的4颗明星。由于历史原因，松花江上游建有大型的石化企业——吉林石化集团，大量的有毒有机物长期污染着松花江的水环境。在第二松花江的松源市和松花江的肇源段分布有许多水上采油工业，同时受大庆和牡丹江工业污染的支流也威胁着松花江的水质。

2）辽河流域概况

辽河流域位于我国东北地区西南部，地处 40°31′N～45°17′N，116°54′E～125°32′E。流域东西宽，南北窄。该流域东以长白山脉与第二松花江两流域分界；西接大兴安岭之南端，与内蒙古内诸河相邻；南以七老图、凌源山脉与滦河、大小凌河流域毗连；北以松辽分水岭和松花江流域相接。全流域面积为 21.96 万 km²。其中山区占 48.2%，丘陵区占 21.5%，平原洼地占 24.3%，沙丘占 6%。水资源总量为 235.11 亿 m³，人均地表水资源量为 535 m³，仅为全国人均地表水资源量的 20%，流域内农田地表水资源量为 220 m³/亩[①]，仅为全国的 12%。从总体上看，辽河流域属于水资源贫乏地区。

辽河流域由辽河和大辽河两大水系组成。辽河是我国七大江河之一，发源于河北省承德地区七老图山脉的光头山（海拔 1490 m），流经河北、内蒙古、吉林、辽宁四省（自治区），在辽宁省盘锦市入渤海，全长 1345 km。辽河源头在老哈河上，老哈河由西南向东北流，在西安村水文站上游与左侧支流西拉木伦河汇合后，称西辽河，西辽河由西向东流至科尔沁左翼中旗白音他拉纳右侧支流教来河继续东流，在小瓦房汇入北来的乌力吉木伦河后折向东南，流至福德店水文站上游汇入左侧支流东辽河后始称辽河。辽河干流继续南流，分别纳入左侧支流招苏台河、清河、柴河、泛河和右侧的秀水河、养息牧河、柳河等支流后，曾在六间房水文站附近分成两股，一股西行称双台子河，在盘山纳绕阳河后入渤海；另一股南行，称外辽河，在三岔河水文站与浑河、太子河汇合后称大辽河，于营口入渤海。自 1958 年外辽河于六间房截断后，浑、太两河汇成大辽河成为独立水系（图 1-3）。

辽河流域地处温带、寒温带大陆性季风气候区，冬季寒冷而漫长，夏季炎热多雨，春季干燥多风。年内温差较大，多年平均气温由南北递减，降水量自西北向东南递增，多年降水量为 350～1200 mm；降水量年际变化较大，年内分配的差异也较明显，主要集中在 6～9 月，约占全年降水量的 80%。辽河流域蒸发量自东南向西北递增，多年平均蒸发量为 1100～2500 mm。蒸发最大为 5 月，为 240～390 mm；最小为 1 月，为 15～45 mm。辽河流域年径流特征与年平均降水量的分布是一致的，也是从东南向西北递减。径流量的分布年际变化很大，丰枯水期年径流量相差悬殊，可达 7 倍左右。而且年内变化也很大，7、8 两个月的径流量占年径流量的 60%，最小为 1 月，只占年径流量的 0.1%。流域内年平均地表径流量为 150 亿 m³。辽河流域各河流含沙量不同，东部河流含沙量小，西部河流含沙量大。

辽河流域是我国重要的钢铁、机械、建材、化工基地，粮食生产基地和畜牧业基地。辽河中、下游地区是东北乃至全国工业经济最发达的地区之一，有以沈阳为中心的包括本溪、辽阳、鞍山、营口、铁岭和盘锦的中部城市群。其中，本溪、鞍山是重要的冶金城市，辽阳和盘锦是重要的化工和石油城市，抚顺和沈阳是煤炭、能源和机械工业城市，铁岭则是新兴的能源基地，具有人口集中、工业发达、能源消耗大的特点。

[①] 1 亩≈666.7m²。

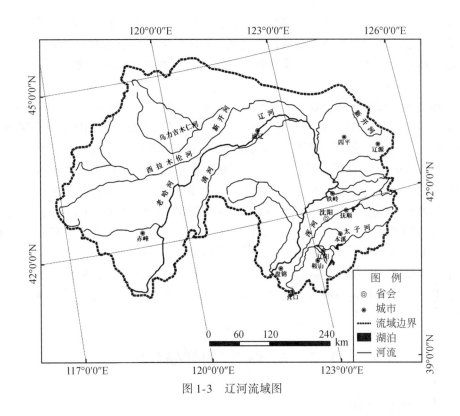

图 1-3　辽河流域图

1.1.2　松辽流域水污染状况

1) 松花江流域水污染状况

根据环境保护部公布的松花江水系水质状况表明：2005 年，松花江水系属轻度污染，42 个地表水国控监测断面中，Ⅰ~Ⅲ类、Ⅳ~Ⅴ类和劣Ⅴ类水质的断面比例分别为 24%、57% 和 19%，主要污染指标为高锰酸盐指数、石油类和氨氮。松花江国控省界断面水质一般。Ⅰ~Ⅲ类水质占 34%，Ⅳ类占 66%，无Ⅴ类和劣Ⅴ类水质断面。此外，长期的老旧工业也使得松花江的重金属污染相当严重，对沿岸的生态构成极大的威胁。松花江河流污径比较高，部分河流污径比已经超过 70%。城市江段污染较重，其中松花江干流的吉林市下游江段、牡丹江敦化段、伊通河的长春市下游江段、辉发河的污染尤为严重。松花江流域特别是中下游地区分布有化工、冶金、机械、造纸、食品加工的大中型企业，落后的工艺结构使其排污负荷占总污染负荷的 70% 以上。经过"十一五"重点流域水污染防治规划的实施，松花江水系水质状况有所好转。2010 年，松花江水系水质总体为轻度污染。42 个国控监测断面中，Ⅰ~Ⅲ类、Ⅳ类、Ⅴ类和劣Ⅴ类水质的断面比例分别为 47.6%、35.7%、4.8% 和 11.9%，主要污染指标为高锰酸盐指数、氨氮和五日生化需氧量。松花江干流总体为轻度污染，主要污染指标为高锰酸盐指数、氨氮和石油类。与 2009 年相比，水质无明显变化。松花江支流总体为中度污染，主要污染指标为高锰酸盐指数、五日生化需氧量和氨氮。

松花江由于地理位置决定了其环境污染特征与国内其他流域有所不同。松花江水质具有冰封期污染加重和点源污染突出的污染特征，在冰封期水质中的有机污染物主要是石油化工等企业排放的多环芳烃、硝基化合物、酚类、氯苯类等有机污染物。

2）辽河流域水污染状况

根据环境保护部公布的 2005 年全国水环境质量状况表明：辽河水系属重度污染，37个地表水国控监测断面中，Ⅰ～Ⅲ类、Ⅳ～Ⅴ类和劣Ⅴ类水质的断面比例分别为30%、30%和40%，主要污染指标为氨氮、石油类和高锰酸盐指数。辽河干流属重度污染，与2004 年基本持平。辽河支流为重度污染，与 2004 年相比，水质有所下降。东辽河、老哈河、西拉木伦河属轻度污染；西辽河为中度污染；条子河和招苏台河为重度污染。辽河水系国控省界断面水质较差。经过"十一五"重点流域水污染防治规划的实施，辽河水系水质状况也有所好转。2010 年，辽河水系总体为中度污染。37 个国控监测断面中，Ⅰ～Ⅲ类、Ⅳ类、Ⅴ类和劣Ⅴ类水质的断面比例分别为40.5%、16.3%、18.9%和24.3%，主要污染指标为氨氮、高锰酸盐指数和石油类。辽河干流总体为轻度污染，主要污染指标为五日生化需氧量、石油类和氨氮。老哈河水质为优，东辽河水质良好，西辽河和辽河为中度污染。

1.2 采样站位和样品分析

1.2.1 采样站位

1）松花江水系

作者分别于 2005 年 8 月（丰水期）和 2005 年 12 月（枯水期）对松花江水系进行了系统采样分析。2005 年 8 月（丰水期）采集的样品包括南源松花江和松花江表层沉积物样品，2005 年 12 月（冰封期）采集的样品包括表层沉积物、靠近河岸的周期性暴露沉积物，采样区域位于黑龙江省和吉林省境内。采样点位置如图 1-4 所示，采样站位见表 1-1。丰水期水流量大，降雨量丰富，污染输入途径复杂，采样点靠近河岸；冰封期河面结冻气温在零下 10～30℃，污染以点源输入为主，样品容易保存，采样点靠近河中心。在冰封期由于苯泄漏事故，上游水库大量放水，河流水体动力条件也很复杂。从表 1-1 中可以看出松花江上游的吉林段有机碳含量高于哈尔滨—佳木斯段，由于采样点的不同，黏粒含量具有很大的差异性，总体黏粒含量较高，有利于污染物质的赋存。S6 站点位于第二松花江上游，受上游吉林石化污染影响，总有机碳（TOC）和阳离子交换量（CEC）在上层和底层较高。S9 站点位于嫩江下游汇入松花江干流处，受上游大庆油田污染影响。TOC 底层较高，CEC 上层中部较高。

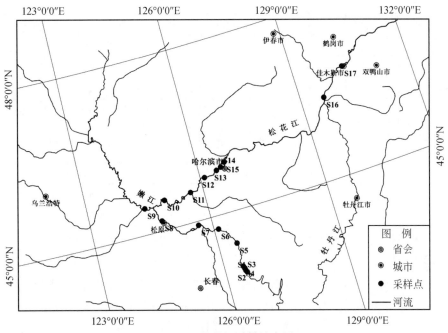

图 1-4　松花江采样站点图

表 1-1　松花江水系采样点特征　　　　　　　　　　（单位:%）

站点	名称	采样类型	TOC		LOI		Silt-clay	
			8月	12月	8月	12月	8月	12月
S1	哈达湾	S	2.31	0.66	2.42	1.88	53.76	6.42
S2	七家子	S	NC	2.96	NC	3.38	NC	18.90
S3	九站	S	NC	3.71	NC	6.81	NC	27.96
S4	哨口	S	1.38	1.30	1.55	5.15	27.96	31.14
S5	白旗	S	1.41	0.16	4.07	0.61	29.50	3.24
S5s		PES	NC	1.10	NC	2.73	NC	16.63
S6	五棵树	S	0.75	1.10	3.03	2.45	39.18	28.37
S7	五家站	S	0.48	NC	2.80	NC	37.10	NC
S8	松源大桥	S	0.81	0.16	1.34	1.25	38.23	17.15
S8s		PES	NC	0.82	NC	1.32	NC	21.43
S9	塔虎城	S	0.09	NC	1.78	NC	56.31	NC
S10	肇源	S	0.08	0.16	1.30	0.87	24.68	32.97
S10s		PES	NC	1.65	NC	2.61	NC	24.94
S11	三站	S	NC	0.31	NC	2.52	NC	3.65
S12	白旗	S	NC	0.19	NC	1.11	NC	27.29
S12s		PES	NC	0.77	NC	4.73	NC	25.68

续表

站点	名称	采样类型	TOC		LOI		Silt-clay	
			8月	12月	8月	12月	8月	12月
S13	松花江大桥	S	0.09	0.16	0.74	1.61	53.06	10.41
S14	滨洲大桥	S	0.10	NC	0.98	NC	48.87	NC
S15	四方台大桥	S	NC	0.18	NC	0.81	NC	31.06
S15s		PES	NC	0.95	NC	2.49	NC	24.95
S16	依兰	S	NC	0.46	NC	1.59	NC	5.23
S16s		PES	NC	2.27	NC	2.62	NC	18.72
S17	佳木斯大桥	S	NC	0.33	NC	1.57	NC	4.66
S17s		PES	NC	1.24	NC	5.52	NC	15.16

注：NC为未采集；S为沉积物；PES为周期性暴露沉积物；TOC为总有机碳；LOI为燃烧损失值；Silt-clay为黏粒

2）大辽河水系

作者分别于2005年8月（丰水期）和2006年6月（枯水期）对大辽河水系进行了系统采样分析。采样区域站点如图1-5所示。各干流采样地点包括：浑河的北杂木（H01）、古楼河西（H02）、东陵大桥（H1）、长青桥（H2）、浑河大闸（H3）、王刚大桥（H4）、黄腊坨大桥（H5）、北道沟浑河桥（H5-1）和对坨子大桥（H6）；太子河的三家子桥（T1）、大峪威宁大桥（T2）、本溪兴安（T3）、辽阳曙光镇鹅眉村（T4）、下王家（T5）、北沙桥（T6）和唐马桥（T7）；大辽河的三岔河大桥（D1）、田庄台大桥（D2）、营口政府（D2-1）和营口渡口（D3）。具体支流采样地点包括：浑河的抚顺石油二厂排污废水渠（B1）、沈阳细河污水（B2）和辽中市污水河蒲河下游（B3）；太子河的本溪钢铁废水排污渠（B4）、弓长岭铁矿和水泥工业污染的污水河汤河下游（B5）、庆阳化工排污渠（B6）、灯塔市污水污染的北沙河下游（B7）和鞍山市污水污染的沙河下游（B8）；大辽河的台安市污染的外辽河下游（B9）。

2005年8月，对辽河水系的3条主要干流进行水、悬浮物、表层和柱状沉积物样品的采集，其中水样和悬浮物样各16个，表层沉积物样12个。采样站位特征情况见表1-2，采样站点丰水期对样品相关的理化性质测定，包括TOC、总碳（TC）、悬浮物含量、CEC、含水率、pH和黏粒含量；2006年6月，采集水系水样和悬浮物样各29个，沉积物样28个表层沉积物和4个柱状沉积物，10个孔隙水样，采样站位特征情况见表1-3，枯水期对样品相关的理化性质测定，包括TOC、悬浮物含量、pH及黏土、粉砂和沙粒含量；整个采样过程采样站位用全球定位系统（GPS）确定，理化性质根据采样条件和样品特征来确定测定种类。丰水期正值水系洪水泛滥，水流量大，降雨量丰富，污染输入途径复杂，水动力条件复杂，采样点靠近河岸；枯水期河水流量明显下降，湿沉降几乎为零，污染以点源输入为主，采样点靠近河中心。

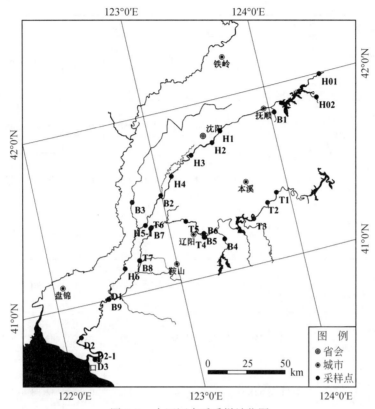

图 1-5　大辽河水系采样站位图

表 1-2　丰水期大辽河水系水、沉积物理化性质

站点	经纬度	水					沉积物			
		pH	Eh/mV	TOC/ (mg/L)	TC/ (mg/L)	悬浮物 含量/ (mg/L)	TOC/%	含水 率/%	黏粒含 量/%	CEC/ (cmol/kg)
H1	41°48.674′N, 123°34.485′E	7.36	464	18.33	54.4	155	0.88	27.05	30.25	7.22
H2	41°45.368′N, 123°29.442′E	7.38	463	15.43	35.95	810	0.68	22.92	32.05	8.15
H3	41°42.822′N, 123°18.211′E	7.41	271	15.84	37.77	463	NC	NC	NC	NC
H4	41°37.268′N, 123°06.757′E	7.63	496.60	18.51	45.55	128	1.16	20.53	33.41	0.105

续表

站点	经纬度	水					沉积物			
		pH	Eh/mV	TOC/ (mg/L)	TC/ (mg/L)	悬浮物 含量/ (mg/L)	TOC/%	含水 率/%	黏粒含 量/%	CEC/ (cmol/kg)
H5	41°29.650′N, 122°57.399′E	7.30	530.10	66.20	113.61	250	0.15	24.23	48.67	0.95
H6	41°09.376′N, 122°35.517′E	7.41	481.80	36.09	69.49	308	0.69	20.05	39.43	1.04
T1	41°22.963′N, 123°54.121′E	7.53	517.70	22.48	48.75	8	2.60	46.30	24.97	31.82
T2	41°20.224′N, 123°48.891′E	7.63	518.90	14.82	44.52	11.70	0.41	21.70	27.88	1.06
T3	41°15.931′N, 123°40.709′E	7.45	516.50	27.31	58.24	20	NC	NC	NC	NC
T4	41°13.803′N, 123°15.446′E	7.61	523.90	14.55	45.20	145	0.88	32.88	30.96	2.12
T5	41°20.710′N, 123°08.584′E	7.53	524	48.17	108.30	285	0.70	36.42	29.53	2.19
T6	41°21.089′N, 122°51.516′E	7.53	514	62.74	126.46	547	NC	NC	NC	NC
T7	41°11.028′N, 122°43.135′E	7.79	432.20	17.55	52.73	388	NC	NC	NC	NC
D1	41°00.205′N, 122°24.856′E	7.73	492.90	36.29	82.26	588	2.56	45.43	34.87	16.30
D2	40°49.227′N, 122°08.146′E	7.63	387.60	39.84	88.60	95	0.41	16.53	42.22	2.55
D3	40°40.950′N, 122°12.267′E	7.45	381.40	17.77	51.81	65	0.86	35.75	82.01	16.70

注：NC 表示该站位没有采集样品，下同

表 1-3　枯水期大辽河水系水、沉积物理化性质

站点	经纬度	水			沉积物					孔隙水
		pH	TOC/ (mg/L)	悬浮物/ (mg/L)	pH	TOC/%	黏土/%	粉砂/%	沙粒/%	TOC/ (mg/L)
H01	41°59.637′N, 124°27.621′E	7.28	40.16	15.92	7.55	4.39	15.52	51.69	32.79	96.25
H02	41°51.958′N, 124°23.755′E	7.77	56.75	8.28	7.45	1.37	9.50	27.11	63.39	102.10
B1	41°50.547′N, 124°02.108′E	7.65	61.61	46.23	7.26	1.49	13.57	31.91	54.52	NC
H1	41°48.648′N, 123°34.386′E	7.20	54.71	9.53	8.88	0.22	4.86	4.17	90.97	NC
H2	41°45.662′N, 123°30.258′E	7.18	35.93	81.88	7.28	1.00	3.79	6.31	89.90	NC
H3	41°42.658′N, 123°18.281′E	7.04	55.73	51.97	7.26	3.36	15.52	42.43	42.05	77.60
H4	41°37.464′N, 123°06.599′E	6.90	55.45	113.58	7.18	0.19	5.23	4.64	90.13	NC
B2	41°31.540′N, 122°59.731′E	7.14	76.21	39.63	8.16	1.37	15.04	37.16	47.80	NC
H5	41°29.633′N, 122°57.196′E	7.34	57.12	103.35	6.86	1.00	4.45	11.10	84.45	NC
H5-1	41°22.583′N, 122°49.374′E	7.22	77.27	150.35	6.98	0.75	10.27	20.94	68.79	82.70
B3	41°24.888′N, 122°45.693′E	7.32	81.11	48.68	8.33	0.38	0.01	0.05	99.94	92.65
H6	41°09.383′N, 122°35.011′E	7.12	57.63	114.00	5.94	0.31	0.03	0.08	99.89	NC
T1	41°22.866′N, 123°54.174′E	7.61	60.88	19.22	7.94	1.04	5.16	14.67	80.17	94.02
T2	41°20.180′N, 123°48.907′E	7.45	30.49	22.43	8.09	0.49	3.32	5.27	91.41	NC
T3	41°16.636′N, 123°42.791′E	6.76	33.54	45.45	7.96	5.01	9.77	35.76	54.47	NC

续表

站点	经纬度	水			沉积物					孔隙水
		pH	TOC/(mg/L)	悬浮物/(mg/L)	pH	TOC/%	黏土/%	粉砂/%	沙粒/%	TOC/(mg/L)
B4	41°11.515′N,123°24.896′E	NC	NC	NC	NC	NC	NC	NC	NC	NC
B5	41°15.085′N,123°15.723′E	6.02	70.57	83.83	8.55	0.63	0.00	0.24	99.76	NC
B6	41°13.726′N,123°15.846′E	2.84	74.70	120.05	6.24	3.79	12.85	33.07	54.08	NC
T4	41°20.559′N,123°08.412′E	7.41	30.42	34.15	8.18	0.61	1.47	2.23	96.30	NC
T5	41°22.513′N,123°07.831′E	7.36	32.09	7.70	8.25	0.49	8.18	22.52	69.30	76.21
B7	41°21.369′N,122°51.936′E	7.47	43.14	279.96	7.92	1.49	9.29	20.79	69.92	NC
T6	41°12.519′N,122°54.890′E	7.34	31.83	37.05	8.02	0.19	0.25	1.33	98.42	NC
B8	41°11.093′N,122°43.030′E	7.69	52.51	182.33	8.33	2.56	19.71	36.91	43.38	NC
T7	41°02.702′N,122°24.098′E	7.45	29.07	77.36	7.56	0.13	4.79	2.89	92.32	94.45
B9	41°00.257′N,122°24.718′E	6.76	40.33	272.18	7.92	1.18	11.88	25.46	62.66	66.70
D1	40°49.234′N,122°08.095′E	7.10	39.31	59.40	7.45	0.93	13.10	33.07	53.82	98.40
D2	40°40.716′N,122°14.373′E	7.41	33.97	407.88	8.03	0.71	11.72	24.00	64.28	NC
D2-1	40°40.987′N,122°12.201′E	7.38	52.50	1001.40	8.12	0.81	15.13	32.74	52.13	NC
D3	41°59.637′N,124°27.621′E	7.36	51.45	263.51	8.39	0.26	10.52	17.50	71.98	NC

3）大辽河河口

2007年8月对辽东湾大辽河营口河口（渤海入海口）采样，一共采集表层水样及悬浮颗粒物样12个，表层沉积物样35个，间隙水样7个。为了将营口河口水体中有机氯类化合物的污染状况与大辽河水系做比较，本次研究还采集了 5 个大辽河水系的样品，其中浑河 2 个（站点 36、37），太子河 1 个（站点 38），大辽河 2 个（站点 39、40），另外在大辽河站点 39 采集了 4 个柱状沉积物样（a、b、c、d）。整个采样过程采样站位用 GPS 确定。各站点的具体位置如图 1-6 所示，水样基本理化性质见表 1-4。

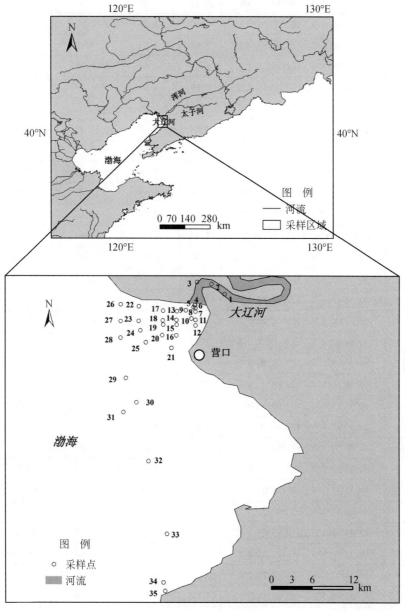

图 1-6　辽东湾营口河口采样站位图

表 1.4　采样站点及水样的基本理化性质

序号	水温/°C	经纬度	pH	DO/(mg/L)	电导率/(ms/cm)	TDS/(g/L)	盐度/‰
1	27.0	40°41′23.9″N，122°11′14.8″E	7.17	0.17	32.1	19.23	20.0
2	27.0	40°42′10.7″N，122°10′14.0″E	6.71	1.56	5.30	2.79	2.80
3	26.7	40°42′19.5″N，122°09′06.5″E	7.50	1.20	7.63	4.08	4.20
4	26.7	40°40′35.0″N，122°08′57.7″E	7.53	1.59	13.48	7.5	7.80
5	26.8	40°40′33.1″N，122°08′55.3″E	6.03	3.44	5.30	2.79	2.80
6	26.8	40°40′24.4″N，122°08′49.8″E	7.69	4.84	30.60	18.24	19.0
7	26.7	40°40′19.5″N，122°08′58.4″E	7.55	1.65	13.48	7.50	7.80
8	26.5	40°40′04.2″N，122°08′59.3″E	7.49	1.60	13.48	7.50	7.80
9	26.9	40°40′09.9″N，122°08′13.8″E	7.98	7.37	42.00	25.90	26.90
10	27	40°39′30.7″N，122°08′39.5″E	7.80	5.58	29.40	17.46	18.10
11	26.5	40°39′24.7″N，122°08′59.3″E	6.28	1.98	13.48	7.50	7.80
12	26.5	40°38′59.2″N，122°08′59.0″E	7.50	2.22	12.86	7.14	7.40
13	26.8	40°40′06.0″N，E 122°07′31.2″E	7.93	6.97	41.60	25.60	26.70
14	27.1	40°39′23.9″N，122°07′29.1″E	7.36	6.96	43.80	27.20	28.30
15	27.0	40°39′03.0″N，122°07′30.0″E	7.96	6.84	43.80	27.20	28.30
16	27.0	40°38′13.5″N，122°07′28.4″E	7.97	5.62	43.80	27.20	28.30
17	26.8	40°40′08.2″N，122°06′26.0″E	7.80	6.92	36.20	22.00	22.80
18	26.5	40°39′22.2″N，122°06′24.2″E	7.54	7.20	43.50	27.00	28.00
19	26.7	40°39′03.1″N，122°06′26.4″E	7.05	7.46	43.80	27.20	28.30
20	27.2	40°38′14.5″N，122°06′21.1″E	7.91	6.35	43.80	27.20	28.30
21	27.0	40°37′15.8″N，122°07′06.0″E	7.57	3.08	37.20	22.70	23.60
22	27.4	40°40′27.7″N，122°04′30.2″E	7.86	4.92	32.10	19.23	20.00
23	27.7	40°39′20.4″N，122°04′29.0″E	7.97	6.64	36.60	22.20	23.10
24	27.3	40°38′36.7″N，122°04′36.9″E	7.62	7.92	32.10	19.23	20.00
25	27.0	40°37′41.4″N，122°05′03.3″E	7.85	6.89	32.10	19.23	20.00
26	28.8	40°40′37.2″N，122°03′03.9″E	8.00	6.03	42.60	26.30	27.40
27	28.1	40°39′19.3″N，122°03′03.3″E	8.03	7.39	42.60	26.30	27.40
28	27.8	40°38′02.9″N，122°03′02.9″E	8.02	7.50	42.60	26.30	27.40
29	28.1	40°34′57.3″N，122°03′28.2″E	7.97	6.41	42.60	26.30	27.40
30	27	40°33′04.5″N，122°04′18.3″E	7.94	6.11	37.20	20.80	23.60
31	27.3	40°32′19.7″N，122°03′16.1″E	7.91	6.07	37.20	20.60	23.60
32	27.7	40°28′32.7″N，122°05′15.3″E	7.96	6.88	41.90	24.90	25.80
33	28.1	40°22′57.8″N，122°06′42.6″E	7.93	6.42	40.50	23.10	23.70

序号	水温/°C	经纬度	pH	DO/(mg/L)	电导率/(ms/cm)	TDS/(g/L)	盐度/‰
34	28.0	40°19′14.3″N，122°06′25.1″E	7.91	5.79	37.60	19.80	21.30
35	28.3	40°18′34.7″N，122°06′33.1″E	7.89	5.33	33.50	19.23	19.90
36	29.6	41°29′39″N，122°57′23.9″E	7.66	5.90	0.68	0.33	0.40
37	29.5	41°21′02.2″N，122°51′35.6″E	7.80	4.90	0.68	0.33	0.40
38	28.9	41°21′02.2″N，122°51′35.6″E	8.00	5.08	0.61	0.29	0.30
39	29.0	40°40′57″N，122°12′16.0″E	7.59	5.82	1.36	0.67	0.70
40	29.0	40°42′24.8″N，122°15′19.4″E	7.70	4.21	18.00	1.25	10.60

1.2.2　采集方法

1）水样、悬浮物采集

水样直接从河流中（0.50 m）用预先净化的 6 L 玻璃瓶在样点采集后用冰保存，快速运回实验室 4℃冷藏。水样经过 0.45 μm、50 mm 直径的偏四氟乙烯滤膜（密理博公司产，美国）微滤后得到悬浮物，用铝箔包好后放入冰箱，冷冻干燥后-20℃冷藏保存至分析。

2）沉积物样采集

对于表层（0~20 cm）沉积物样品采用抓斗式采样器（Van Veen bodemhappe 2 L）采集 0~20 cm 的表层沉积物，对柱状沉积物采用沉积物柱芯采样器（中国海洋局第二研究所定制）钻取 8 个水下沉积岩心柱样 0~65 cm，并进行分层取样，每层 2~5 cm。沉积物样品用铝盒装好后放入冰箱，运回实验室后放入冰箱冷冻，从冰箱中取出沉积物样品，在冷冻干燥仪（FD-1A，中国）冷冻干燥后过 100 目筛后放入棕色玻璃磨口瓶，在-20℃冷藏保存至分析。

3）间隙水样品制备

将采集的河流沉积物底泥样品（以表层沉积物为主）用高速离心机进行分离（4000 r/min），离心时间 0.5h，4℃条件下。取上清液（30 mL）盛放于洁净的磨口玻璃瓶中保存至分析。

1.2.3　分析方法

1）多环芳烃（PAHs）的分析测定

水样和间隙水样。C18 柱子在萃取前分别用 5mL 二氯甲烷、甲醇、重蒸水活化两次。水样通过小柱的速度为 5 mL/min，每个水样共富集 5 L。然后，70 mL 己烷/二氯甲烷（7∶3，V∶V）淋洗得芳烃组分，洗脱液经无水硫酸钠干燥后旋转蒸发至 1 mL，以正己烷定量转移至 KD 浓缩器刻度量管，添加多环芳烃的内标化合物六甲基苯 100 μL，并定容至 1 mL 后冷藏待分析。

悬浮颗粒物和沉积物。准确称取 15 g 研磨后的样品并加入回收率指示物标样——

萘-d$_8$、二氢苊-d$_{10}$、菲-d$_{10}$、屈-d$_{12}$各1 mL以控制回收率，样品装入经抽提过的滤纸筒置于索氏提取器中，用250 mL正己烷和二氯甲烷的混合液（1：1，V：V）提取剂索氏提取，提取中水浴温度控制在60℃，回流24 h后回收提取液。提取液在旋转蒸发器上浓缩至2 mL，浓缩抽提液过硅胶/氧化铝（2：1）层析柱，用70 mL二氯甲烷/正己烷3：7提取芳香烃，淋洗液再次用旋转蒸发仪浓缩到1 mL，加入2 mL正己烷，蒸发到0.5 mL，用正己烷溶剂定量转移到KD浓缩器刻度量管中，添加多环芳烃的内标化合物六甲基苯10 μL并用高纯氮吹蒸定容至1 mL后冷藏待分析。柱状沉积物和悬浮物的处理同表层沉积物的处理方法。

多环芳烃GC/MSD分析条件。DB-5 MS石英弹性毛细管色柱（30 m×0.25 mm×0.25 μm）升温程序：初温80℃，保持2 min，以3℃/min升温到120℃，5℃/min升温到200℃，7℃/min升温到290℃保持15 min，装有氦气，进样口温度280℃，检测器300℃，柱头压25 psi[①]，流速1.0 mL/min，线速度24.6 cm/s；进样方式为无分流进样1 μL；质谱离子源为电子轰击源EI，70 eV，倍增电压1800～2000 eV，全扫描方式，范围35～500 u；扫描周期1.6 s，SIM模式下对样品定量，通过检索NIST质谱谱库和色谱峰保留时间进行定性分析，并采用内标峰面积法、6点校正曲线定量。水体中多环芳烃分析方法回收率为60.79%～120.71%，方法检测限为18.55～79.55 ng/L，沉积物中多环芳烃方法回收率为63.84%～97.69%，方法检测限为0.56～3.07 ng/g。

2）有机氯农药（OCPs）的分析测定

水样和间隙水样。C18柱子在萃取前分别用5 mL二氯甲烷、甲醇、重蒸水活化两次。然后每个小柱富集水样2 L，水样通过小柱的速度为6 mL/min，每个水样共富集6～8 L。然后用10 mL乙酸乙酯洗脱，洗脱液经无水硫酸钠干燥后旋转蒸发至1～2 mL，然后经高纯氮气至0.2 mL。加入一定量的内标化合物五氯硝基苯后上机分析。

悬浮颗粒物和沉积物。准确称取15g研磨后的样品并加入回收率指示物标样——4,4′-二氯联苯以控制全过程的回收率，样品装入经抽提过的滤纸筒置于索氏提取器中，用250 mL正己烷和二氯甲烷的混合液（1：1，V：V）以每小时10～12管的速度提取48h，抽提前加入2g活性铜片脱硫，提取液在旋转蒸发器上浓缩至2～3mL，加入10 mL正己烷，继续浓缩至2～3mL以达到溶剂替换的目的，浓缩后抽提液过硅胶/氧化铝（2：1）层析柱。用70 mL二氯甲烷/正己烷（30/70）淋洗出有机氯农药。洗脱液用高纯氮气浓缩至约0.5 mL，GC-ECD分析前再加入一定量的内标化合物——五氯硝基苯，定容至1 mL待测。

有机氯农药分析。采用气相色谱仪（Varian CP-3800型）——电子捕获检测器（GC-ECD）。气相色谱条件：色谱柱，DB-5（30 m×0.25 mm×0.25 μm），进样口220℃；检测器330℃；柱温程序升温100～190℃（20℃/min），190～235℃（4℃/min），保留10 min；无分流进样1 μL。水体中有机氯农药分析方法回收率为71.90%～121.30%，方法检测限为0.06～0.17ng/L，沉积物中有机氯农药方法回收率为77.90%～116.10%，方法检测限为0.01～0.08 ng/g。

---

① 1 psi=6.894 76×10^3 Pa。

3）多氯联苯（PCBs）的分析测定

水样和间隙水样。C18柱子在萃取前分别用5mL二氯甲烷、甲醇、重蒸水活化2次。然后每个小柱富集水样2 L，水样通过小柱的速度为6 mL/min，每个水样共富集6~8 L。然后用10 mL乙酸乙酯洗脱，洗脱液经无水硫酸钠干燥后浓缩至1~2 mL，然后经高纯氮气浓缩至0.1 mL。加入一定量的内标化合物五氯硝基苯后上机分析。

悬浮颗粒物和沉积物。准确称取20g研磨后的样品装入经抽提过的滤纸筒，加入回收率指示物标样（2，4，5，6-四氯间二甲苯）置于索氏提取器中，在250 mL平底烧瓶中加入200 mL正己烷和丙酮的混合液（1∶1，V∶V），再加入2 g活性铜片脱硫，置于63±1℃水浴中提取24 h。提取液在旋转蒸发器上浓缩至1~2 mL，加入15 mL正己烷，继续浓缩至1~2 mL以达到溶剂替换的目的。将抽提液转移至已装好的弗罗里硅土净化柱中（19 cm的弗罗里硅土+1 cm的无水硫酸钠），以100 mL的正己烷淋洗，淋洗速度控制在每2s 3滴。洗脱液经浓缩并用柔和的高纯氮气吹脱，加入内标化合物（五氯硝基苯）后定容至0.5 mL待测。该方法的回收率在81.37%~113.18%。

色谱条件。色谱柱DB-5（30 m×0.25 mm×0.25 μm）；柱前压40 kPa；载气为高纯氮气，流速1.0 mL/min；进样口温度为275℃；色谱–质谱接口温度为250℃；恒流无分流进样1 μL；程序升温：柱温150℃（保持3 min），以4℃/min升至290℃（保持3 min）。质谱条件为离子源EI，70eV；定性分析以全扫描方式，扫描范围为35~500 m/z，检测器电压为500 V；定量分析以选择离子检测方式，检测器电压为500V。水体中多氯联苯分析方法回收率为62.41%~119.02%，方法检测限为6.67~19.49 ng/L，沉积物中多氯联苯方法回收率为69.41%~127.42%，方法检测限为0.08~20.94 ng/g。

4）硝基苯的分析测定

采用SPE法分离水中的硝基苯类化合物。SPE柱采用Waters公司的OASIS HLB 60μm（LP）固相萃取柱。固相萃取过程采用抽滤装置进行，保持流速在每分钟1mL左右。萃取过程分为三个步骤：①对固相萃取柱进行条件化，即通过5 mL的甲醇对柱子进行活化，然后在柱子未干之前通过5 mL去离子水进行条件化。②吸附过程，将5 L水样过柱，控制流速在每分钟12 mL左右，操作过程中要保持柱子的湿润。③解吸过程，将吸附柱吹干，以免影响解吸效果，用10 mL的苯对吸附柱进行解吸，收集的解吸用高纯氮气吹至0.5 mL，进气相色谱分析。

采用蒸馏法富集沉积物和悬浮颗粒物中硝基苯类化合物。准确称取风干样品20 g置于100 mL三角瓶中，加300 mL去离子水，搅拌几分钟，然后将泥水混合物移入圆底烧瓶中，并置于电炉上蒸馏，冷凝管的出口插入接收蒸馏液的三角瓶底部，为防止硝基苯类有机物的挥发，将三角瓶置于冰水中，直到收集到200 mL馏出液，馏出液用20 mL正己烷萃取两次，萃取液旋转蒸发定容至5 mL后过弗罗里硅土净化柱，先用30 mL正己烷/苯（1∶1）洗脱，再用100 mL苯洗脱，洗脱液用高纯氮气吹至1.5 mL，进气相色谱分析。

化合物的分析采用气相色谱仪（Varian CP-3800型）——电子捕获检测器（GC-ECD）法。石英毛细管柱CP-Sil 5C（25 m×0.32 mm×0.25 μm）。色谱条件为柱温80℃保持1min，15℃/min升温到140℃，保持1/min；25℃/min升温到260℃，保持10 min。检测室

温度 250℃；载气为高纯氮气，流速 1 mL/min，进样量为 1 μL；进样方式为无分流进样。

5）磷脂脂肪酸对典型河段沉积物中微生物特征的表征

选取辽河典型河段的沉积物，取约 5 g 湿泥进行磷脂脂肪酸（phospholipid fatty acids，PLFA）提取，利用 PLFA 谱图分析技术，对沉积物中微生物的群落结构进行初步研究。通过各采样点脂肪酸的比例指纹图及多样性指数（表 1-5），分析其微生物群落的结构特征，并试将所得微生物特征信息与流域若干采样点沉积物中 PAHs 的污染状况进行综合分析。采用修正的 Bligh-Dyer 方法（Ben-David et al.，2004），全过程尽量避光操作；每个样点两个平行，一个空白样，最后一步氮吹时合并；为减小仪器分析过程中存在的误差，采用内标法，每个样品检测两次。

表 1-5　微生物群落多样性指数表

多样性指数	特点和用途	公式
物种丰富度指数（D）	对一个样本中所有实际物种数目的测量	$D=（S-1）\lg N$ 式中，S 为物种数目，这里是指同一样品中检测出的脂肪酸甲酯的种数；N 为群落全部个体总数，这里是指同一样品中检测出的各种脂肪酸甲酯含量的总和
Shannon-Wiener 指数（H）	基于信息论范畴，预测从群落中随机排出一个一定个体的种的平均不定数	$H=-\sum P_i \lg P_i$ 式中，$P_i=n_i/N$；n_i 为第 i 个种的个体数，这里是指同一样品中检测出的第 i 种脂肪酸甲酯的含量；N 为群落全部个体总数，这里是指同一样品中检测出的各种脂肪酸甲酯含量的总和
Simpson 指数（D）	基于概率论提出的两个个体同属一个物种的概率，如果概率大，则多样性低，反之则高	$D=1-\sum P_i^2$ 式中，$P_i=n_i/N$；n_i 为第 i 个种的个体数，这里是指同一样品中检测出的第 i 种脂肪酸甲酯的含量；N 为群落全部个体总数，这里是指同一样品中检测出的各种脂肪酸甲酯含量的总和

仪器分析前，配制 50 mg/L 的内标物（19：0）正己烷溶液，并将脂肪酸甲酯溶解在 0.5 mL 此溶液中。色谱柱为 DB-5 石英弹性毛细管柱（中等极性，30 m×0.25 mm×0.25 μm），柱压 60 kPa。不分流进样，进样口温度 250℃。氦气作载气，流量 1 mL/min。升温程序为 70℃ 保持 1 min，以 50℃/min 增至 170℃，保持 2 min，再以 5℃/min 增至 270℃，保持 10 min。检测器温度 200℃，电子能量 70 eV，扫描范围设置为 45～450 u。定性采用计算机自动检索质谱图库的方法；定量采用总离子流各峰面积归一化，各种脂肪酸甲酯的含量用各脂肪酸峰面积/内标物（19：0）峰面积的比值来确定。

6）荧光原位杂交（fluorescence in situ hybridization，FISH）方法解析沉积物中微生物群落分布

在大辽河流域采集表层沉积物，在入海口（40°40′57″N，122°12′16.1″E）位置采集深度为 43.5 cm 的柱状沉积物，并按 2 cm（0～10 cm 深度）和 3 cm（10～43.50 cm 深度）

间隔切割成 17 个单元，转移到无菌样品盒中，4℃下保存至分析。

（1）寡核苷酸探针及荧光染料。本书使用的寡核苷酸探针包括：EUB338（Ⅰ-Ⅲ），NON338 和 ARCH915（FITC 标记，大连宝生物工程有限公司合成），ALF1b、BET42a 和 GAM42a（CY3 标记，上海生工生物工程技术服务有限公司合成），具体见表 1-6。荧光染料采用 5-(4,6-二氯三吖嗪) 氨基荧光染料（DTAF）。

表 1-6　本研究中应用的寡核苷酸探针

探针名称	序列（5'-3'）	靶位点	特异微生物
EUB338	GCTGCCTCCCGTAGGAGT	16S 338-355	大多数细菌
EUB338 Ⅱ	GCAGCCACCCGTAGGTGT	16S 338-355	浮霉菌目
EUB338 Ⅲ	GCTGCCACCCGTAGGTGT	16S 338-355	疣微菌目
ALF1b	CGTTCG CTC TGA GCCAG	16S 19-35	α-变形杆菌
BET42a	GCCTTC CCA CTT CGA TT	23S 1027-1043	β-变形杆菌
GAM42a	GCC TTC CCA CAT CGT TT	23S 1027-1043	γ-变形杆菌
ARCH915	GTGCTCCCCGCCAATTCCT	16S 915–934	古细菌

（2）沉积物中微生物计数方法。沉积物中微生物的 DTAF 染色及 FISH 检测简要步骤如下：①样品的预处理。取沉积物样品用 4% 多聚甲醛在 4℃下固定 4~6 h；然后用 1× PBS 缓冲液洗涤 3 次，在 4℃、12 000 r/min 条件下离心；取 0.1 mL 样品于涂有黏附剂的载玻片上，室温下自然风干；将风干后的样品，分别在 50%、80% 及 100% 的乙醇中室温下脱水 3 min，自然风干。②杂交及染色。在脱水后的样品上滴加 8 μL 杂交液，再在杂交液上均匀地滴加 2 μL 探针溶液，为了防止杂交液的蒸发，在暗盒中放入用 2×SSC 淋湿的纱布，以保证湿度，46℃杂交 8h；DTAF 配制成终浓度为 0.1 mg/mL 的溶液，滴加 20 μL DTAF 溶液于脱水后的样品上，在黑暗、65℃条件下染色 60 min。③探针/DTAF 的洗脱。将杂交后的玻片从湿盒中取出，放入含有 50 mL 预热的洗脱液中，在 48℃下浸泡 20 min；然后在室温下，用 2×SSC 清洗 10 min，风干；再用 1×PBS 清洗 5 min，风干，最后用重蒸水清洗 2~3 次，每次 5 min，风干。将风干后的玻片用指甲油封片，–20℃保存待镜检。

杂交液组分。0.01% SDS（W/V，0.01 g SDS 溶解到 100 mL 水中）；Tris-HCL（pH = 7.2，终浓度为 20 mmol/L）；20%~35%（质量分数）去离子甲酰胺（DAF）（根据探针不同而进行调整）和 0.90 mol/L NaCl。洗脱液组分：0.01%（W/V）SDS；Tris-HCL（pH = 7.2，终浓度为 20 mmol/L）和 102 mmol/L NaCl。20×SSC 组分：0.3 mol/L 柠檬酸三钠和 3 mol/L NaCl。

（3）分析方法。FISH 的结果采用激光共聚焦扫描显微镜 LSM-510（Carl zeiss 公司，耶拿，德国）检测，FITC 标记探针杂交的样品采用 488nm 的激光激发；而 Cy3 标记探针杂交的样品采用 543 nm 的激光激发；DTAF 染色样品采用 543 nm 的激光激发。细菌数量计算公式为

$$N = B \times M \times D/V \tag{1-1}$$

式中，N 为单位体积的细菌数量；B 为显微镜视野细菌平均数量；M 为样品体积与视野体

积的比值；D 为样品稀释倍数；V 为杂交样品体积。

7）辽河流域典型河段沉积物对 PAHs 生物降解特性

采用抓斗式采样器采集太子河、浑河和大辽河典型河段表层 10 cm 处沉积物，每个断面采集多个样品，完全混合后分装到无菌密封袋并于 4℃ 保存。采样点分别位于浑河中游黄腊坨大桥（H5）、太子河中游太子河大桥（T5）及浑河与太子河的交汇大辽河的三岔河大桥（D1）。

（1）沉积物对 PAHs 生物降解。分别称取 1 g 沉积物样品，加入到 50 mL 灭菌的反应瓶内，并加入 15 mL 的无机盐（MSM）溶液和一定量萘、芴、菲、蒽甲醇储备液，盖上瓶盖，封上封口膜，置于 15℃ 下静止闭光存放，进行不同沉积物对这 4 种 PAHs 降解的单基质及混合基质实验。反应瓶中萘、芴的初始浓度约为 1.00 mg/L，菲、蒽的初始浓度约为 0.50 mg/L。每个反应做两个平行和一个无菌对照，无菌对照系统通过向上述体系加入 800 mg/L 叠氮化钠进行控制。当两平行实验结果偏差 >6%，则重复实验。反应开始后，定期从反应瓶内取泥水混合物并提取其中 PAHs，方法如下：取 1 mL 样品的泥水混合物加入到离心管内，并加入 1 mL 甲醇，漩涡混合，静置 3 h，每小时漩涡一次，3500 rpm① 离心 10 min，然后过 0.22 μm 有机滤膜，滤过液保存待分析。

MSM 溶液组成：$K_2PO_4 \cdot 2H_2O$ 4.25（g/L），$NaH_2PO_4 \cdot 3H_2O$ 1.00（g/L），NH_4Cl 2.00（g/L），$MgSO_4 \cdot 7H_2O$ 0.20（g/L），$FeSO_4 \cdot 7H_2O$ 0.012（g/L），$MnSO_4 \cdot 7H_2O$ 0.003（g/L），$ZnSO_4 \cdot 7H_2O$ 0.003（g/L），$CoSO_4 \cdot 7H_2O$ 0.001（g/L）。

（2）沉积物降解 PAHs 过程影响因素。称取太子河下王家沉积物样品 1 g，加入到 50 mL 灭过菌的血清瓶内，加入 19 mL 太子河流域的上覆水和一定量菲的甲醇储备液，同时加入 1 mL 的营养盐溶液，使反应瓶中各营养盐浓度分别为：氯化铵 100 mg/L、硝酸钠 100 mg/L、硫酸钠 200 mg/L、磷酸氢二钠 100 mg/L、酵母 10 mg/L，其中补充硝酸钠与硫酸钠的反应体系分别设置好氧与厌氧两个对照，另加一个 5℃ 反应的对比实验。盖上瓶盖，封上封口膜，将反应瓶置于 25℃ 下静止闭光存放。同时通过向上述体系中加入 2 g/L 叠氮化钠，进行无菌对照实验。反应开始后，定期从反应瓶内取泥水混合物 1 mL 加入到离心管内，同时加入 1 mL 甲醇，漩涡混合，静置 3 h，每小时漩涡一次，3500 rpm 离心 10 min，然后过 0.22 μm 有机滤膜，滤过液冷冻保存待分析。

（3）分析方法。萘、芴、菲、蒽分析采用高效液相色谱仪（Waters 1525，Waters 公司），检测器为 Waters2487 双波长紫外检测器。分离柱为 C18 烷基反相色谱柱。流动相为：甲醇/水 = 80/20（体积比），流速 1.00 mL/min，检测波长为 254 nm。萘、芴、菲、蒽检出限分别为 0.01 mg/L、0.01mg/L、0.01mg/L 和 0.02mg/L。多环芳烃标准曲线拟合度良好（$R > 0.999$）。泥水混合液中 4 种多环芳烃回收率为 84%~98%。

---

① 1rpm = 1r/min。

第2章 松花江水系沉积物中有毒
有机污染物分布特征

2.1 石油烃污染分布特征

石油烃污染物由于在大气、水、土壤、沉积物等环境介质和生物体中普遍存在，许多学者已经开展了广泛的研究工作。由于多环芳烃具有较强的毒性、致癌性和致突变性，引起的环境问题显得更为突出。尽管进入水环境的石油烃污染物可以通过挥发、光解和生物过程而得到削减，但大部分污染物尤其是难降解的污染物将逐渐在沉积物中不断积累，时刻威胁着水体和生态环境。因此，河流沉积物中石油烃的污染程度是评价水体水质有机污染状况的有效工具。

松花江是中国第三大河，是黑龙江、吉林和内蒙古的重要水资源。自新中国成立以来大约50年的工农业发展，使松花江水系遭受了严重的污染，其中有机污染最为严重。由于松花江冰封枯水期长，污染物难以在短期内削减，水系生态环境和人类健康始终受到严重威胁。本书针对松花江水体污染特点，分别在丰水期和冰峰期采集了松花江沉积物样品，对石油烃在该区域的季节分布和来源及埋藏沉积物中的变化进行了探讨，揭示松花江水体不同时期和沉积埋藏过程中多环芳烃和脂肪污染特征及来源状况。

2.1.1 多环芳烃污染特征

1) 污染季节分布

沉积物是污染物的汇和源，沉积物的污染程度经常被用来评价环境生态风险（Viguri et al.，2002）。松花江丰水期10个采样站点的表层沉积物中18种多环芳烃的浓度见表2-1，总的多环芳烃浓度为84.44~14 938.73 ng/g，平均浓度为2430.37 ng/g。由于松花江上游最大的污染源吉林石化废水、废物的长期排放，污染严重的站点都集中在上游S1（14 938.73 ng/g）和S4（5449.06 ng/g）。随着远离污染源和水体的稀释作用，多环芳烃的浓度逐渐下降到84.44 ng/g（S14）。对于多环芳烃的组分，许多多环芳烃的单体在上游的浓度都超过了1000 ng/g，污染相当严重。其中污染严重的站点S1以Phen、Ant、Flu、Pyr、BaA和Chr污染最重，站点S4以2-M-Naph和Flu为主。比较其他环数的多环芳烃，较高浓度的4环芳烃Flu、Pyr、BaA和Chr在所有站点都被观察到。

表 2-1 丰水期松花江多环芳烃浓度 （单位：ng/g 干重）

化合物	S1	S4	S5	S6	S7	S8	S 9	S10	S13	S14	平均值
Naph	380.50	179.95	4.44	19.97	10.64	13.96	15.25	0.59	—	3.11	62.84
2-M-Naph	346.62	1 876.96	3.76	9.46	10.27	2.29	14.32	5.20	—	6.01	227.49
1-M-Naph	190.04	92.55	2.91	5.28	4.62	1.63	5.76	3.20	—	3.07	30.91
Aceph	22.87	264.52	2.11	3.03	8.42	1.86	1.91	17.63	—	—	32.24
Ace	502.65	88.32	9.55	11.10	28.06	4.32	6.43	6.08	1.29	4.07	66.19
Fl	309.56	52.74	5.94	10.11	5.76	7.77	4.70	7.50	1.35	2.87	40.83
Phen	1 536.85	413.47	40.39	80.25	11.15	25.47	7.37	0.49	3.73	4.87	212.40
Ant	2 004.88	382.13	29.59	31.15	4.22	10.03	34.47	4.05	—	0.72	250.12
Flu	3 167.66	892.54	84.56	95.01	8.50	43.78	32.82	4.18	1.75	4.51	433.53
Pyr	2 607.47	409.31	71.70	99.78	9.35	39.84	5.56	22.22	2.15	5.78	327.32
BaA	925.08	196.44	19.48	342.87	40.46	58.32	4.40	7.90	5.00	6.35	160.63
Chr	1 186.76	317.68	92.68	218.16	29.25	52.90	226.98	17.81	66.71	6.70	221.56
BbF	72.35	21.16	3.84	15.76	1.67	6.71	18.64	0.91	1.84	6.35	14.92
BkF	424.71	146.63	10.97	63.56	7.99	9.45	22.23	82.52	8.10	2.22	77.84
BaP	262.12	25.22	7.29	65.47	7.84	8.52	25.66	79.71	8.55	3.35	49.37
InP	29.81	12.41	8.46	12.05	8.06	68.96	88.13	16.19	8.89	7.15	26.01
DBA	739.58	30.25	127.10	107.62	47.99	305.77	6.32	197.72	15.04	8.11	158.55
BgP	229.22	46.78	9.79	13.41	9.34	15.72	20.35	13.61	8.77	9.19	37.62
ΣPAHs	14 938.73	5 449.06	534.56	1 204.04	253.60	677.28	541.30	487.52	133.17	84.44	2 430.37
ΣPAHs（μg/g OC）	646.70	394.86	37.91	160.54	52.83	83.61	594.84	580.38	147.97	84.44	278.41

注：—表示未检出

　　松花江冰封期17个采样站点的表层沉积物和7个站点的岸边暴露沉积物中18种多环芳烃的浓度见表 2-2，总的多环芳烃浓度为 23.61 ~ 15 310.25 ng/g，平均浓度 1825.60 ng/g。污染最严重的站点 S3（15 310.25 ng/g）位于松花江上游最大的污染源吉林石化附近，这个站点离吉林石化爆炸事故点的距离不到 1 km。由于吉林石化废水、废物的长期排放，上游站点 S1（10 947.27 ng/g）和 S4（6923.14 ng/g）污染都比较严重。这个结果与丰水期的污染特征一致。对于多环芳烃的组分，其中污染严重的站点 S1 以 Flu、Pyr、BaA 污染最重，站点 S3 以 Phen、Ant、Flu、Pyr、BaA、Chr 和 BbF 为主，站点 S4 以 Flu、Pyr 和 Chr 为主。不同的石化废水组分也许导致了这些污染站点多环芳烃组分的差异。Pyr 和 Flu 在所有站点都被检出。在松花江下游从站点 S10 到 S17，2~3 环和 5~6 环的多环芳烃浓度逐渐衰减到未检出，这也许与芳烃的降解、远离工业污染源和下游较高含量的沙质沉积物较难吸附多环芳烃有关。比较在某些站点的中心沉积物和暴露沉积物中的多环芳烃浓度，上游靠近松源（S8）和肇源油田（S10）的暴露沉积物的浓度高于中心沉积物，这也许会导致污染物向大气释放。对于其余站点 S12、S15、S16 和 S17 的多环芳烃没有明显的差别。

表 2-2 冰封期松花江多环芳烃浓度

(单位：ng/g 干重)

化合物	S1	S2	S3	S4	S5	S5s	S6	S8	S8s	S10	S10s	S11	S12	S12s	S13	S15	S15s	S16	S16s	S17	S17s	平均值
Naph	0.78	—	14.13	14.80	—	0.92	—	—	0.69	0.77	—	—	—	—	—	1.59	—	1.92	—	—	—	4.45
2-M-Naph	8.58	—	57.99	44.36	—	2.73	0.63	—	—	—	5.27	—	—	—	—	1.27	—	—	—	—	—	17.26
1-M-Naph	4.31	—	35.34	24.50	—	2.09	0.76	—	—	—	4.67	—	—	—	—	0.92	—	0.95	—	—	—	9.19
Aceph	0.59	3.12	7.64	7.15	—	0.87	0.47	—	4.11	3.22	2.18	—	—	—	1.76	0.70	1.08	—	—	—	—	2.74
Ace	128.52	3.08	65.92	57.89	1.06	0.52	3.94	0.68	—	—	0.90	—	—	—	—	—	—	—	—	—	—	29.17
Fl	63.67	26.46	59.29	61.24	2.57	5.23	5.64	4.46	2.19	1.18	2.89	1.32	—	—	—	1.61	—	2.78	0.83	0.78	8.42	17.37
Phen	760.91	108.09	1721.11	763.67	17.15	12.31	28.22	4.90	11.82	1.28	22.91	2.11	2.17	2.05	1.08	2.58	—	4.89	3.35	4.40	20.91	174.69
Ant	91.94	4.91	1066.52	352.91	8.75	54.35	26.64	4.46	3.72	—	3.99	1.58	—	—	—	2.02	—	—	—	—	1.46	147.07
Flu	3789.12	2413.80	2908.93	1246.51	55.84	23.74	100.46	3.06	17.83	1.88	3.37	1.27	2.97	3.66	0.96	2.16	3.66	5.67	5.70	8.60	2.33	530.02
Pyr	3500.89	134.05	2988.04	1541.21	49.41	126.72	107.68	3.27	18.07	2.51	5.75	1.07	2.42	3.11	0.74	2.97	3.11	4.61	4.98	7.47	2.01	425.39
BaA	1913.66	334.49	2580.57	476.51	49.38	108.78	55.20	—	2.04	2.76	2.69	—	4.06	2.99	2.30	0.76	2.63	4.40	2.56	4.51	3.60	264.78
Chr	37.30	10.00	675.49	1731.88	1.48	71.38	22.94	—	6.59	—	1.45	—	—	—	—	—	—	—	—	—	—	213.63
BbF	429.52	91.65	2034.73	19.30	—	0.23	—	—	—	—	—	—	—	—	—	—	—	—	—	—	—	515.09
BkF	17.13	2.82	365.41	173.53	7.22	21.42	8.33	1.16	—	—	—	—	—	—	—	—	—	—	—	—	—	74.63
BaP	106.27	38.85	449.43	185.60	4.89	7.33	5.78	0.00	—	—	0.62	—	—	—	—	—	—	—	—	—	—	88.75
InP	8.42	10.28	67.47	14.80	6.57	9.09	8.10	7.49	12.74	11.01	11.16	6.68	19.12	12.65	7.67	7.93	7.27	9.56	7.51	7.65	8.27	12.45
DBA	60.98	20.63	124.67	159.45	27.52	25.67	19.73	10.14	15.54	19.42	21.71	0.70	30.88	20.99	20.09	12.22	13.34	23.35	10.55	9.43	7.77	31.18
BgP	24.67	13.50	87.61	47.83	10.28	9.69	9.21	8.70	18.03	8.81	8.89	8.87	9.22	8.94	8.80	8.70	8.77	9.30	9.07	9.14	9.73	16.08
ΣPAHs	10 947.27	3 215.72	15 310.25	6 923.14	242.11	483.07	403.74	48.32	113.36	52.85	98.45	23.61	70.83	54.39	43.41	45.44	33.09	67.42	44.55	51.99	64.51	1 825.60
ΣPAHs (μg/gOC)	1 658.68	108.64	476.55	532.55	151.32	43.92	36.70	30.20	13.82	33.03	5.97	7.61	37.28	7.06	27.13	25.25	3.48	14.66	1.96	15.75	5.20	154.13

注：—表示未检出

比较松花江两个水期的多环芳烃的浓度，上游靠近吉林石化的站点都高于下游站点，工业和城市废水是松花江的主要污染源。多环芳烃丰水期的浓度要高于冰封期的浓度，这个结果不同于其他河流季节污染的报道（Wu et al.，2003），这也许与松花江特有的水动力条件、环境气候和污染特征有关。漫长的冰封期一方面减少了多环芳烃的大气沉降和径流的输入（Daniel and John，2004），另一方面丰水期面源污染普遍，包括森林、农田和草原的输入（崔长俊和翟平阳，2005）。在冰封期采样前，2005 年 11 月的吉林石化苯爆炸事故使大约100t 的苯类污染物进入水体，为了减少污染危害，上游水库大量放水来冲淡和稀释污染物，这也许导致了多环芳烃一部分溶解在苯类污染物中，一部分随水流逐渐稀释转移。进一步的研究有必要从这方面探讨。

2）污染组成特征

由于多环芳烃自身较低的水溶性和憎水特征（$\lg K_{ow} = 3 \sim 8$），多环芳烃污染物会经常吸附到细小颗粒物上并最终在土壤和沉积物中沉积、积累、富集。沉积物的有机质含量对多环芳烃的分配分布作用影响很大，被有机碳标化的多环芳烃浓度见表 2-1 和表 2-2。标化后的松花江多环芳烃浓度范围为：丰水期为 37.91（S5）~646.70.37 μg/gOC（S1），平均浓度 278.41 μg/gOC；冰封期为 1.96（S16s）~ 1658.68 μg/gOC（S1），平均浓度 154.13 μg/gOC。从上游到下游多环芳烃的浓度有逐渐下降的趋势。标化的多环芳烃浓度也发现类似的趋势，除了站点 S9、S10 和 S13 在分布上有异质性。空间和季节的多环芳烃的分布如图 2-1 所示，高分子量的多环芳烃（4~6 环）可以反映总的多环芳烃浓度分布。在丰水期，高环的多环芳烃的比例为 60%～95%，平均百分比 69%；冰封期的比例为52%～97%，平均百分比 85%。在两个水期多环芳烃以 4~6 环为主，这是多环芳烃难降解性和低水溶性的特征表现。在世界其他地区河流和海洋沉积物中高分子量的多环芳烃也占优势（Chen et al.，2004；Tolosa et al.，2004）。上游石化企业的频繁活动是导致上游站位（S1~S4）多环芳烃不断输入的重要来源。

多环芳烃的污染变化趋势受到沉积物性质的影响。沉积物的 TOC 和燃烧损失值（LOI）与多环芳烃的浓度呈正相关（$r = 0.62$；$r = 0.58$，$P < 0.01$，$n = 31$）。在黏粒和多环芳烃的浓度之间没有相关性（$r = 0.102$，$P > 0.05$，$n = 31$），但在河流中上游的沙质沉积物的多环芳烃含量要明显低于黏土沉积物中的多环芳烃含量。沉积物的 TOC 和 LOI 之间具有良好的正相关（$r = 0.59$，$P < 0.01$，$n = 31$）。例如，在丰水期污染浓度高的站点 S1（14 938.73 ng/g）对应最高的 TOC（2.31%）、中等标准的 LOI（2.42%）和较高的黏粒含量（53.76%）；污染最轻的站点 S14（84.84 ng/g）对应较低的 TOC（0.10%）和 LOI（0.98%）值。在冰封期污染浓度高的站点 S3（11 5310.25 ng/g）对应高的 TOC（3.71%）、LOI（6.81%）和较高的黏粒含量（27.96%）；污染最轻的站点 S11（23.61 ng/g）对应较低的 TOC（0.31%）、LOI（2.52%）和黏粒含量（3.65%）。较高的黏粒含量和 TOC 值比沙质和低有机碳含量的沉积物更容易富集多环芳烃（Zhang et al.，2004a）。一些研究已经证实作为有机质标准的 LOI 值和多环芳烃有很好的线性关系（Karickhoff et al.，1979）。然而，在冰封期有一些不同的多环芳烃分布结果，如严重污染的站点 S（10 947.27 ng/g）对应较低的 TOC（0.66%）和 LOI（1.88%）值。

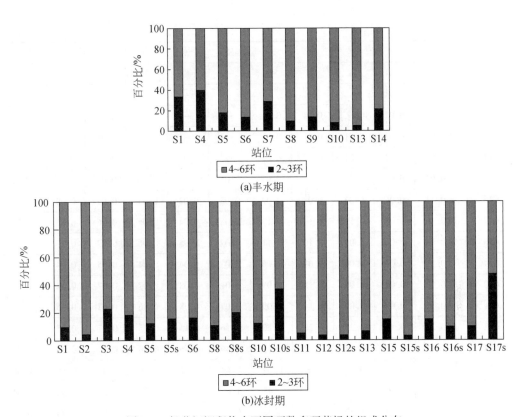

图 2-1　松花江沉积物中不同环数多环芳烃的组成分布

4 环多环芳烃为荧蒽、芘、苯并［a］蒽、屈；5 环多环芳烃为苯并［k］荧蒽、苯并［b］荧蒽、苯并［a］芘、二苯并［a，h］蒽；6 环多环芳烃为茚并［1，2，3-cd］芘、苯并［ghi］芘

2.1.2　脂肪烃污染特征

1）污染分布

松花江脂肪烃浓度见表 2-3 和表 2-4。在丰水期脂肪烃的浓度范围为 56.33 ～ 91.45 μg/g，难分离混合物（UCM）浓度范围为 48.04 ～ 76.75 μg/g，正构烷烃（ALK）的浓度范围为 7.91 ～ 14.70 μg/g。在冰封期脂肪烃的浓度范围为 20.32 ～ 51.62 μg/g，UCM 浓度范围为 15.55 ～ 43.54 μg/g，ALK 的浓度范围为 2.52 ～ 15.42 μg/g。高分子量的烷烃>C35 都未检出。在两个水期的脂肪烃浓度都很高，都超过了 10μg/g，是长期工业活动的特征表现（UNEP，1992），脂肪烃的组成以 UCM 为主，这是石油长期污染风化降解的结果（Readman et al.，1987）。

表 2-3　沉积物丰水期脂肪烃浓度　　　　　　　　（单位：μg/g）

站点	S1	S4	S5	S6	S7	S8	S9	S10	S13	S14	平均值
C8	—	—	—	0.01	—	—	—	—	—	—	—
C9	—	—	—	—	—	—	—	—	—	—	—

续表

站点	S1	S4	S5	S6	S7	S8	S9	S10	S13	S14	平均值
C10	—	0.01	—	—	—	—	—	—	—	—	—
C11	0.01	0.01	—	—	—	—	—	—	—	—	—
C12	0.03	0.02	—	0.01	0.01	—	—	—	0.01	0.01	0.01
C13	0.04	0.01	0.01	0.01	0.01	—	—	—	0.01	—	0.01
C14	0.03	0.01	0.01	0.02	0.02	—	—	—	0.01	0.01	0.01
C15	0.07	0.01	0.02	0.04	0.03	0.01	—	—	0.01	—	0.02
C16	0.11	0.04	0.07	0.08	0.07	0.02	0.02	0.04	0.05	0.09	0.06
C17	0.16	0.05	0.11	0.10	0.10	0.05	0.04	0.06	0.06	0.06	0.08
C18	0.18	0.04	0.09	0.10	0.11	0.07	0.05	0.06	0.07	0.07	0.09
C19	0.12	0.04	0.06	0.07	0.06	0.03	0.04	0.04	0.05	0.04	0.06
C20	0.18	0.06	0.08	0.11	0.09	0.07	0.08	0.07	0.07	0.04	0.08
C21	0.15	0.07	0.09	0.14	0.09	0.07	0.08	0.06	0.07	0.06	0.09
C22	0.22	0.15	0.20	0.28	0.20	0.16	0.15	0.15	0.17	0.15	0.18
C23	0.49	0.46	0.48	0.77	0.31	0.49	0.46	0.40	0.44	0.42	0.47
C24	0.60	0.54	0.55	1.00	0.04	0.64	0.62	0.69	0.58	0.59	0.59
C25	1.48	1.26	1.29	2.37	1.41	1.66	1.52	1.34	1.36	1.38	1.51
C26	0.56	0.49	1.52	0.95	0.57	0.62	0.50	0.35	0.52	0.28	0.63
C27	1.42	1.61	1.49	2.92	1.47	2.14	1.92	1.47	1.62	1.64	1.77
C28	0.08	0.10	1.38	0.48	0.25	0.56	0.15	0.11	0.05	0.19	0.34
C29	1.39	1.49	1.29	2.63	1.14	0.17	1.71	1.55	1.55	1.74	1.46
C30	0.07	0.09	0.95	0.18	1.02	0.31	0.83	0.41	0.09	0.27	0.42
C31	0.86	0.71	0.08	1.32	0.90	0.74	0.85	0.89	0.75	0.97	0.81
C32	0.41	0.45	0.32	0.64	0.44	0.04	0.01	0.44	0.45	0.52	0.37
C33	0.29	0.29	0.24	0.40	0.34	0.01	0.30	0.25	0.22	0.29	0.26
C34	0.17	0.17	0.12	0.05	0.20	0.01	0.17	0.19	0.11	0.08	0.13
C35	0.04	0.09	0.04	0.07	0.06	0.10	0.07	0.04	0.01	0.05	0.06
C36	—	—	—	—	—	—	—	—	—	—	
C37	—	—	—	—	—	—	—	—	—	—	
C38	—	—	—	—	—	—	—	—	—	—	
Pr	0.11	0.01	0.05	0.03	0.06	0.03	0.02	0.03	0.04	0.03	0.04
Ph	0.15	0.03	0.09	0.05	0.11	0.05	0.04	0.06	0.07	0.05	0.07
UCM	53.34	48.15	51.04	76.75	51.65	62.90	52.24	48.18	48.04	48.80	54.11
ALK	9.11	8.17	10.46	14.70	8.89	7.91	9.52	8.57	8.33	8.91	9.46
AHc	62.45	56.33	61.50	91.45	60.55	70.81	61.76	56.75	56.37	57.71	63.57

注：Pr 为姥鲛烷；Ph 为植烷；—为未检出；UCM 为难分离混合物；ALK 为正构烷烃；AHc 为总脂肪烃浓度，下同

表2-4 沉积物冰封期脂肪烃浓度

（单位：μg/g）

站点	S1	S2	S3	S4	S5	S5s	S6	S8	S8s	S10	S10s	S11	S12	S12s	S13	S13s	S15s	S16	S16s	S17	S17s	平均值
C8	0.02	0.01	0.01	—	0.01	0.01	0.01	0.01	0.02	0.01	0.02	0.03	0.01	0.03	0.02	0.02	0.02	0.01	0.03	0.02	0.02	0.02
C9	0.01	—	—	0.01	0.01	—	—	—	—	—	0.01	—	—	0.01	—	—	—	—	—	—	—	—
C10	0.01	—	—	0.01	—	—	—	—	0.01	—	—	—	—	—	—	0.02	0.01	—	—	—	—	0.01
C11	0.01	—	—	—	—	—	—	—	—	—	0.02	0.01	—	0.03	—	—	—	—	—	—	—	—
C12	0.01	—	—	—	—	—	—	—	0.01	—	0.17	—	—	—	—	—	—	0.01	—	—	—	0.01
C13	0.02	0.02	0.02	0.02	0.02	0.01	—	0.01	0.01	—	0.62	0.01	0.01	0.01	0.01	0.01	0.01	0.01	—	0.01	—	0.04
C14	0.04	0.08	0.01	—	0.01	0.03	0.04	0.01	0.02	0.01	0.77	0.02	0.02	0.02	0.03	0.03	0.03	0.02	0.01	0.02	0.02	0.06
C15	0.11	0.13	0.10	0.07	0.08	0.11	0.17	0.04	0.06	0.04	2.20	0.08	0.07	0.06	0.13	0.10	0.11	0.04	0.06	0.09	0.05	0.19
C16	0.15	0.18	0.09	0.14	0.12	0.14	0.21	0.09	0.10	0.09	2.07	0.12	0.14	0.11	0.21	0.16	0.19	0.08	0.13	0.10	0.11	0.23
C17	0.15	0.15	0.12	0.15	0.14	0.18	0.32	0.08	0.11	0.09	1.13	0.08	0.12	0.09	0.18	0.14	0.16	0.09	0.10	0.07	0.08	0.18
C18	0.19	0.18	0.13	0.20	0.16	0.20	0.36	0.10	0.09	0.12	1.07	0.11	0.15	0.12	0.24	0.18	0.21	0.12	0.14	0.12	0.12	0.21
C19	0.15	0.18	0.13	0.21	0.17	0.14	0.37	0.12	0.09	0.09	0.97	0.06	0.10	0.06	0.17	0.12	0.15	0.13	0.10	0.08	0.09	0.18
C20	0.14	0.21	0.22	0.59	0.40	0.19	0.49	0.13	0.13	0.15	0.71	0.11	0.15	0.11	0.22	0.16	0.19	0.20	0.14	0.12	0.13	0.23
C21	0.40	0.20	0.17	0.49	0.33	0.19	0.45	0.14	0.15	0.11	0.55	0.10	0.14	0.12	0.18	0.15	0.16	0.26	0.14	0.12	0.13	0.22
C22	0.22	0.26	0.22	0.32	0.27	0.22	0.48	0.22	0.20	0.17	0.48	0.14	0.18	0.19	0.22	0.20	0.21	0.38	0.19	0.17	0.16	0.24
C23	0.30	0.38	0.30	0.39	0.35	0.27	0.55	0.69	0.32	0.19	0.49	0.17	0.20	0.24	0.21	0.23	0.22	0.70	0.25	0.23	0.22	0.33
C24	0.35	0.39	0.33	0.49	0.41	0.25	0.47	0.81	0.34	0.22	0.42	0.19	0.22	0.27	0.24	0.26	0.25	0.61	0.28	0.21	0.19	0.34
C25	0.53	0.61	0.64	0.63	0.64	0.41	0.61	1.08	0.62	0.38	0.54	0.30	0.38	0.46	0.26	0.36	0.31	0.64	0.47	0.46	0.31	0.51

续表

站点	S1	S2	S3	S4	S5	S5s	S6	S8	S8s	S10	S10s	S11	S12	S12s	S13	S13s	S15s	S16	S16s	S17	S17s	平均值
C26	0.60	0.47	0.44	0.99	0.72	0.31	0.57	1.14	0.59	0.26	0.49	0.31	0.26	0.35	0.20	0.27	0.23	0.59	0.43	0.22	0.22	0.46
C27	0.70	0.74	0.71	0.80	0.76	0.46	0.71	1.20	0.82	0.16	0.74	0.37	0.42	0.56	0.26	0.41	0.33	0.50	0.63	0.55	0.55	0.59
C28	0.69	0.88	0.22	0.84	0.53	0.52	0.51	0.98	0.65	0.08	0.47	0.56	0.60	0.51	0.26	0.39	0.33	0.39	0.48	0.34	0.38	0.50
C29	0.69	0.86	0.66	0.66	0.66	0.43	0.26	0.69	0.61	0.06	0.86	0.08	0.32	0.45	0.17	0.31	0.24	0.23	0.64	0.52	0.43	0.47
C30	0.32	0.65	0.36	0.43	0.39	0.22	0.25	0.55	0.29	0.11	0.34	0.01	0.31	0.26	0.16	0.21	0.18	0.12	0.32	0.10	0.15	0.27
C31	0.30	0.40	0.30	0.30	0.30	0.25	0.11	0.21	0.09	0.12	0.22	0.04	0.14	0.19	0.06	0.13	0.09	0.09	0.19	0.14	0.09	0.18
C32	0.25	0.22	0.16	0.23	0.19	0.11	0.02	0.11	0.11	0.02	0.05	0.05	0.03	0.04	0.01	0.02	0.02	0.02	0.04	0.17	0.01	0.09
C33	0.01	0.25	0.04	0.03	0.04	0.01	0.01	0.03	0.03	—	0.01	0.03	0.02	—	0.02	0.01	0.01	0.01	—	—	0.01	0.03
C34	0.07	0.16	0.01	0.05	0.03	0.01	0.01	—	—	—	—	—	—	—	—	—	—	—	—	—	—	0.02
C35	0.01	—	—	0.01	—	—	—	—	—	—	—	—	—	—	—	—	—	—	—	—	—	—
C36	—	—	—	—	—	—	—	—	—	—	—	—	—	—	—	—	—	—	—	—	—	—
C37	—	—	—	—	—	—	—	—	—	—	—	—	—	—	—	—	—	—	—	—	—	—
C38	—	—	—	—	—	—	—	—	—	—	—	—	—	—	—	—	—	—	—	—	—	—
Pr	0.11	0.17	0.14	0.11	0.13	0.10	0.13	0.06	0.06	0.08	0.38	0.06	0.09	0.07	0.11	0.09	0.10	0.06	0.07	0.06	0.07	0.11
Ph	0.16	0.26	0.19	0.17	0.18	0.13	0.18	0.10	0.09	0.12	0.38	0.11	0.13	0.11	0.14	0.12	0.13	0.09	0.08	0.12	0.12	0.15
UCM	31.57	41.53	35.25	43.54	39.40	15.64	37.70	23.08	27.02	27.44	30.57	20.99	23.68	21.06	19.17	20.11	19.64	20.50	15.55	21.13	19.71	26.40
ALK	6.42	7.63	5.40	8.07	6.74	4.68	6.98	8.46	5.51	2.52	15.42	2.97	4.01	4.29	3.47	3.88	3.68	5.25	4.78	3.88	3.47	5.60
AHc	37.99	49.16	40.66	51.62	46.14	20.32	44.68	31.54	32.53	29.96	46.00	23.97	27.69	25.35	22.64	24.00	23.32	25.75	20.33	25.01	23.19	31.99

丰水期的脂肪烃浓度从上游到下游都很高（>50 μg/g），其中 S6 点的浓度最高达到 91.45 μg/g；冰封期的脂肪烃浓度相对较低，但上游到下游仍超过 20 μg/g，沿着河流浓度有逐渐下降的趋势，其中 S4 点的浓度最高达到 51.62 μg/g；同样的浓度趋势在 UCM 和 ALK 中都被发现 [图 2-2（a）]，ALK 污染严重（>10 μg/g）的点在 S6（丰水期）和 S10s（冰封期），高浓度 ALK 可以被用来表示新鲜油的输入，长春和肇源站点附近的水上采油活动也许是这两个站位烷烃浓度高的原因。在丰水期，复杂的水动力条件，包括工业点源、农业面源、生物活动活跃、降雨径流和大气沉降等方式都增加了脂肪烃的输入可能；而在冰封期，由于河流封冻、面源污染和大气沉降的输入几乎为零，生物合成的烃能力也有所降低。这些原因也许导致了脂肪烃的浓度丰水期的高于冰封期的，污染分布具有不同的趋势。而在两个水期污染严重的点并不在松花江上游重要的工业点源——吉林石化附近，这可能是污染物随水流向下游逐渐迁移沉积的结果。

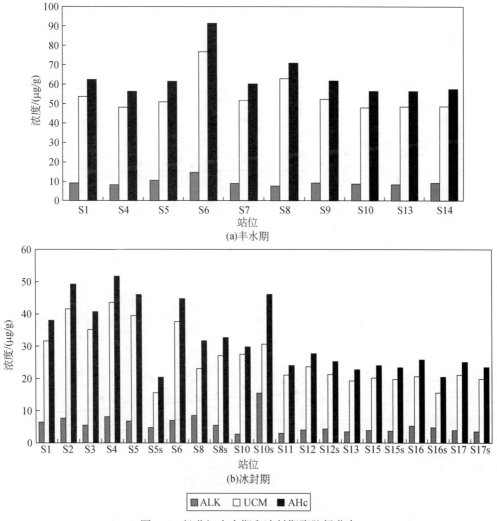

图 2-2　松花江丰水期和冰封期脂肪烃分布

比较冰封期一些站点中心沉积物和岸边周期性暴露沉积物中的脂肪烃分布［图2-2（b）］，结果表明位于松花江中游松源和肇源石油基地附近的站点 S8 和 S10 的周期性暴露沉积物的浓度高于中心沉积物的。首先，这一区域的采油活动比较频繁；其次，在冰封期周期性暴露沉积物露出水面，更容易接受大气沉降、陆源径流侵蚀和污水排放的输入；最后，暴露沉积物的 TOC 要高于中心沉积物的，污染物更容易积累。

2）正构烷烃的组成

正构烷烃是石油烃的主要成分，在地质体中表现为与母质来源有很好的相似性，通常作为经典的有机地球化学指标，用以区分生物成因、地质成因和人为污染。正构烷烃分布范围在松花江水系沉积物样品中为 C8～C35（表2-3 和表2-4），表现出石油范围内的润滑

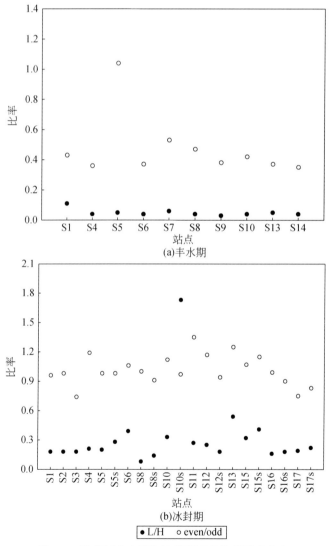

图 2-3 松花江丰水期和冰封期正构烷烃组成分布

L/H 为低分子量的烷烃/高分子量的烷烃；even/odd 为偶数碳烷烃/奇数碳烷烃

油、柴油和汽油污染的范围。对于沉积物中正构烷烃的组成，低分子量（≤C20）和高分子量（>C21）的烷烃比率（L/H）范围为0.04～1.73（图2-3），除了站点S10s外，高分子量的烷烃占优势。低分子量的烷烃容易发生挥发、光解和生物降解作用，而高分子量的烷烃由于其自身的特点容易残留并逐渐在沉积物中积累。丰水期的烷烃奇偶优势明显，而冰封期正构烷烃的偶数碳（even）和奇数碳（odd）的比值（even/odd）接近于1，没有奇偶优势特征。

以典型的污染严重的站点正构烷烃污染为例（图2-4），在丰水期的污染严重的站点S6、S9正构烷烃峰型分布具有锯齿状奇偶优势分布，正构烷烃最大值出现在C23～C33，高分子量奇数碳正构烷烃C25、C27、C29、C31占优势，具有陆源植物输入和石油污染的

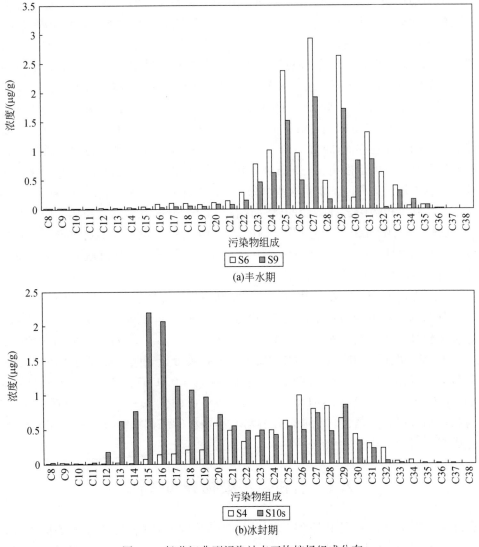

图 2-4　松花江典型污染站点正构烷烃组成分布

特征（Prahl et al.，1994）。丰水期长春附近的采油活动和丰富的植被是站点 S6 烷烃这一特征出现的原因，而嫩江的汇入和大庆油田活动是站点 S9 烷烃特征出现的原因。在冰封期污染严重的站点 S4、S10s 正构烷烃峰型是不具有奇偶优势的单峰型，表现为原油污染的特征（朱纯等，2005），冰封期减少了面源污染、生物合成和大气沉降的可能，陆源污染也有所下降。对于站点 S4 哨口经常用作渡口，正构烷烃分布表现为石油类产品污染的残留特征，烷烃的最大值以高分子量为主 C23～C33；对于站点 S10s 肇源附近经常有水上采油活动，新鲜的油输入特征明显，烷烃的最大值以低分子量为主 C13～C20。

3）脂肪烃和沉积物性质关系

沉积物的组成性质可以反映一定的污染来源特征。松花江表层沉积物中有机碳的含量范围为：丰水期 0.08%～2.31%；冰封期 0.16%～3.71%。有机碳的分布特点是上游的高于下游的，暴露沉积物的高于中心沉积物的，这可能与污染排放源的距离（Kruge et al.，1998）和河流冲刷沉积条件有关。已经有研究表明脂肪烃污染和有机质具有很好的相关性。Colombo 等采用 SPSS 软件对有机碳与丰水期和冰封期的 UCM、低分子量的烷烃（<C20）、高分子量的烷烃（>C20）和异戊二烯烃（植烷和姥鲛烷）的浓度作 PEARSON 相关分析表明：在丰水期，低分子量的烷烃与有机碳有很好的相关性（$r = 0.72$，$P = 0.018$，$n = 10$），低分子量的烷烃可以通过降雨径流不断地从陆源植物和岸边土壤以及人为的排放方式向水体迁移（Colombo et al.，2005）。此外，没有观察到脂肪烃组成的其他参数与有机碳有关，由于松花江上游吉林石化点源污染严重和脂肪烃的来源广泛，有机碳并不能反映脂肪烃污染程度，表明这些组分有不同的输入源（Nemirovskaya et al.，2006）。对于松花江柱状沉积物中多环芳烃的赋存状态，采用 SPSS 软件对有机碳、CEC、柱状沉积物中脂肪烃、UCM 和烷烃的浓度作 PEARSON 相关分析，没有观察到脂肪烃组成参数与沉积物性质有相关性，由于脂肪烃的来源广泛，沉积物埋藏过程的降解成岩作用和水流冲刷作用使脂肪烃的赋存状态变得复杂。

由于采样点的不同，丰水期和冰封期的水利条件，黏粒含量具有很大的差异性，松花江黏粒分布的含量范围为：丰水期 24.68%～56.31%；冰封期 3.56%～32.94%。总体黏粒含量较高，更有利于污染物质的赋存（Zhang et al.，2004a）。采用 SPSS 软件对有机碳与 UCM、烷烃脂肪烃的浓度作 PEARSON 相关分析表明：黏粒与脂肪烃的组分的浓度呈较好的正相关。相关性依次表现为 UCM（$r = 0.0.67$，$P < 0.01$，$n = 31$）>AHc（$r = 0.65$，$P < 0.01$，$n = 31$）>ALK（$r = 0.43$，$P = 0.015$，$n = 31$），复杂高分子量的脂肪烃与黏粒结合得更为紧密，脂肪烃较容易与小颗粒的沉积物结合，赋存在沉积物上发生矿化成岩作用。

2.2 有机氯污染物分布特征

有机氯农药（OCPs）属于高效广谱农药。20 世纪 40 年代首先证明滴滴涕（DDT）具有高效的杀虫效果之后，又相继合成了七氯、狄氏剂、艾氏剂、异狄氏剂、六六六（HCH）、氯丹、硫丹和毒杀芬等，广泛应用于杀灭农业害虫和卫生害虫。OCPs，如 DDT

和 HCH，曾是最为重要的杀虫剂，在全球范围广泛应用于农业、森林和公众卫生。由于 DDT 对野生动植物以及人类的潜在危害，包括环境的可持久性、生物体蓄积性和高毒性，在 20 世纪 70 年代已在绝大多数的发达国家禁用。然而，由于这些 OCPs 的低价、广谱和高效，一些发展中国家还在使用（Li et al.，1999）。许多国家已经禁用了工业 HCH，但是林丹（含 90% ~ 100% 的 γ-HCH）在一些国家仍被允许使用。在过去的 40 年里广泛使用已经造成严重的环境问题。在中国，HCH 和 DDT 的使用开始于 20 世纪 50 年代，在 70 年代到达高峰，于 1983 年禁用。工业 HCH 和 DDT 曾是我国最主要的农药品种，在我国的累积产量分别约 4.90×10^6 t 和 4.00×10^5 t（Li et al.，1998）。OCPs 对人体危害的特点是有蓄积性和远期作用，其致癌作用一直为人们所关注。它们在食品、水和土壤里所导致的潜在污染已经引起了大众的不安。

多氯联苯（PCBs）是一种无色或淡黄色油状液体，随氯代数目的增加，其状态由低氯代的液态变为高氯代的糖浆状或树脂状。由于 PCBs 具有良好的化学惰性、抗热性、不可燃性、低蒸汽压和高介电常数等优点，被广泛地应用于电力行业、塑料加工业、化工和印染行业等。PCBs 物理化学性质很稳定，因管理不善或使用不当而泄露的 PCBs 在环境中很难降解。早在 20 世纪 60 年代，科学家在分析鱼体中农药残留时，发现了 PCBs 的存在（Hutzinger et al.，1974）。随后的全球环境监测中，从北极的海豹、南极的海鸟蛋，从海洋、土壤、水及大气，从食品到人乳都检测出了 PCBs，充分表明 PCBs 对人类环境污染范围相当广泛，可以说是无处不在。据估计，全世界生产的 PCBs 有 20 万~30 万 t 已经进入人类环境。我国的 PCBs 虽然也已经停止生产 20 多年，但其在理化性质上的高度稳定、不宜降解和易在生物体类累积放大，使已进入环境的 PCBs 在相当长的时间内对环境产生影响。关于 PCBs 的环境行为研究长期以来一直为环境工作者所关注，PCBs 是目前国际上关注的 21 种持久性有机污染物之一，尤其是具有很大生态环境毒性的非邻位取代或单邻位取代的共平面 PCBs 更是研究工作的热点。

松花江是吉林和黑龙江两省的重要水资源之一。20 世纪 80 年代该流域内沿江建成了 30 万 t 乙烯、30 万 t 合成氨等有机化工和石油炼制工程，使松花江水有机污染日趋严重，近几年更是污染事故频发。由于松花江下游最终将流向俄罗斯，因此近年来其水质问题逐步引起了国际关注。沉积物中有毒有害物质的残留和累积已成为当前最受关注的环境问题之一，也是污染水体修复需首要研究的问题。

2.2.1 有机氯农药污染特征

13 种 OCPs 在松花江流域河流表层沉积物中的分布情况见表 2-5。13 种 OCPs 在松花江均有检出，浓度范围是 4.26 ~ 18.45 ng/g。较高的浓度在松花江的哈达湾（S1），浓度为 18.45 ng/g。其余各点 OCPs 含量均低于 9 ng/g。松花江流域沉积物中 ∑OCPs 的含量和 TOC 含量的相关分析结果如下：松花江流域 ∑OCPs 和 TOC（$R^2 = 0.67$，$P < 0.05$，$n = 10$）；相关分析结果说明松花江流域沉积物中 ∑OCPs 的分布与 TOC 的含量存在很大的相关性（图 2-5）。

表 2-5 松花江沉积物中 OCPs 的含量 （单位：ng/g 干重）

化合物	S1	S4	S5	S6	S7	S8	S9	S11	S13	S14
α-HCH	3.79	0.15	0.64	0.16	0.20	1.22	0.91	0.29	0.46	0.19
β-HCH	1.62	0.03	0.34	—	0.04	0.75	0.70	0.10	0.24	0.04
δ-HCH	1.14	—	0.91	0.69	0.65	0.01	—	1.12	0.67	0.92
γ-HCH	0.77	3.29	1.02	7.21	6.73	1.71	3.39	2.03	1.05	6.80
七氯	0.48	0.42	0.22	0.283	0.86	0.33	0.22	0.42	0.34	0.37
艾氏剂	2.71	0.12	0.13	0.17	0.23	2.21	0.12	0.13	0.24	0.29
环氧七氯	0.46	0.07	0.08	0.12	0.16	—	0.06	—	—	0.20
狄氏剂	0.48	0.04	0.27	—	—	0.16	0.03	—	—	0.16
异狄氏剂	1.88	—	1.31	—	—	1.12	0.92	—	0.22	—
p, p'-DDE	2.48	0.14	0.87	0.20	0.19	0.99	0.53	0.59	0.44	0.36
p, p'-DDD	1.98	—	0.38	—	—	0.80	0.27	0.17	1.01	—
o, p'-DDT	—	—	0.20	0.38	0.49	—	—	0.58	1.03	0.61
p, p'-DDT	0.66	—	0.52	—	—	0.54	0.34	0.49	0.98	—
$\sum$OCPs	18.45	4.26	6.89	9.21	9.55	9.84	7.49	5.92	6.68	9.94

注：—表示未检出；$\sum$OCPs 为总有机氯农药

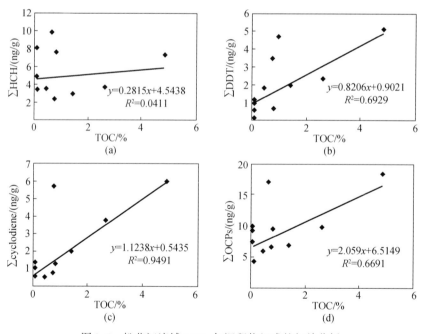

图 2-5 松花江流域 OCPs 与沉积物组成的相关分析

2.2.2 多氯联苯污染分布特征

松花江流域表层沉积物中 PCBs 含量在 $0.59 \sim 15.93$ ng/g，平均浓度为 5.03ng/g。其中以站点 S1 最高，可能与吉林市的石化污染有关。站点 S5 和 S7 也有较高含量的 PCBs

（>8 ng/g）。站点 S8 PCBs 含量最低（0.59 ng/g），这是因为站点 S8 位于嫩江入松花江断面，而嫩江流域工业不发达，污染源很少。从图 2-6 中可以看出同族体的组成都以低氯代（含 3~5 个氯原子）的 PCB 同族体为主（70%~100%）。这与中国生产 PCBs 的组成以低氯代为主有关。

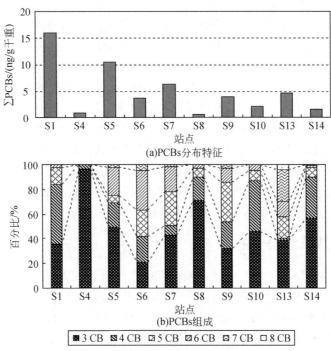

图 2-6　松花江流域 PCBs 分布特征及组成分析

2.3　硝基苯污染特征

2.3.1　硝基苯污染背景

硝基苯类有机物是一种重要的化工原料或中间体，广泛地应用于燃料、医药、炸药、农药及高分子化学工业中，其中95%以上的硝基苯用于生产苯胺。环境中的硝基苯主要来自化工厂、染料厂的废水废气，尤其是苯胺染料厂排出的污水中含有大量硝基苯。贮运过程中的意外事故，也会造成硝基苯的严重污染。硝基苯在水中具有极高的稳定性，有一定的水溶性和较低的蒸汽压，可挥发，在水体和空气中不易被光和微生物降解。由于密度大于水，进入水体的硝基苯会沉入水底，长时间保持不变。早在 1976 年在荷兰的 Waal 河和 Mass 河中就发现了硝基苯（Meijers and Van Der Leer，1976）。进入20世纪80年代，很多发达国家研究就从地表水体中检出过硝基苯类有机污染物（Yamagishi et al.，1981；Gatermann et al.，1994）。1990 年在多瑙河曾经有 67 μg/L 的检出量被报道过。在国内，郎佩珍等（1993）在 1983~1990 年 6 次对松花江中游水体中的有毒有机污染物进行测定，所有分析的硝基苯类有机污染物的测出率都在 90% 以上。

目前关于沉积物中的调查较少，很多研究都没有检出硝基苯。例如，Staples 等（1985）对美国 349 个沉积物样品的测试中就没有检出硝基苯（检测限 500 ng/g 干沉积物）。在加拿大 North Saskatchewan 河的调查也没有发现沉积物中硝基苯类的存在（Ongley et al.，1988）。但是个别报道中的含量都较高。日本在 1991 年对沉积物污染调查时在 162 个沉积物样品中有两个样品中检出了硝基苯，其含量分别为 47 ng/g 和 70 ng/g（检测限 23ng/g）（Environment Agency Japan，1992）。吉林省环境保护研究所对松花江鱼体中的有机物含量进行研究，发现银鲴鱼中硝基氯苯的含量高达 1.6 mg/kg（于常荣等，1994）。可见，硝基苯在世界范围内的分布主要在水中，这是由硝基苯的物理性质所决定的。但是个别地区沉积物和水生生物体内会有较高含量的检出，这与这些地区硝基苯污染源的存在有关。

2005 年 11 月 13 日中国石油吉林石化公司发生爆炸事故，引起了全国乃至世界范围的关注。虽然吉林石化事件 1 个多月后，环保部门监测的数据显示松花江水中的硝基苯类污染水平已经达到国家标准，但由于当时特殊的气候条件，污染物很可能沉积到河底，当外部条件合适时很可能会造成二次污染，对沿岸群众的健康造成威胁。因此，松花江沿岸群众一直对硝基苯类污染物在水体中的归趋很关注。

2.3.2　硝基苯污染分布

松花江样品分两次采集。第一次是 2005 年 8 月，是松花江流域的丰水期。第二次样品采于 2005 年 12 月，吉林石化双苯厂刚刚发生爆炸事故后不到 1 个月。分析结果见表 2-6 和表 2-7，总硝基苯类沿河的分布如图 2-7 所示。分析发现，8 月沉积物样品中硝基苯的含量由上游到下游呈逐渐降低的趋势，浓度在 0.72 ~ 111.12 ng/g，说明了吉林市是该流域硝基苯的主要污染源。12 月样品即吉林石化爆炸事件后松花江中硝基苯的浓度范围在 0.25 ~ 108.62 ng/g，最高点在 S3，位于发生爆炸吉林石化双苯厂下游。站点 S4 的较低浓度可能与该点的沉积物理化性质有关。站点 S1、S2 的浓度比爆炸前样品低，可能与爆炸后处于冰峰期，而这两点位于爆炸地点以上有关。综合分析表明，爆炸事件对松花江沉积物有一定的影响，但影响范围不大。到站点 S7 以后就几乎没有什么影响。

表 2-6　松花江沉积物中（2005 年 8 月样品）硝基苯类的分布　（单位：ng/g）

化合物	S1	S4	S5	S6	S7	S8	S9	S10	S13	S14
硝基苯	111.12	53.29	8.80	4.10	1.74	4.33	2.17	0.72	1.85	1.63
2-硝基甲苯	22.56	13.26	38.234	35.15		3.30				
3-硝基甲苯	2.83	1.23								7.64
4-硝基甲苯	663.34	1961.54	2366.41	173.08	425.55	258.98				25.34
对硝基氯苯	1.82	—	—	—	—	—	—	—	—	—
2,4-二硝基甲苯	—	4.21	0.36	4.05	0.46	2.11	5.73	1.32	3.55	1.82
TNT	0.12	2.43	0.51	0.43	0.12	0.55	1.65	0.81	0.96	0.12
2,6-二氯-4-硝基苯胺	—	4.42	0.05	2.27	1.08	0.85	0.18	0.43	0.62	0.13

注：—表示未检出

表 2-7　松花江沉积物中（2005 年 12 月样品）硝基苯类的分布　（单位：ng/g）

化合物	S1	S2	S3	S4	S5	S6	S7	S8	S9	S10	S11	S12	S13	S14	S15	S16	S17
硝基苯	11.80	6.49	108.62	11.50	38.96	33.79	3.16	0.35	3.87	2.22	1.40	0.96	5.53	5.27	4.76	4.67	0.25
2-硝基甲苯	106.30	122	170.50	109.50	186.80	120.90	—	—	—	—	—	—	—	—	—	—	—
3-硝基甲苯	—	—	—	2.07													
4-硝基甲苯	34.81	382.70	1014.8	896.3	1533.70	2159.30	67.9	26.3	78.4	89.3	87.1	82.15	86.20	51.10	36.20	43.90	23.0
对硝基氯苯	—	—	16.6	1.02													
2、4-二硝基甲苯	0.47	4.96	—	0.12	—	0.97	1.38	0.12	1.31	1.32	0.96	10.10	18.80	6.40	3.35	3.89	3.01
TNT	0.13	0.13	1.84	2.71	1.23	1.08	0.12	—	0.37	0.17	1.04	0.22	0.15	2.05	1.61	0.38	
2、6-二氯-4-硝基苯胺	—	—	2.75	1.68	1.83	1.95	0.93	—	0.16	0.16	—	—	0.74	0.35	0.82	2.36	0.08

注：—表示未检出

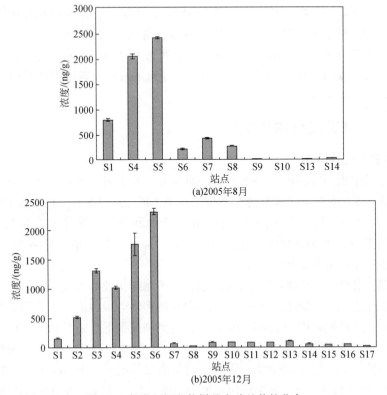

图 2-7　松花江沉积物样品中硝基苯的分布

第 3 章　大辽河水系有毒有机污染物分布特征

3.1　石油烃污染分布特征

石油烃污染物在环境中广泛存在，石油烃通过人类活动和自然过程不断产生并借助各种途径进入到环境中，脂肪烃通常来源于人为石油污染和生物体的合成作用，多环芳烃则主要来源于人为的石油化工产品及化石燃料的不完全燃烧和自然过程。由于 PAHs 具有较强的毒性、致癌性和致突变性，引起的环境问题显得更为突出。PAHs 具有低溶解性和憎水性，会强烈地分配到非水相中，吸附于颗粒物上逐渐沉降到土壤和河口、湖泊、海洋沉积物中，因此沉积物是其主要环境归宿之一（Tolosa et al.，2004）。由于这一特点，过去对石油烃尤其是 PAHs 的污染调查多集中在河流入海口和海洋近岸（Mai et al.，2001；Yunkera and Robie，2003），内陆河流的石油烃污染数据相对较少。在中国大部分的石油烃研究也多集中在河流的入海口和海湾，有关内陆河流表层水、悬浮物和沉积物的石油烃污染的系统分布的信息很少，尤其是在有 50 多年重工业历史的东北地区。

我们系统地研究了大辽河水系（浑河、太子河和大辽河）中水、悬浮物、表层和柱状沉积物中石油烃污染物的浓度和组成，调查了大辽河水系水、悬浮物和沉积物中石油烃的分布特征和可能污染来源。

3.1.1　多环芳烃分布特征

1）水中多环芳烃分布

大辽河水系丰水期所测定的 3 条干流，即浑河、太子河和大辽河水样的 18 种多环芳烃的浓度见表 3-1，水中总的多环芳烃浓度范围为 946.10（H5）～13 448.50（T5）ng/L（平均值：6471.14 ng/L）。枯水期所测定的水系干流和支流的浓度见表 3-2，水中总的多环芳烃浓度范围为 570.20（H01）～2318.60（B5）ng/L（平均值：1306.60 ng/L）。水样中总的多环芳烃浓度分布如图 3-1 所示。

在丰水期，水量大，水动力条件复杂，支流、废水渠排放和大气沉降的污染物在干流汇集并逐渐向下游迁移。在浑河，随着河流的稀释作用多环芳烃污染从上游的受抚顺市工业和生活污水影响较大的站点 H1（12 893.68 ng/L）逐渐削减到下游站点 H5（946.10 ng/L），由于接纳沈阳城市废水的细河汇入使浑河干流在站点 H6（7606.08 ng/L）浓度有所升高。在太子河，下游（T5～T7）污染大于上游，污染浓度都超过了 10 μg/L，其中靠近辽阳庆阳化工的站点 T5（13 448.50 ng/L）污染最为严重。在大辽河，污染来自浑河和太子河的污染叠加和鞍山城市废水的输入，PAHs 浓度相对较高是站点 D2（>9.40 μg/L）。在枯水

表 3-1　丰水期表层水中多环芳烃的浓度

（单位：ng/L）

站点	H1	H2	H3	H4	H5	H6	T1	T2	T3	T4	T5	T6	T7	D1	D2	D3	平均值
Naph	251.84	—	19.42	42.80	—	126.44	—	51.28	164.38	—	137.92	384.08	117.58	—	—	—	80.98
2-M-Naph	59.40	345.92	286.22	21.74	—	806.92	345.92	69.50	181.38	98.92	237.58	544.56	33.48	—	582.52	—	225.88
1-M-Naph	62.18	424.26	188.26	40.48	—	138.42	424.26	47.70	73.42	83.70	65.88	297.06	26.92	—	418.82	—	143.21
Aceph	—	—	19.64	36.16	—	42.02	55.30	47.26	31.22	37.72	46.34	69.28	—	43.86	—	—	26.80
Ace	—	—	—	—	—	—	—	—	—	—	—	—	—	—	—	—	—
Fl	251.76	69.70	396.06	219.32	—	628.30	69.70	52.34	66.74	26.62	517.08	604.3	275.92	50.98	93.40	—	207.64
Phen	1 981.88	178.90	—	78.80	34.20	623.06	178.90	574.14	486.36	—	1 496.64	1 741.4	157.84	—	407.16	—	496.73
Ant	1 713.80	1 204.08	852.84	71.62	83.10	2 063.96	1 204.08	718.86	531.38	1 300.24	1 314.04	1 900.34	1 469.92	449.06	440.22	62.12	961.23
Flu	4 305.18	831.54	475.26	—	65.06	1 412.16	831.54	590.20	309.92	38.34	749.70	1 284.76	911.74	420.82	1 906.56	45.62	886.15
Pyr	1 023.04	614.98	505.62	—	32.52	841.96	614.98	614.98	—	1 531.92	1 095.58	837.52	2 463.06	307.54	1 733.68	126.6	771.50
BaA	—	—	—	—	—	—	—	—	—	—	—	—	—	—	—	—	—
Chr	—	—	—	—	—	—	—	—	—	—	—	—	—	—	—	—	—
BkF	804.26	49.06	—	—	165.94	401.74	49.06	—	—	351.86	1 291.90	1 014.62	218.02	388.84	—	76.28	301.26
BbF	767.24	628.78	1 196.22	25.42	344.10	521.10	628.78	76.50	51.92	651.64	1 358.14	1 439.66	1 684.6	794.1	871.70	47.66	692.97
BaP	187.64	640.22	—	96.62	221.18	—	640.22	93.62	87.72	1 067.84	1 871.74	545.28	739.12	1 459.98	1 750.94	586.12	624.27
InP	119.66	—	—	—	—	—	254.44	—	91.48	—	—	42.4	34.48	81.56	—	39.00	39.00
DBA	951.10	—	—	271.10	—	—	732.74	430.00	341.44	1 840.82	1 752.14	1 477.64	680.64	702.16	1 568.08	193.2	683.82
BgP	414.70	—	—	230.02	—	—	680.50	—	—	—	1 513.82	301.9	682.68	656.78	186.92	203.7	304.44
ΣPAHs	12 893.68	4 987.44	3 947.88	1 134.08	946.10	7 606.08	6 710.42	3 366.38	2 417.63	7 029.62	13 448.50	12 484.80	9 496.00	5 355.68	996.00	1 333.20	6 471.14

注：Naph 为萘；1-M-Naph 为1-甲基萘；2-M-Naph 为2-甲基萘；Aceph 为苊烯；Ace 为苊；Flu 为芴；Phen 为菲；Ant 为蒽；Fl 为荧蒽；Pyr 为芘；Chr 为䓛；BkF 为苯并 [k] 荧蒽；BbF 为苯并 [b] 荧蒽；BaP 为苯并 [a] 芘；BaA 为苯并 [a] 蒽；InP 为茚并 [1, 2, 3-cd] 芘；BgP 为苯并 [ghi] 苝；DBA 为二苯并 [a, h] 蒽；—为未检出

表3-2 大辽河系枯水期表层水中多环芳烃的浓度

（单位：ng/L）

站点	H01	H02	B1	H1	H2	H3	H4	B2	H5	H5-1	B3	H6	T1	T2	T3	B4	B5	B6	T4	T5	B7	T6	B8	T7	B9	D1	D2	D2-1	D3	平均值
Naph	—	—	42.12	67.73	—	—	—	—	—	—	—	—	—	—	19.43	60.08	76.93	46.68	—	—	—	—	35.50	—	—	—	—	—	—	12.02
2-M-Naph	—	79.39	61.41	88.33	—	—	—	—	—	—	—	—	—	—	—	78.12	67.79	45.00	—	—	—	—	18.91	—	—	—	—	—	—	15.14
1-M-Naph	—	20.47	60.80	52.19	—	—	—	—	—	—	—	—	—	—	—	50.23	44.37	64.08	—	—	—	—	23.20	—	—	—	—	—	—	10.87
Aceph	53.11	81.01	86.23	164.18	75.63	105.42	134.81	66.94	67.39	93.12	87.65	82.43	78.37	29.13	—	66.39	28.95	—	—	58.30	—	31.60	98.36	—	36.04	21.34	—	—	18.83	53.97
Ace	21.19	26.15	94.27	78.87	—	34.44	—	42.59	22.75	43.16	—	37.44	24.63	35.25	—	94.93	89.34	158.27	—	—	19.64	—	—	20.82	31.17	30.34	—	—	—	31.22
Fl	49.69	8.41	128.99	141.75	—	53.44	20.34	27.51	44.44	59.39	17.15	97.36	55.39	53.63	23.76	88.75	88.27	—	37.67	38.01	89.44	63.89	137.73	39.65	50.42	22.33	45.05	44.37	22.25	53.42
Phen	—	18.74	48.09	55.19	—	24.01	—	38.62	37.68	—	—	—	42.75	—	—	19.45	31.21	—	20.97	—	—	—	106.71	16.51	32.48	34.71	40.86	—	—	19.58
Ant	41.59	45.72	29.27	42.58	—	25.73	—	19.45	47.62	—	—	—	32.19	—	—	39.46	54.49	19.95	21.11	—	21.62	—	100.84	35.84	23.70	44.36	52.39	—	17.56	21.66
Flu	38.72	27.62	131.46	109.48	75.72	229.05	33.12	222.55	539.16	253.89	120.33	297.06	567.01	28.40	98.02	40.08	96.16	122.53	125.17	23.51	—	32.93	98.01	97.58	74.94	342.91	166.19	313.52	783.61	175.47
Pyr	95.94	35.37	82.50	56.71	41.71	212.42	42.85	213.09	589.16	282.03	194.46	274.78	643.61	42.24	42.78	36.42	84.61	111.89	134.81	33.51	79.04	24.14	169.89	—	72.50	140.73	115.91	220.70	364.12	153.03
BaA	29.26	31.99	25.45	27.71	—	—	—	—	—	—	—	—	—	—	—	72.64	42.38	32.93	12.73	20.83	64.08	20.69	51.41	—	18.33	—	—	—	—	16.23
Chr	41.59	45.72	27.70	24.20	—	—	—	—	—	—	—	—	—	—	—	36.86	37.00	24.30	—	—	44.99	—	—	—	18.23	—	—	—	—	10.37
BkF	—	21.58	—	29.12	—	—	—	—	—	—	—	—	—	—	—	—	44.75	—	—	—	—	—	37.87	—	—	—	—	—	—	7.79
BbF	—	—	—	22.48	—	—	—	—	—	—	—	—	24.63	22.03	—	25.44	40.47	—	—	—	42.49	—	42.83	—	—	—	—	—	—	6.89
BaP	23.74	23.62	32.79	34.06	—	—	34.47	20.06	—	27.33	—	20.34	—	—	16.47	25.63	44.81	28.07	17.65	17.12	46.26	17.06	44.66	—	—	7.58	—	—	—	21.84
InP	64.22	75.93	92.45	105.64	82.20	94.05	111.77	83.03	75.97	107.32	87.45	106.44	103.93	81.74	86.59	301.50	333.53	173.74	120.64	90.12	286.96	69.31	307.64	98.43	73.53	96.41	81.66	78.83	70.46	122.86
DBA	58.14	149.49	147.11	379.61	363.15	521.59	639.05	434.88	481.64	380.76	394.10	402.58	531.08	343.10	505.46	652.99	757.85	707.39	446.24	407.27	716.02	362.03	645.66	400.80	706.96	413.79	292.55	163.52	446.04	443.13
BgP	94.65	111.54	115.47	115.11	83.22	93.29	92.15	96.08	83.79	114.20	91.79	96.79	100.89	106.26	88.70	319.98	355.71	177.83	89.51	78.82	317.03	89.41	360.57	77.45	109.29	76.70	80.18	90.39	94.55	131.08
ΣPAHs	570.23	757.05	1206.09	1504.91	721.63	1393.42	1108.56	1264.79	1989.59	1361.12	992.93	1435.57	2179.86	869.69	881.21	2082.48	2318.60	1712.66	1026.51	767.48	1716.83	711.05	2279.77	866.13	1247.59	1231.21	1874.79	911.33	1817.42	1306.57

注：—表示未检出

期，水量下降，降雨量减少，支流、废水渠排放的污染物对干流影响加大，大辽河水系干流站点多环芳烃浓度变化趋势与丰水期类似，支流和废水的排放使相应站点浓度升高。在浑河，支流和废水排放渠污染严重，抚顺石油二厂废水渠、沈阳细河污水沟和蒲河污染严重：B1（1206.09 ng/L）、B2（1264.79 ng/L）、B3（992.93 ng/L），分别使得干流 H1（1594.91 ng/L）、H5（1989.59 ng/L）、H6（1435.57 ng/L）站点污染加重。在太子河，支流污染严重都超过 1700 ng/L，与丰水期不同干流上游污染较重 T1（2179.86 ng/L）。在大辽河，干流污染逐渐增加，污染严重的站点位于营口渡口附近的站点 D3（1817.42 ng/L）。

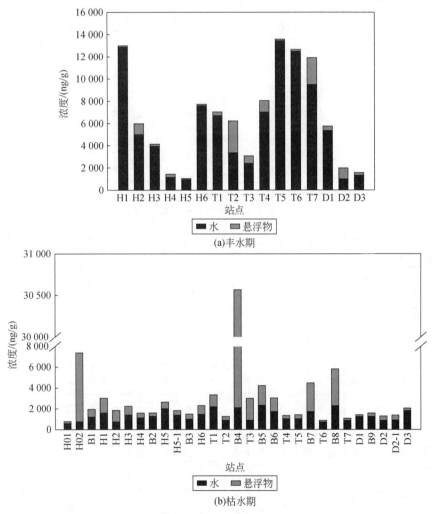

图 3-1　大辽河水系水、悬浮物样中总的多环芳烃浓度分布

2）悬浮物中多环芳烃分布

丰水期所测定的辽河 3 条干流：浑河、太子河和大辽河的悬浮物样的 18 种多环芳烃的浓度见表 3-3，悬浮物中总的多环芳烃浓度范围为 107（H1）～2862.2（T2）ng/L（平均值：689.23 ng/L）。枯水期所测定水系干流和支流的浓度见表 3-4，水中总的多环芳烃

表3-3　大辽河水系丰水期悬浮物中多环芳烃的浓度

（单位：ng/L）

多环芳烃	H1	H2	H3	H4	H5	H6	T1	T2	T3	T4	T5	T6	T7	D1	D2	D3	平均值
Naph	0.75	149.55	74.41	162.53	0.94	5.82	230.17	2719.04	537.44	922.21	18.80	87.51	83.63	126.74	17.25	64.81	305.98
2-M-Naph	0.37	1.51	5.48	1.56	0.21	1.51	0.18	15.63	7.10	3.10	0.36	3.91	8.79	13.32	0.58	1.99	3.91
1-M-Naph	0.38	4.20	2.88	1.23	—	1.08	1.54	1.99	4.34	0.92	0.71	3.02	4.46	6.76	0.58	0.83	2.08
Aceph	0.24	0.65	1.19	1.00	0.48	—	—	0.71	0.46	1.01	0.54	3.73	1.75	2.65	1.02	1.98	1.03
Ace	1.20	0.68	0.88	1.63	0.15	2.58	—	1.19	0.48	0.58	0.75	1.62	0.82	1.25	4.44	1.54	1.18
Fl	0.60	7.17	9.39	1.07	—	5.09	—	2.12	1.36	3.98	3.16	14.68	4.16	6.30	0.98	1.93	3.66
Phen	1.93	16.69	3.03	2.01	0.23	3.50	0.46	1.67	1.80	3.45	0.84	3.09	1.46	2.21	14.39	0.56	3.37
Ant	0.18	41.51	3.27	4.52	0.13	3.46	8.69	4.42	1.93	3.27	2.21	6.44	1.54	2.33	10.11	1.93	5.64
Flu	5.64	121.04	11.39	10.47	4.27	2.22	2.28	4.60	4.94	1.82	5.87	2.80	3.01	4.56	35.64	1.22	13.05
Pyr	6.48	37.02	10.41	15.30	5.27	3.63	3.97	6.26	7.15	2.53	7.09	3.23	2.92	4.43	41.03	2.24	9.36
BaA	5.51	11.32	3.61	4.28	4.14	3.98	4.98	5.01	4.35	4.70	4.60	3.88	8.23	12.47	136.56	3.99	13.05
Chr	12.21	120.80	—	4.18	1.29	7.70	1.05	16.19	11.58	7.48	13.63	4.97	121.03	183.42	465.19	13.30	57.92
BkF	10.54	22.74	1.06	0.81	3.39	2.57	0.96	2.74	0.44	0.13	0.84	—	2.23	—	12.21	7.31	4.02
BbF	1.93	2.11	—	2.45	1.93	0.26	2.71	2.77	0.86	0.49	0.31	—	0.48	—	19.27	0.94	2.18
BaP	5.49	5.69	0.84	9.51	5.33	4.40	4.06	4.03	2.82	0.47	8.82	—	3.27	—	19.47	10.64	5.00
InP	12.00	39.66	20.55	20.62	20.95	21.70	20.85	21.82	19.74	21.87	23.46	22.01	20.72	—	22.09	26.53	19.68
DBA	37.67	390.28	12.56	26.55	18.60	18.50	26.54	24.55	24.97	21.00	25.03	12.78	49.83	18.92	164.77	62.88	58.46
BgP	3.91	29.49	25.89	25.99	26.56	27.72	26.86	27.49	26.01	26.12	26.36	—	26.71	—	29.76	32.09	22.56
ΣPAHs	107.03	1002.10	186.85	295.69	93.87	115.72	335.30	2862.22	657.75	1025.11	143.36	173.67	2411.61	385.34	995.33	236.71	689.23

注：—表示未检出

表 3-4 大辽河水系枯水期悬浮物中多环芳烃的浓度

（单位：ng/L）

站点	H01	H02	B1	H1	H2	H3	H4	B2	H5	H5-1	B3	H6	T1	T2	T3	B4	B5	B6	T4	T5	B7	T6	B8	T7	B9	D1	D2	D2-1	D3	平均值
Naph	—	498.18	—	—	—	—	—	—	—	—	—	—	—	—	—	5433.78	21.65	—	—	—	23.34	—	173.16	—	—	—	—	—	—	212.07
2-M-Naph	—	2300.08	—	—	—	—	—	—	30.76	—	—	—	—	—	—	12359.63	444.49	—	—	—	1178.82	—	942.18	—	—	—	—	—	—	595.03
1-M-Naph	—	2773.81	—	—	—	—	—	—	19.88	—	—	—	—	—	—	7623.26	405.11	—	—	—	999.91	—	1395.14	—	—	—	—	—	—	455.76
Aceph	—	200.03	—	—	—	—	—	—	—	—	—	—	—	—	—	—	27.34	—	—	—	—	—	—	—	—	—	—	—	—	7.84
Ace	—	98.04	—	—	—	—	—	—	—	—	—	38.00	18.70	—	—	394.09	151.05	—	—	—	21.23	—	—	—	—	—	—	—	—	24.87
Fl	—	207.68	—	34.45	37.12	42.50	—	—	37.05	—	35.40	91.87	69.74	—	103.99	187.87	407.93	53.94	—	—	234.98	—	170.58	—	—	—	—	41.69	—	60.58
Phen	—	50.51	—	31.73	191.61	36.96	—	—	31.76	—	29.25	30.94	45.03	—	362.94	355.98	40.77	48.03	—	—	35.95	—	75.12	—	20.87	—	—	19.11	—	50.06
Ant	—	38.41	—	37.81	128.55	49.80	—	27.40	42.20	24.36	89.13	83.27	101.30	—	735.75	188.97	11.85	101.58	25.46	—	45.56	—	279.07	—	—	—	45.25	56.44	—	74.14
Flu	—	—	24.65	20.17	156.00	69.51	—	32.67	77.74	29.43	44.99	96.42	159.40	—	371.06	280.77	40.60	233.84	—	—	36.87	—	88.01	—	—	—	83.17	39.13	—	63.57
Pyr	—	30.66	36.74	37.12	55.89	97.48	—	43.76	72.67	24.82	65.18	73.87	101.49	17.83	205.36	—	43.13	237.92	—	—	42.08	—	121.08	—	40.33	—	49.36	33.20	34.95	50.51
BaA	—	—	31.26	244.01	125.70	55.89	88.88	22.23	29.63	27.04	26.57	79.37	164.52	30.80	99.35	98.76	85.05	261.24	23.52	—	—	27.17	69.88	36.71	34.58	27.08	26.98	26.56	29.25	61.71
Chr	—	102.39	258.18	452.97	108.61	111.17	134.18	20.48	54.19	35.68	37.50	147.37	259.84	59.35	65.96	101.91	71.09	111.11	63.57	—	—	—	110.30	23.54	60.18	20.75	31.76	—	25.68	95.12
BkF	17.58	—	—	26.67	—	—	—	—	—	—	—	—	—	—	—	—	—	22.47	—	—	—	—	—	—	—	—	—	—	—	1.69
BbF	71.91	—	—	28.33	—	—	—	—	—	—	—	—	—	—	—	—	—	22.18	—	—	—	—	—	—	—	—	—	—	—	1.74
BaP	—	—	—	34.83	—	—	22.57	—	—	30.19	—	—	29.89	—	—	—	—	33.62	—	218.83	—	—	—	—	—	—	—	16.47	—	5.78
InP	50.87	75.15	80.61	112.06	79.13	76.60	58.81	55.58	66.00	71.76	51.47	60.14	64.16	65.70	54.59	195.75	52.77	58.02	63.68	55.42	51.85	51.79	50.49	52.92	57.53	53.77	53.72	69.96	58.35	67.20
DBA	—	171.91	221.50	273.57	150.99	202.96	93.82	48.87	87.92	136.15	33.27	90.55	63.62	122.41	42.22	984.72	37.00	63.33	57.33	48.21	20.74	—	—	20.32	41.30	19.54	22.78	72.10	23.16	108.63
BgP	64.79	77.31	76.81	95.70	78.28	94.40	73.94	71.36	87.08	73.96	66.08	67.09	76.36	89.29	65.52	278.28	65.03	68.39	71.38	70.18	70.45	72.00	66.73	68.04	71.53	65.90	65.89	91.47	68.39	81.09
∑PAHs	205.14	6624.15	729.75	1429.42	1111.88	837.29	472.20	322.36	636.36	453.38	478.83	858.89	1154.05	385.37	2106.73	28483.77	1904.86	1315.68	304.94	392.64	2761.76	150.95	3541.74	201.54	326.33	187.04	421.32	466.13	239.78	2017.41

注：—表示未检出

浓度范围为 151（T6）～28 483.8（B4）ng/L（平均值：2017.40 ng/L）。枯水期的浓度要高于丰水期，枯水期水力条件稳定污染物容易在颗粒物上富集。悬浮物样中总的多环芳烃浓度分布如图 3-1 所示。

在丰水期，在浑河，上游站点 H2（1002.10 ng/L）浓度较高，污染物浓度逐渐下降。在太子河，上游站点 T2（2862.22 ng/L）浓度最高，污染物浓度逐渐下降由于支流的汇入，下游站 T7（2411.61 ng/L）污染浓度又有所上升。在大辽河，多环芳烃浓度相对较高是站点 D2（995.33 ng/L）。在枯水期，支流、废水渠排放的污染物对干流影响加大，水系站点多环芳烃浓度变化趋势与水样类似，支流和废水的排放使相应站点浓度升高。在浑河，上游 H02（6624.15 ng/L）点污染最为严重，推测有新的污染源的输入。在太子河，支流污染严重都超过 1300 ng/L，尤其是钢铁废水 B4 污染物浓度达到 28 483.8 ng/L。干流上游污染较重 T3（2106.70 ng/L）。在大辽河，干流污染变化不大。根据 Nelson 等（1991）的研究，在钢铁工业区，多环芳烃来源于焦炭的烧结生产、钢铁的铸造成形和锻造过程。在瑞士波罗的海沿岸附近的钢铁厂，水体表面每年的多环芳烃沉积通量是 29 kg/($km^2 \cdot a$)（Näf et al.，1992）。悬浮物中大量的多环芳烃归功于钢铁厂生产过程产生的多环芳烃的大气迁移和沉降（Yang et al.，2002）。

3）水、悬浮物中多环芳烃分配

根据图 3-1，多环芳烃在水体中的分配顺序为：水>悬浮物，枯水期污染物更容易在颗粒态富集。枯水期浑河 H02、太子河干流 T3 和支流 B4、B7、B8 多环芳烃在水体中的浓度分配顺序为：悬浮物相>水相。在枯水期由于较低的流速，再悬浮现象减少，悬浮物的浓度（0.13 g/L）低于丰水期（0.27 g/L），水体中多环芳烃主要来源于废水排放和大气的干沉降。多环芳烃具有疏水性，水体的 pH、有机碳、悬浮物浓度和沉积物的矿物组成会影响它在水–沉积物中的环境行为。大辽河水系水、悬浮物的性质会影响多环芳烃在水体中的浓度，其中水的溶解性有机碳对溶解性多环芳烃的归趋起着重要的作用。采用 SPSS 软件对水体理化性质与多环芳烃浓度作 PEARSON 相关分析表明：在丰水期，洪水泛滥，由于水力条件复杂，没有相关性被发现。在枯水期，低分子量的芳烃与溶解性有机碳的相关性（$r=0.407$，$P<0.05$，$n=28$）高于高分子量的（$r=0.398$），其他因子如 pH 和悬浮物浓度没有相关性被发现，这也许与水体中的无机成分影响有关。

采用固–液分配系数（K_d）来表征大辽河水系水、悬浮物中多环芳烃的平衡性质。

$$K_d = (C_w \times 10^3)/(SPM \times C_s) \tag{3-1}$$

式中，K_d 为水体中水相与悬浮物相芳烃的平衡（L/g）；C_w 为水相的芳烃浓度（μg/L）；C_s 为固相（悬浮物）中芳烃浓度（μg/L）；SPM 为悬浮颗粒物浓度（mg/L）。

大辽河水系多环芳烃在两个水期的固–液分配系数 lg K_d 变化范围分别为：丰水期为 0.78～3.40，系数与悬浮物浓度的相关系数 $R^2=0.237$（$P=0.028$，$n=16$）；枯水期为 1.23～3.26，系数与悬浮物浓度的相关系数 $R^2=0.224$（$P=0.006$，$n=28$）；两个水期的固–液分配系数随着悬浮颗粒物浓度的增大有减小的趋势（图 3-2），这种颗粒物浓度效应趋势相近。

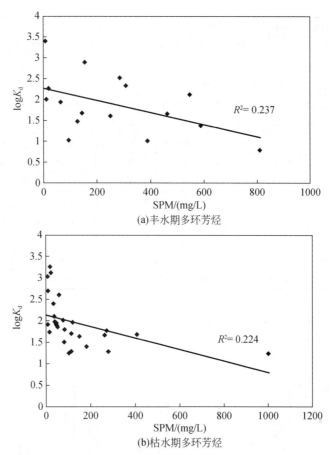

图 3-2　水体样品多环芳烃固–液浓度效应

4）沉积物中多环芳烃分布

大辽河水系沉积物中丰水期和枯水期多环芳烃浓度见表 3-5 和表 3-6。在丰水期，辽河沉积物中总的多环芳烃浓度 61.91～840.53 ng/g，平均浓度 287.33 ng/g。在枯水期，多环芳烃浓度 102.90～3419.20 ng/g，平均浓度 815.40 ng/g。枯水期的浓度要大于丰水期，沉积物样中总的多环芳烃浓度分布如图 3-3 所示。

表 3-5　丰水期沉积物中多环芳烃的浓度　　　　　　　　　　　（单位：ng/g）

多环芳烃	H1	H2	H4	H5	H6	T1	T2	T4	T5	D1	D2	D3	平均值
Naph	13.87	31.18	2.34	16.95	4.03	5.54	0.97	1.34	1.23	5.75	2.98	8.04	7.85
2-M-Naph	3.18	20.20	2.56	10.03	1.26	3.00	1.93	4.88	6.82	13.74	3.80	10.38	6.82
1-M-Naph	5.17	12.62	1.90	5.06	0.98	1.89	1.21	3.60	4.61	10.16	2.95	6.46	4.72
Aceph	2.29	2.95	0.23	1.57	—	4.46	1.26	2.94	3.96	6.16	2.17	2.61	2.55
Ace	6.26	7.79	2.81	5.45	1.35	5.32	3.07	5.76	7.31	62.12	5.82	11.22	10.36
Fl	10.44	12.00	2.60	7.05	1.10	6.16	7.41	6.67	10.36	34.02	6.71	11.11	9.64

多环芳烃	H1	H2	H4	H5	H6	T1	T2	T4	T5	D1	D2	D3	平均值
Phen	45.71	27.57	4.21	7.54	3.08	30.39	19.21	12.78	22.71	79.60	7.87	15.31	23.00
Ant	8.57	8.81	1.03	2.45	0.64	6.22	2.57	1.95	13.17	25.99	2.53	6.39	6.69
Flu	101.36	65.25	5.83	6.90	6.68	68.93	53.65	42.68	77.76	254.89	18.00	40.03	61.83
Pyr	103.40	66.81	9.15	9.32	7.67	52.45	50.53	41.72	68.32	197.66	10.25	34.81	54.34
BaA	22.31	40.19	7.74	2.26	2.06	87.25	37.94	37.25	55.54	28.43	21.10	19.59	30.14
Chr	16.18	6.52	13.86	1.67	1.98	103.16	19.55	17.49	20.47	76.35	13.49	12.08	25.23
BkF	0.62	7.61	1.51	4.68	4.98	11.63	1.84	4.16	3.14	1.70	1.41	1.67	3.75
BbF	9.13	1.31	3.10	4.03	0.63	18.91	3.59	2.70	7.56	8.98	1.95	1.74	5.30
BaP	9.61	7.06	2.93	6.32	5.09	19.20	4.31	3.98	5.88	5.77	2.60	1.92	6.22
InP	7.60	6.87	6.92	6.72	6.90	6.98	6.83	6.61	6.60	6.62	6.52	6.49	6.80
DBA	5.35	3.21	7.35	2.58	2.39	4.32	1.23	3.52	3.82	12.36	1.63	1.36	4.09
BgP	9.11	10.61	8.62	10.30	11.10	88.24	16.55	12.66	14.83	10.22	11.71	12.08	18.00
∑PAHs	380.14	338.55	84.69	110.90	61.91	524.03	233.65	212.69	334.10	840.53	123.50	203.30	287.33

注：—表示未检出

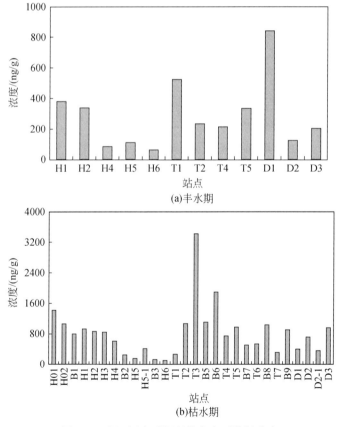

图 3-3　大辽河水系沉积物中多环芳烃分布

表 3-6　枯水期沉积物中多环芳烃的浓度

（单位：ng/g）

多环芳烃	H01	H02	B1	H1	H2	H3	H4	B2	H5	H5-1	B3	H6	T1	T2	T3	B5	B6	T4	T5	B7	T6	B8	T7	B9	D1	D2	D2-1	D3	平均值
Naph	139.30	165.24	151.51	132.75	100.23	137.12	95.98	12.59	9.53	13.70	4.86	2.29	9.10	135.36	261.32	170.14	399.09	67.47	140.39	48.54	94.15	215.28	11.09	176.90	11.74	164.94	39.32	297.97	114.57
2-M-Naph	355.70	205.97	198.45	213.53	250.80	270.12	146.56	38.39	16.99	61.02	0.64	0.57	1.35	198.97	219.46	236.50	484.75	156.82	220.32	98.04	107.86	158.95	84.89	124.06	59.62	63.82	44.56	117.55	147.72
1-M-Naph	736.45	477.96	315.77	465.38	295.52	296.51	267.77	29.99	6.07	63.93	0.52	0.49	1.80	573.15	677.36	526.19	618.47	378.40	462.57	169.60	184.32	358.70	89.49	350.02	66.23	131.26	73.83	173.92	278.27
Aceph	12.01	10.61	4.32	2.12	17.21	1.27	2.50	18.29	7.55	15.80	7.24	8.47	12.47	11.79	57.28	18.55	164.00	20.87	16.41	12.77	8.09	30.73	14.53	29.33	27.96	37.68	26.99	64.96	23.64
Ace	2.92	29.13	9.90	5.11	3.85	1.83	2.13	2.80	1.72	3.90	2.43	1.45	3.56	0.84	124.31	1.14	17.04	1.02	1.36	0.73	0.26	1.73	1.71	1.92	7.36	23.00	10.54	62.19	11.64
Fl	30.22	36.50	21.09	14.23	54.46	16.79	14.05	10.88	12.07	55.84	7.99	8.33	37.74	23.64	157.14	20.37	29.08	14.45	20.17	15.98	33.25	23.87	7.84	21.17	25.22	71.38	35.35	96.69	32.71
Phen	10.87	23.77	14.97	10.51	14.71	10.33	6.80	9.94	5.42	24.51	5.51	4.22	38.12	8.76	115.90	9.09	7.87	8.72	9.16	9.54	8.45	10.83	4.70	7.14	22.02	15.34	5.05	12.33	15.52
Ant	16.25	25.94	2.93	14.77	13.07	11.13	11.71	18.20	12.55	31.77	9.63	4.27	44.14	14.14	49.72	16.50	13.66	11.50	11.65	21.08	12.37	35.36	9.10	34.12	20.51	17.75	16.50	18.63	18.53
Flu	12.75	14.18	8.77	6.26	20.64	12.80	5.68	15.09	4.12	29.70	5.96	5.27	14.19	12.97	709.35	10.34	27.01	9.05	15.03	18.94	14.39	85.56	12.54	46.40	42.41	39.85	16.33	18.60	44.08
Pyr	18.79	16.90	20.14	8.14	26.78	18.01	7.94	27.70	18.42	32.54	9.99	5.05	28.24	26.59	394.08	14.97	25.06	10.92	17.59	33.37	13.12	51.35	10.02	52.19	37.33	40.73	35.01	23.36	36.58
BaA	9.85	13.87	11.62	9.23	23.43	7.76	5.69	10.84	6.42	21.79	11.46	7.42	22.52	9.48	174.01	20.04	8.52	8.96	7.53	14.19	4.02	5.21	12.94	5.02	18.81	26.53	7.51	18.43	17.97
Chr	7.27	1.87	2.94	9.30	10.08	6.68	4.58	3.60	7.46	6.15	5.75	4.40	5.67	4.80	263.64	7.85	17.62	1.94	2.83	6.23	2.95	3.20	5.60	2.97	11.48	14.83	1.12	1.31	15.15
BkF	2.15	1.33	0.61	1.33	0.67	1.41	0.61	3.85	2.05	0.82	2.58	2.06	1.06	2.47	68.73	0.88	3.25	1.12	1.88	2.31	1.50	1.56	1.20	2.15	1.24	1.91	1.75	1.40	4.07
BbF	2.56	1.83	0.82	1.30	1.11	1.56	0.76	2.99	1.55	1.16	1.81	1.14	1.89	2.18	39.52	1.66	9.72	1.85	1.75	3.72	1.18	9.19	1.51	9.18	1.51	1.86	1.28	1.44	3.86
BaP	3.74	1.05	0.86	1.54	1.00	3.09	1.19	3.60	3.10	1.65	3.38	1.76	2.12	2.07	66.01	3.85	21.48	1.31	2.84	2.19	2.41	4.07	1.73	3.71	2.09	3.30	1.42	1.72	5.30
InP	19.81	13.48	13.68	13.04	13.14	14.17	13.81	13.79	14.02	14.00	14.22	14.36	13.87	14.57	16.23	15.74	20.20	16.70	15.09	16.55	16.05	14.35	15.57	14.32	16.00	17.72	14.83	16.08	15.19
DBA	19.07	1.60	1.55	0.80	1.74	10.35	3.03	3.97	7.69	8.36	10.40	11.64	5.17	6.88	6.72	9.66	7.30	10.90	7.76	7.91	9.38	3.29	4.24	2.98	6.75	15.60	6.96	7.86	7.13
BgP	17.41	17.18	17.22	17.30	17.13	21.73	19.75	17.48	18.68	21.84	21.59	19.70	17.48	17.84	18.41	18.01	18.71	19.41	19.03	19.65	17.15	17.53	17.82	17.50	20.61	21.97	19.82	19.45	18.83
ΣPAHs	1417.12	1058.40	797.16	926.64	865.59	842.65	610.36	244.00	155.40	408.46	125.95	102.88	260.48	1066.50	3419.18	1101.47	1892.84	741.42	973.34	501.33	530.90	1030.76	306.53	901.08	398.90	709.49	358.18	953.88	810.75

注：一表示未检出

在丰水期，浑河、太子河的污染分布与水样类似，污染最重的站点 D1 位于大辽河的浑河和太子河的汇合处，两条干流的多环芳烃负荷叠加使 D1 点的多环芳烃浓度增高。浑河段 H1、H2 点受抚顺市工业和生活污水和沈阳废水影响废水多环芳烃浓度较高 >300ng/g，靠近沈阳市区的 H4、H5、H6 点相对多环芳烃浓度有所减少，为 61.90 ~ 110.90 ng/g，H5 由于接纳了来自细河的污水，多环芳烃浓度高于其他两点。太子河段受本溪钢铁和辽阳化工废水的影响多环芳烃浓度普遍较高，浓度范围为 212.69 ~ 524.03 ng/g，顺序依次为 T1 >T5 >T2 >T4。大辽河的 D3 为营口渡口，轮船航运较多，多环芳烃浓度也较高，为 203.30 ng/g。在枯水期，污染物从上游到下游的衰减趋势明显。浑河支流污染要低于干流污染，干流污染最为严重的站点位于上游的 H01 (1417.12 ng/g)，有新的污染源的输入；支流污染严重的是 B1 (797.16 ng/g)，受抚顺石油二厂废水排放影响。在太子河，靠近工业城市的干流 T2 (1066.50 ng/g)、T3 (3419.20 ng/g)、T5 (973.30 ng/g) 和支流 B5 (1101.50 ng/g)、B6 (1892.80 ng/g)、B8 (1030.80 ng/g) 污染都很严重。大辽河支流 B9 (901.10 ng/g) 和干流 D3 (953.90 ng/g) 多环芳烃浓度较高。随着大辽河水系周边地区城市化和工业化的发展，大量的生活污水和工业废水通过径流和排放等途径汇入大辽河水系，使得相应河段的多环芳烃相对增高。港口活动也使多环芳烃浓度有所增高。污染严重的支流也是流域干流的最主要的污染源，化工产品的生产和石油的开采、运输和加工是附近多环芳烃污染的潜在来源。此外，采样站位附近一些工业排放的黑烟也是多环芳烃潜在的大气来源。

5) 沉积物中多环芳烃分配

由于多环芳烃自身较低的水溶性和憎水特征 ($\lg K_{ow}$ = 3 ~ 8)，多环芳烃污染物会经常吸附在细小颗粒物上并最终在土壤和沉积物中沉积、积累、富集，通常沉积物的性质会影响多环芳烃的赋存状态。采用 SPSS 软件对沉积物理化性质与丰水期和枯水期的多环芳烃的浓度作 PEARSON 相关分析表明：在丰水期，沉积物的性质与多环芳烃浓度有很好的正相关 [r = 0.803 (TOC)，r = 0.614 (含水率)，P < 0.01；r = 0.652 (CEC)，P < 0.05，n = 12]，较高的含水率也许增加了沉积物的比表面积进而改善了沉积物对有机物的吸附性能。有机质和黏土矿物影响着沉积物中多环芳烃的分布和组成 (Kim et al.，1999)。在枯水期，有机碳对沉积物中多环芳烃的分布影响同样明显 (r > 0.50，P < 0.01，n = 10)，更多的有机质容易积聚在小颗粒的黏砾沉积物 (r > 0.05，P < 0.01，n = 28)，而大颗粒的沙粒则具有相反的趋势 (r = -0.709，P < 0.01，n = 28)，然而仅仅低分子量的多环芳烃与砂砾有正相关关系 (r = 0.377，P = 0.048，n = 28)，这也许是沉积物中多环芳烃的异质分布特征表现 (Maruya et al.，1996)。根据以上分析，有机碳是沉积物中多环芳烃分布分配的重要控制因子，此外，粒径分布也起着一定的作用。

表层沉积物与孔隙水间是一个异相平衡过程，沉积物中污染物向孔隙水中扩散进而再次污染水体 (Mitra and Dickhut，1999)。孔隙水中多环芳烃的浓度见表3-7。多环芳烃的浓度范围为 6.30 ~ 46.40 μg/L (平均值：24.30 μg/L)，孔隙水中的浓度都明显高于水样的浓度约为 20 倍，这是沉积物不断累积释放的结果，交换作用以扩散为主，影响到水体水质。多环芳烃分布以中低环数 3 ~ 4 环的为主，说明在沉积物–孔隙水间的交换作用主要是这部分烃。多环芳烃的疏水性和浓度大小影响这种交换过程的进行。此外在稳定状态下,孔隙水中的溶解性有机质也会影响这种分布(Simpson et al. , 1996)。本书中,孔隙水中多环芳烃浓度和溶解性有机碳含量间有很好的相关性($r>0.70$,$P<0.01$,$n=10$)。

表 3-7 枯水期沉积物孔隙水中多环芳烃浓度 （单位：μg/L）

多环芳烃	H02	H3	H5-1	B3	T1	T5	T7	B9	D1	平均值
Naph	0.66	0.69	0.47	0.41	0.80	0.67	0.17	0.25	0.09	0.53
2-M-Naph	6.74	0.90	0.30	0.34	1.06	0.90	0.42	0.27	0.13	0.30
1-M-Naph	2.69	1.27	0.20	0.41	0.83	0.23	0.21	0.29	0.07	0.19
Aceph	1.64	1.05	0.11	0.30	0.76	0.36	0.13	0.13	0.09	0.38
Ace	2.72	0.23	0.51	1.41	1.05	1.59	0.65	0.88	0.34	1.67
Fl	1.49	3.24	1.19	2.58	3.27	1.89	2.13	4.49	0.68	2.05
Phen	1.21	4.30	1.68	1.92	2.89	2.13	1.47	4.01	0.46	2.99
Ant	3.19	5.26	0.51	1.92	2.58	3.02	1.55	6.77	0.91	2.42
Flu	1.44	4.38	1.33	1.44	1.07	1.62	1.89	1.21	0.57	2.36
Pyr	0.74	4.74	1.03	2.04	1.94	3.46	2.51	1.58	0.32	2.89
BaA	4.37	8.81	2.34	2.38	1.90	3.75	2.00	3.51	1.60	4.37
Chr	1.92	4.48	1.64	1.04	1.28	1.95	1.36	1.93	0.31	2.08
BbF	1.09	1.28	0.34	0.35	0.36	1.08	0.34	0.93	0.11	0.79
BkF	1.01	1.01	0.27	0.24	0.55	1.97	0.40	1.06	0.13	0.62
BaP	1.89	1.93	0.49	0.48	0.93	2.11	0.44	1.69	0.22	1.52
InP	0.92	1.06	0.33	0.33	0.27	0.25	0.20	0.17	0.08	0.21
DBA	0.93	1.69	0.54	0.77	0.36	1.26	0.66	1.51	0.24	0.73
BgP	0.11	0.04	0.10	0.11	0.08	0.03	0.03	0.04	0.00	0.06
∑PAHs	0.66	0.69	0.47	0.41	0.80	0.67	0.17	0.25	0.09	0.53

沉积物-孔隙水间的作用对河流水体中多环芳烃的分布和行为起着重要作用。许多研究都关注这一界面污染物的平衡和动力过程,分配系数可以很好地反映污染物的特征属性(Maruay et al. , 1996;Zhou et al. , 1999),尤其是辛醇-水分配系数(K_{ow})。$\log K_{ow}$可以反映化合物在有机相和水相的分布状并用来预测环境行为。平衡分配系数(K_{oc})可以用来描述沉积物对多环芳烃的吸附性能,预测水-沉积物界面的平衡关系。为了评价大辽河水系沉积物-孔隙水中多环芳烃的分配和归趋,本书作如下分析。公式如下:

$$K'_{oc} = K'_p / f_{oc} \tag{3-2}$$

$$K'_p = C_s / C_{aq} \tag{3-3}$$

式中,C_s为固相浓度(μg/g);C_{aq}水相浓度(μg/L);f_{oc}为沉积物有机碳组分含量。

多环芳烃$\log K_{oc}$和$\log K_{ow}$关系为式(3-4),该公式已经被用于K_{oc}估计(Nguyen et al. , 2005)。

$$\log K_{oc} = 1.03 \log K_{ow} - 0.61 \tag{3-4}$$

具体的多环芳烃的参数计算值见表3-8，计算的站点多环芳烃除了容易挥发的 Naph 和 Aceph 外其余中高分子量的芳烃 $\log K'_{oc}$ 要高于 $\log K_{ow}$ 和参考值 $\log K_{oc}$。这个结果表明大辽河水系的 Naph 和 Aceph 将进一步在沉积物中积累。一些研究已经证实颗粒态的多环芳烃不容易与溶解态的进行交换，尤其是高分子量的，它们将紧密地与沉积物结合在一起（Fernandes et al.，1997）。这个结果也表明站点 B3 的多环芳烃达到了平衡状态（Maruya et al.，1996）。在计算值 $\log K'_{oc}$ 和参考值 $\log K_{oc}/\log K_{ow}$ 之间没有线性关系，许多的 $\log K'_{oc}$ 和对应的 $\log K_{oc}$ 有较大差距表明沉积物和孔隙水间多环芳烃浓度存在着不平衡。这个结果与波士顿港口（Mcgroddy and Farrington，1995）、大亚湾（Zhou and Maskaoui，2003）和旧金山湾（Maruay et al.，1996）的结果不同，但与杭州的一些河流相比具有相似的结果（Chen et al.，2004）。

表 3-8　大辽河水系沉积物/孔隙水界面 $\log K_{oc}$ 和 $\log K_{ow}$ 比较

PAHs	$\log K_{ow}$[①]	$\log K_{oc}$[②]	$\log K'_{oc}$										$\log K'_{oc}$ 平均值	$\Delta \log K_{oc}$ obs-pred
			H01	H02	H3	H5-1	B3	T1	T5	T7	B9	D1		
Naph	3.37	2.86	3.68	4.24	3.94	3.65	3.20	3.11	5.23	4.53	5.32	3.37	4.03	1.17
Aceph	4.00	3.51	2.22	2.87	2.53	3.85	3.40	3.52	4.40	4.93	4.45	3.90	3.61	0.10
Ace	3.92	3.43	1.39	3.96	2.02	2.57	2.78	2.33	2.63	3.18	2.64	2.68	2.62	−0.81
Fl	4.18	3.70	2.66	2.92	2.62	3.46	2.81	3.28	3.29	3.13	3.47	3.12	3.08	−0.62
Phen	4.57	4.10	2.31	2.61	2.81	3.20	2.70	3.24	3.10	2.95	3.30	2.90	2.86	−1.24
Ant	4.54	4.07	2.06	2.56	2.81	3.34	2.99	3.15	3.19	3.01	3.52	2.96	2.96	−1.11
Flu	5.22	4.77	2.30	2.37	2.46	3.44	3.16	2.93	3.21	3.90	4.11	3.29	3.12	−1.65
Pyr	5.18	4.73	2.76	2.42	2.72	3.33	3.13	2.89	3.16	3.69	4.14	3.14	3.14	−1.59
BaA	5.91	5.48	1.71	2.06	2.00	3.09	3.20	2.76	2.88	3.45	2.44	2.67	2.63	−2.85
Chr	5.86	5.43	1.94	1.48	2.08	2.90	3.07	2.45	2.63	3.35	2.94	2.77	2.56	−2.87
BbF	5.80	5.36	1.65	1.88	2.09	2.50	3.28	1.98	3.05	3.00	3.09	2.23	2.47	−2.89
BkF	6.00	5.57	1.76	2.12	2.24	2.81	2.94	1.97	2.95	3.04	3.76	2.42	2.60	−2.97
BaP	6.04	5.61	1.65	1.60	2.27	2.66	2.98	1.98	3.12	2.90	3.19	2.17	2.45	−3.16
InP	7.04	6.64	2.69	2.97	3.11	3.76	4.13	3.72	4.19	4.85	4.18	3.92	3.75	−2.89
DBA	6.75	6.34	2.67	1.84	2.76	3.16	3.89	2.60	3.38	3.34	3.07	2.99	2.97	−3.37
BgP	6.50	6.09	3.57	4.53	3.81	4.41	4.83	4.75	5.17	5.56	5.59	4.60	4.68	−1.41

①为辛醇-水分配系数；②为平衡分配系数 $\log K_{oc} = 1.03 \log K_{ow} - 0.61$（Nguyen et al.，2005）；obs 为观测值；pred 为预测值

6）多环芳烃的组成

大辽河水系水中多环芳烃不同组分的浓度见表3-1～表3-6。在丰水期，水样中许多多环芳烃的浓度都超过了 1000 ng/L，表明水体受到严重污染。然而在水样中始终没有检测到 Aceph、BaA、Chr 等化合物，浑河水中 3 环（Phen，Ant）、4 环（Flu）的多环芳烃最丰富；太子河水中 3 环（Phen，Ant）、4 环（Flu，Pyr）、5 环（BbF，BaP，DBA）的多

环芳烃最丰富；大辽河水中 4 环（Flu，Pyr）、5 环（BaP，DBA）的多环芳烃最丰富。在悬浮物中，浑河 2 环（Naph）、5 环（DBA）的多环芳烃含量较多；太子河 2 环（Naph，2-M- Naph）、3 环（Ant）、4 环（Pyr，BaA，Chr）、5 环（DBA）、6 环（InP，BgP）的多环芳烃含量较多；大辽河 2 环（Naph）、4 环（BaA，Chr）、5 环（DBA）、6 环（InP，BgP）的多环芳烃含量较多。在沉积物中，4 环的多环芳烃最丰富，3 环的次之。整个水系致癌风险最大的 5 环多环芳烃在每个站位都有检出且超出了美国国家环境保护局（EPA）推荐的环境质量标准。

整个水系不同环数的多环芳烃分布如图 3-4 和图 3-5 所示。水和沉积物中 4～6 环的多

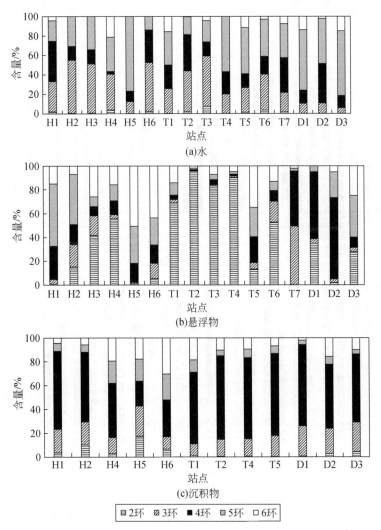

图 3-4　大辽河水系丰水期 2，3，4，5，6 环多环芳烃分布组成

2 环多环芳烃：萘；3 环多环芳烃：苊烯，苊，芴，菲蒽；4 环多环芳烃：荧蒽，芘，苯并［a］蒽，屈；5 环多环
芳烃：苯并［k］荧蒽，苯并［b］荧蒽，苯并［a］芘，二苯并［a，h］蒽；6 环多环芳烃：茚并［1，2，3-cd］
芘，苯并［ghi］芘

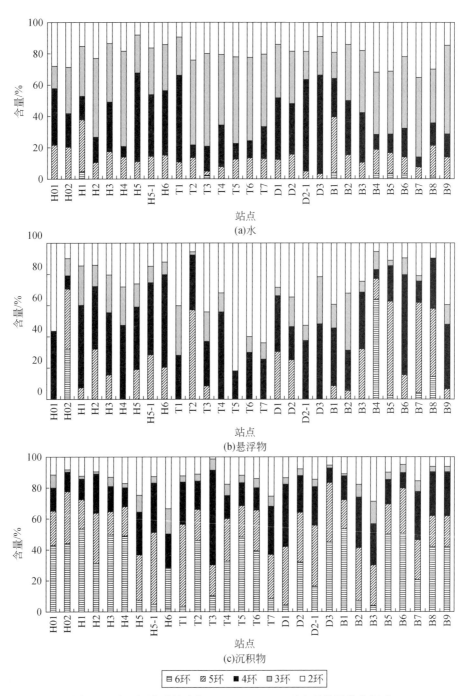

图 3-5 大辽河水系枯水期 2，3，4，5，6 环多环芳烃分布组成

环芳烃占优势，相对于总的多环芳烃浓度的平均比例分别占 68%（56%～95%）和 78%（57%～89%）以上，显示高温裂解产生的多环芳烃通过废水排放、石油加工泄漏、大气沉降等过程进入水体（Zhou and Maskaoui，2003），其他研究也表明高分子量的多环芳

烃易在河流沉积物上累积（Chen et al.，2004）。在悬浮物中，2 环的萘最丰富，占多环芳烃总量的85%。低分子量的萘及其烷基化的萘极易挥发和降解，通常是石油及其产品的轻质馏分，可以被认为是多环芳烃污染物的石油来源（Tolosa et al.，2004），因此高浓度的萘表明人类活动的输入增多，尤其是石油类污染物的直接输入增多。夏季雨量增多，人为活动产生的多环芳烃通过地面径流和沉降不断向水体输入，使水和悬浮物中多环芳烃浓度增高。

在枯水期，水相单体多环芳烃的浓度低于丰水期，多环芳烃浓度超过 100 ng/L 在水样中有 4 环 Flu、Pyr，5 环 DBA，6 环 InP；在悬浮物中 2 环 Naph、2-M-Naph、1-M-Naph 和 5 环 DBA 的多环芳烃含量较多。水样中多环芳烃的种类多于悬浮物中的。在沉积物中，环芳烃浓度超过 100 ng/g 有 2 环 Naph、2-M-Naph、1-M-Naph，沉积物孔隙水中多环芳烃浓度很高，其中 4 环的 BaA 浓度达到了 3.50 μg/L。整个水系致癌风险最大的 5 环的多环芳烃在每个站位都有检出。整个水系不同环数的多环芳烃分布如图 3-4 所示。水和悬浮物中 4~6 环的多环芳烃占优势，相对于总的多环芳烃浓度的平均比例分别占 85%（60%~97%）和 78%（23%~100%）。在沉积物中，2 环的萘最丰富，2~3 环的多环芳烃占总量的 58%（29%~83%）。这个分布特征不同于其他研究（Tolosa et al.，2004）和丰水期的组成特征（Guo et al.，2007）。也许人类活动使低分子量的烃不断输入，在相对稳定的水流条件下迅速吸附到颗粒物上沉积到沉积物中。

3.1.2 脂肪烃季节分布特征

1）水中脂肪烃分布

大辽河水系水样丰水期和枯水期脂肪烃浓度见表 3-9、表 3-10 和图 3-6。在丰水期脂肪烃（AHc）的浓度范围为 13.39~283.79 μg/L（平均值：85.84 μg/L），难分离混合物（UCM）浓度范围为 3.63~276.03 μg/L（平均值：64.97 μg/L），正构烷烃（ALK）的浓度范围为 6.95~33.74 μg/L（平均值：20.72 μg/L），正构烷烃分布广泛(n-C8~n-C38)。在枯水期脂肪烃的浓度范围为 40.05~1063.18 μg/L（平均值：238.10 μg/L），难分离混合物 UCM 的浓度范围为 12.40~1020.36 μg/L（平均值：217.08 μg/L），正构烷烃 ALK 的浓度范围为 4.21~38.77 μg/L（平均值：20.08 μg/L），高分子量的烷烃>C33 都未检出。在两个水期的脂肪烃浓度都很高，都超过了 10 μg/L，尤其是枯水期污染更为严重，由于水量下降河流对污染物的稀释作用下降。丰水期正构烷烃的检出数大于枯水期。脂肪烃的组成以 UCM 为主，这是石油长期污染的结果（Readman et al.，1987）。

在丰水期由于洪水泛滥，水量大，水动力条件复杂，支流、废水渠排放的污染物在干流汇集并逐渐向下游迁移。在浑河，AHc 浓度从上游到下游有衰减趋势，污染严重的站点位于沈阳境内 H2（227.42 μg/L）和 H3（283.62 μg/L），沈阳的废水排放是污染升高的主要原因；在太子河，上游污染大于下游污染，重工业区污染较为严重，其中位于本溪钢铁工业区附近的站点 AHc 污染最为严重，T1 95.86 μg/L、T2 88.23 μg/L、T3 117.72 μg/L；在大辽河，来自浑河和太子河的污染叠加后逐渐衰减，AHc 污染严重的站点位于两条干流汇合后的三岔河附近 D1（40.41 μg/L）。

表3-9 大辽河水系丰水期水样中脂肪烃浓度

（单位：μg/L）

脂肪烃	H1	H2	H3	H4	H5	H6	T1	T2	T3	T4	T5	T6	T7	D1	D2	D3	平均值
C8	0.08	—	0.11	0.10	0.12	0.18	0.19	0.11	0.03	0.05	0.08	0.09	0.05	0.04	—	0.03	0.08
C9	0.42	0.03	1.19	—	0.05	3.54	0.05	0.07	0.51	—	0.04	—	1.58	0.05	0.01	0.05	0.47
C10	2.08	2.92	0.78	0.34	0.10	3.26	1.27	0.72	1.98	0.05	0.26	0.18	6.54	0.17	0.19	0.16	1.31
C11	0.76	2.11	0.04	—	—	4.20	0.71	0.82	0.32	—	0.11	—	4.18	0.06	0.07	0.12	0.84
C12	0.30	0.39	0.15	—	—	1.48	0.22	0.48	0.60	0.19	0.05	—	1.43	0.39	0.18	0.23	14.99
C13	4.47	2.32	0.39	1.27	0.63	1.31	0.55	0.60	3.55	0.83	0.18	3.19	1.48	0.13	2.06	0.32	1.46
C14	0.06	0.23	0.13	0.07	0.15	0.16	0.09	0.52	0.97	—	0.08	0.05	0.18	0.13	0.21	0.11	0.20
C15	2.17	1.13	0.80	0.62	2.38	1.85	1.72	1.43	1.07	0.25	0.24	1.46	2.80	0.06	0.08	0.08	1.13
C16	0.35	0.18	0.07	0.08	0.04	1.18	1.17	0.34	0.05	0.11	0.10	0.08	0.18	0.17	0.36	0.43	0.31
C17	1.12	0.15	0.05	0.06	0.03	0.06	0.07	0.04	0.11	0.03	0.09	0.73	0.14	0.09	0.09	0.05	0.18
C18	0.10	0.09	0.11	0.06	0.04	0.16	0.05	0.05	1.17	0.14	0.13	—	0.26	0.07	0.53	0.08	0.19
C19	0.10	0.01	0.04	0.05	0.04	0.06	0.29	0.01	0.06	0.11	0.01	—	0.13	0.10	0.35	0.05	0.08
C20	0.63	0.07	0.10	0.04	0.06	0.03	0.23	0.18	0.26	0.11	0.18	0.03	0.08	1.73	0.27	0.01	0.25
C21	0.59	1.68	0.40	4.14	3.31	2.18	4.57	4.01	2.78	4.72	4.03	0.17	3.34	0.33	4.03	1.91	2.64
C22	—	0.33	0.01	0.37	0.20	0.10	0.10	—	1.84	0.18	0.80	—	0.71	0.89	0.09	0.54	0.39
C23	9.25	2.19	1.18	3.04	5.58	2.78	0.24	—	—	—	—	1.05	3.88	0.31	0.06	0.50	1.88
C24	1.14	0.24	0.04	0.10	0.21	0.39	0.75	2.04	0.84	—	2.13	0.06	0.55	—	0.02	1.09	0.60
C25	0.28	0.34	1.04	2.10	1.58	0.95	1.29	0.95	0.65	0.10	1.92	2.17	0.13	2.89	0.10	0.10	1.04
C26	0.12	0.38	—	0.26	—	1.64	2.18	—	0.04	—	4.92	—	3.18	6.01	2.09	3.49	1.52
C27	0.11	0.46	—	1.58	2.55	4.05	10.38	3.65	1.12	0.12	5.63	—	0.19	0.03	8.53	6.27	2.79
C28	0.10	0.44	—	0.88	0.06	0.12	0.21	—	0.86	—	1.63	0.04	0.15	0.17	—	1.28	0.37
C29	0.08	6.52	—	0.89	—	—	0.06	0.10	—	—	0.03	0.03	0.03	0.33	0.04	0.07	0.51
C30	0.04	1.56	0.09	0.74	0.19	0.05	0.23	—	0.70	0.08	1.14	0.05	0.05	0.35	0.16	0.81	0.39

续表

脂肪烃	H1	H2	H3	H4	H5	H6	T1	T2	T3	T4	T5	T6	T7	D1	D2	D3	平均值
C31	0.13	0.20	0.72	0.16	5.13	1.13	1.59	0.49	0.10	—	0.21	0.27	1.51	—	1.22	—	0.80
C32	0.13	1.17	—	—	0.15	—	0.01	0.38	—	—	0.03	—	0.01	0.07	0.03	—	0.12
C33	5.71	0.59	0.15	0.10	0.39	0.72	0.85	0.99	0.02	—	0.07	0.20	0.97	—	0.55	0.05	0.71
C34	0.77	0.50	—	0.09	—	—	—	—	—	—	—	—	—	—	—	—	0.08
C35	—	—	0.08	—	—	0.05	0.08	0.15	0.02	—	0.10	—	—	—	—	0.16	0.04
C36	—	0.18	—	—	—	—	0.05	0.09	—	—	0.10	—	—	—	0.12	0.04	0.04
C37	—	—	—	—	—	—	—	—	—	—	—	—	—	—	—	—	—
C38	—	0.36	—	—	—	0.80	0.11	—	0.23	—	—	—	—	—	0.37	—	0.11
Pr	0.11	0.15	0.05	0.03	0.03	0.04	0.11	0.03	0.05	0.03	0.04	—	0.06	0.05	0.16	0.11	0.06
Ph	0.15	0.17	0.12	0.10	0.06	0.05	0.13	0.03	0.06	0.04	0.06	0.06	0.06	0.05	0.11	0.17	0.08
UCM	22.65	201.19	276.03	96.49	83.41	54.35	66.82	70.27	98.09	7.93	4.82	3.63	4.42	25.85	9.74	13.78	64.97
ALK	31.09	26.23	7.59	17.02	23.00	31.57	29.05	17.96	19.63	6.95	24.08	9.76	33.74	14.56	21.30	18.02	20.72
AHc	54.00	227.74	283.79	113.64	106.50	86.01	96.10	88.28	117.82	14.95	29.00	13.39	38.27	40.51	31.30	32.08	85.84

注: Pr 为姥鲛烷; Ph 为植烷; 一为未检出; UCM 为难分离混合物; ALK 为正构烷烃 ($n\text{-}C_8 \sim n\text{-}C_{38}$); AHc 为总脂肪烃浓度, 下同

表 3-10 大辽河水系枯水期水样中脂肪烃浓度 (单位: μg/L)

脂肪烃	H01	H02	B1	H1	H2	H3	B2	H4	H5	H5-1	B3	H6	B4	B5	B6	T1	T2	T3	T4	T5	B7	T6	B8	T7	B9	D1	D2	D2-1	D3	平均值
C8	—	0.15	0.21	0.09	—	—	—	—	—	—	—	—	—	—	0.18	—	—	—	—	—	—	—	—	—	—	—	0.89	1.10	1.08	0.13
C9	—	0.06	0.09	0.12	—	—	—	—	—	—	—	—	—	—	—	—	—	—	—	—	—	—	—	—	—	—	0.41	1.44	2.33	0.15
C10	—	0.01	0.12	0.01	—	—	0.09	—	—	—	—	—	—	—	0.23	—	—	—	—	—	—	—	—	—	—	—	0.06	1.46	2.00	0.13
C11	—	0.02	0.08	0.27	0.08	—	0.28	—	—	—	—	0.14	—	—	—	0.15	0.03	—	—	—	—	—	—	—	—	—	0.18	1.19	4.66	0.25
C12	0.62	0.84	1.24	0.52	0.56	0.88	1.70	1.61	0.72	0.24	0.56	1.54	—	0.10	2.52	0.57	0.85	1.00	0.24	0.35	—	0.15	0.36	3.01	3.63	3.65	0.83	1.31	3.02	1.13
C13	0.40	0.52	0.77	0.69	0.43	0.03	1.29	0.22	0.56	0.08	0.20	0.70	0.08	0.22	0.88	0.41	1.13	0.52	0.46	0.79	0.59	0.52	0.06	1.73	1.91	2.46	0.60	1.50	1.21	0.72
C14	0.71	0.51	1.00	0.76	0.58	0.09	0.78	0.31	0.89	0.27	0.41	0.70	0.03	0.02	1.12	0.62	0.73	0.64	0.56	0.55	0.05	0.53	0.04	1.61	2.38	2.27	0.50	2.30	1.31	0.77
C15	0.70	0.30	0.68	0.57	0.47	0.05	1.68	0.21	1.13	0.41	0.36	0.48	0.03	0.07	1.30	0.57	0.71	0.62	0.53	0.68	0.01	0.75	0.10	1.38	1.45	2.77	0.44	4.18	1.05	0.82
C16	1.43	0.98	1.54	0.83	1.06	0.23	3.44	0.58	2.42	1.05	0.86	0.95	0.13	0.41	1.09	0.97	1.50	0.94	0.95	0.99	0.66	1.59	1.11	1.75	1.91	2.44	1.22	2.37	0.74	1.25

续表

脂肪烃	H01	H02	B1	H1	H2	H3	H4	B2	H5	H5-1	B3	H6	T1	T2	T3	B4	B5	B6	T4	T5	B7	T6	B8	T7	B9	D1	D2	D2-1	D3	平均值
C17	0.98	0.53	1.25	0.73	1.15	0.27	0.59	3.78	2.88	1.08	0.96	0.85	0.91	1.55	0.95	0.32	0.58	1.25	1.00	1.42	0.56	1.54	0.44	0.61	2.18	1.85	1.26	1.85	0.69	1.17
C18	1.17	0.72	1.49	0.94	1.22	0.39	0.61	4.31	3.34	1.37	1.19	0.96	1.04	1.76	0.92	0.46	0.55	1.21	0.98	1.26	0.64	1.58	0.54	1.48	2.95	1.94	1.10	2.08	0.70	1.34
C19	1.03	0.62	1.55	0.78	0.72	0.33	1.32	5.54	3.84	1.13	1.16	0.84	0.56	1.70	0.90	0.56	0.49	1.13	0.94	1.58	0.59	1.74	0.28	1.38	3.08	0.84	1.27	0.77	1.46	1.31
C20	1.39	0.88	2.04	1.11	1.55	0.35	0.64	5.64	4.01	1.62	1.36	1.05	1.29	2.14	1.08	0.70	0.67	3.33	1.21	1.87	0.69	2.02	0.69	1.67	2.86	1.37	1.40	2.14	0.59	1.63
C21	4.01	0.73	1.81	1.02	7.28	0.46	2.11	4.61	2.92	1.28	1.14	2.20	1.96	3.05	1.16	0.42	0.39	1.79	1.00	1.43	0.31	1.54	0.52	1.16	2.72	3.34	1.08	1.71	1.24	1.88
C22	1.45	0.97	2.31	1.10	1.02	0.55	0.71	6.94	1.09	1.93	2.16	0.75	1.71	1.00	1.03	0.89	0.98	0.41	0.82	4.51	0.55	3.46	0.76	1.43	1.59	0.87	2.34	2.31	1.51	1.63
C23	1.20	0.35	1.22	0.71	0.45	2.34	0.49	0.92	5.49	0.61	0.67	1.87	0.39	2.06	0.45	0.37	0.04	0.65	0.36	0.33	0.05	0.15	0.02	0.32	0.92	1.57	0.77	1.26	0.50	0.92
C24	0.32	0.10	0.76	0.36	0.66	0.28	0.58	0.67	0.53	1.69	1.44	0.16	1.27	0.30	0.23	0.08	0.04	0.71	0.29	2.03	0.38	1.99	0.21	0.71	0.50	0.44	0.01	0.34	0.93	0.62
C25	0.55	0.24	1.31	0.29	0.41	0.07	0.86	2.61	2.22	0.67	2.22	0.23	2.22	0.64	0.43	0.10	0.06	1.22	0.44	1.94	0.86	2.82	0.32	0.76	1.97	0.42	0.70	0.47	1.27	0.98
C26	0.11	—	0.79	0.23	0.23	0.01	0.13	1.67	2.10	0.82	2.10	0.10	2.48	0.38	0.30	0.04	0.01	1.22	0.99	4.59	0.35	4.01	0.10	0.50	1.26	0.24	0.27	0.23	1.83	0.94
C27	0.71	—	0.55	0.10	0.09	0.07	0.02	0.99	1.13	1.38	1.44	0.11	1.58	0.26	0.12	—	0.13	0.94	1.64	2.89	0.34	1.73	0.11	0.22	0.63	0.12	0.72	0.07	2.30	0.70
C28	0.07	—	0.45	0.10	0.08	0.07	0.53	0.54	0.95	0.70	1.35	0.14	0.89	0.22	0.01	—	0.03	0.88	0.10	3.23	0.16	1.94	0.38	0.03	0.61	0.18	0.12	0.28	0.59	0.50
C29	1.18	—	1.40	0.12	0.08	0.44	—	0.45	0.61	0.77	1.23	0.08	0.40	0.68	0.01	—	0.01	1.52	0.03	1.55	0.13	0.76	0.38	1.46	0.67	2.78	0.71	—	—	0.60
C30	0.08	—	0.29	0.19	0.37	0.89	—	0.63	1.71	0.51	0.05	0.15	0.05	0.28	0.05	—	0.14	0.61	0.16	1.01	0.19	0.04	0.41	0.34	0.63	0.19	0.34	—	—	0.32
C31	—	—	0.15	0.08	0.03	—	—	0.18	0.14	—	0.04	0.01	0.30	0.06	0.05	—	0.02	0.19	0.37	0.33	0.05	—	0.11	0.08	—	0.03	0.17	—	—	0.08
C32	—	—	0.20	—	—	—	0.12	—	0.10	0.10	—	—	0.68	0.06	0.05	—	—	—	0.19	0.44	0.14	—	—	0.05	—	0.08	0.14	—	—	0.11
C33	—	—	—	—	—	—	—	—	—	—	—	—	—	—	—	—	—	—	—	—	—	—	—	—	—	—	—	—	—	—
C34	—	—	—	—	—	—	—	—	—	—	—	—	—	—	—	—	—	—	—	—	—	—	—	—	—	—	—	—	—	—
C35	—	—	—	—	—	—	—	—	—	—	—	—	—	—	—	—	—	—	—	—	—	—	—	—	—	—	—	—	—	—
C36	—	—	—	—	—	—	—	—	—	—	—	—	—	—	—	—	—	—	—	—	—	—	—	—	—	—	—	—	—	—
C37	—	—	—	—	—	—	—	—	—	—	—	—	—	—	—	—	—	—	—	—	—	—	—	—	—	—	—	—	—	—
C38	—	—	—	—	—	—	—	—	—	—	—	—	—	—	—	—	—	—	—	—	—	—	—	—	—	—	—	—	—	—
Pr	0.12	—	0.33	0.01	0.31	—	0.10	2.35	1.62	0.15	0.20	0.08	0.20	0.56	0.14	0.03	0.01	0.22	0.15	0.51	0.02	0.60	0.13	0.16	0.46	0.99	0.40	0.97	0.44	0.38
Ph	0.30	0.04	0.62	0.17	0.42	0.04	0.04	4.11	2.42	0.31	0.41	0.10	0.32	0.62	0.14	—	0.04	0.22	0.15	0.45	0.15	0.65	—	0.60	1.16	0.59	0.48	0.87	0.75	0.56
UCM	55.55	31.47	757.78	158.16	275.85	547.45	162.77	916.72	1020.36	163.39	185.49	73.22	238.76	301.57	263.26	169.12	93.59	40.42	108.26	127.64	97.25	136.86	163.86	12.40	43.13	31.99	46.22	50.63	22.03	217.08
ALK	18.10	8.54	23.30	11.71	18.51	7.81	11.80	48.58	38.77	17.61	21.84	14.03	21.00	21.10	11.44	4.21	4.97	24.38	13.28	33.76	7.31	28.87	6.91	21.67	33.87	29.87	17.55	30.39	31.01	20.08
AHc	74.07	40.05	782.03	170.05	295.09	555.30	174.71	971.76	1063.18	181.47	207.94	87.43	260.28	323.86	274.97	173.36	98.61	65.24	121.84	162.37	104.73	166.98	170.90	34.82	78.62	63.45	64.65	82.87	54.23	238.10

Pr: 姥鲛烷; Ph: 植烷; UCM: 难分离混合物; ALK: 正构烷烃 (n-C_7～n-C_{38}); AHc: 总脂肪烃浓度

在枯水期，水量下降，降雨量减少，支流、废水渠排放的污染物对干流影响加大，大辽河水系干流站点脂肪烃浓度变化趋势与丰水期类似。在浑河，支流和废水排放渠污染严重，抚顺石油二厂废水渠和沈阳细河污水沟污染严重，B1 782.03 μg/L、B2 971.76 μg/L，细河污水使得干流 H5（1063.18 μg/L）站点污染加重；在太子河，干流 AHc 的浓度大于对应附近的汇入支流和排污渠，污染严重站点位于本溪钢铁工业区，T1 260.28 μg/L、T2 323.86 μg/L、T3 274.97 μg/L；在大辽河，支流外辽河污染严重 B9（78.62 μg/L），干流污染严重的站点位于营口政府附近的站点 D2-1（82.87 μg/L），采样期间这一站点轮运较频繁，这使得这一站点污染有所加重。两个水期同样的浓度趋势在 UCM 和烷烃中都被发现（图 3-6）。两个水期干流污染都表现为：浑河>太子河>大辽河。

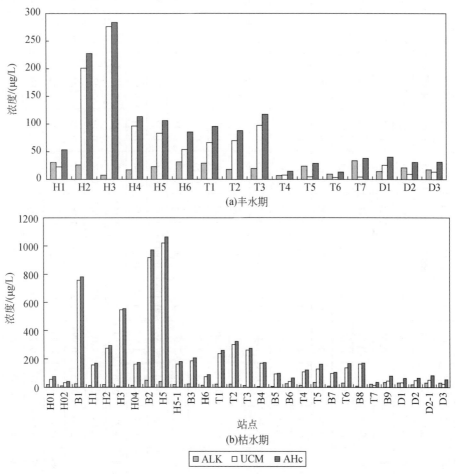

图 3-6　大辽河水系水样中脂肪烃浓度分布

2）悬浮物中脂肪烃分布

大辽河水系水样丰水期和枯水期脂肪烃浓度见表 3-11、表 3-12 和图 3-7。在丰水期脂肪烃 AHc 的浓度范围为 3.65～229.30 μg/L（平均值：75.52 μg/L），难分离混合物 UCM

表3-11 大辽河水系丰水期悬浮物中脂肪烃浓度

（单位：μg/L）

脂肪烃	H1	H2	H3	H4	H5	H6	T1	T2	T3	T4	T5	T6	T7	D1	D2	D3	平均值
C8	0.12	0.08	0.02	0.05	0.03	0.03	0.07	0.14	0.10	0.04	0.13	0.03	0.01	0.08	0.23	0.33	0.09
C9	0.03	0.03	0.01	0.02	0.03	—	0.10	0.02	0.01	0.02	0.02	0.01	0.01	0.01	0.14	0.03	0.03
C10	0.03	0.02	—	0.02	0.02	0.01	0.07	0.04	0.01	0.01	0.06	0.01	0.02	0.03	0.01	0.01	0.02
C11	0.01	0.06	—	—	0.01	—	0.24	0.01	0.03	0.02	—	—	—	—	0.03	0.02	0.03
C12	0.04	0.01	0.01	—	0.03	—	1.24	0.25	0.09	0.02	0.02	0.04	0.05	—	—	0.02	0.11
C13	0.03	0.05	0.93	0.01	0.09	0.01	0.08	0.01	0.01	0.02	0.04	0.02	0.01	0.02	0.02	0.02	0.09
C14	0.04	0.30	0.04	0.04	0.56	0.03	0.28	0.08	0.03	0.05	0.26	—	0.04	0.11	0.15	0.01	0.13
C15	0.04	0.72	0.21	0.07	1.52	0.07	1.01	0.40	0.11	0.14	1.16	0.33	0.57	0.62	0.07	0.14	0.45
C16	0.04	1.07	0.28	0.02	2.31	0.12	0.84	0.72	0.31	0.07	2.28	0.71	1.37	1.02	0.09	0.14	0.71
C17	0.04	1.10	0.33	0.01	2.44	0.16	0.94	0.79	0.45	0.10	2.57	0.82	1.56	1.27	0.09	0.15	0.80
C18	0.06	1.41	0.38	0.06	0.34	0.17	1.12	1.02	0.47	0.11	3.11	1.10	2.12	1.32	0.11	0.12	0.81
C19	0.05	1.15	0.42	0.06	2.50	0.24	0.98	1.11	0.49	0.18	2.87	1.17	2.19	1.43	0.08	0.19	0.94
C20	0.09	1.26	0.51	0.08	2.72	0.30	0.86	1.11	0.55	0.17	3.01	1.15	1.76	1.57	0.11	0.23	0.97
C21	0.08	1.42	0.55	0.15	2.62	0.37	0.91	1.16	0.57	0.18	2.96	1.35	2.49	1.45	0.22	0.84	1.08
C22	0.10	1.27	0.73	0.14	2.35	0.42	0.86	1.17	0.59	0.17	2.77	1.17	2.17	1.44	0.33	0.67	1.02
C23	0.15	1.14	1.01	0.22	1.98	0.64	0.80	1.12	0.64	0.17	2.87	1.07	1.79	1.28	0.48	0.86	1.01
C24	0.10	0.98	1.30	0.26	1.59	0.75	0.73	1.00	0.67	0.17	2.20	1.00	1.34	1.08	0.77	1.40	0.96
C25	0.03	0.92	1.64	0.35	1.05	1.02	0.97	0.98	0.74	0.19	2.42	0.87	1.04	0.98	0.79	1.92	0.99
C26	0.56	1.00	2.46	0.53	0.99	1.21	1.10	1.06	1.12	0.23	3.00	1.19	0.81	0.94	0.98	1.66	1.18
C27	0.74	0.96	4.05	0.44	0.76	1.29	1.29	0.84	0.87	0.20	2.52	1.01	0.79	0.90	0.76	2.04	1.22
C28	0.16	0.97	3.89	0.47	0.76	1.60	1.14	0.72	0.90	0.19	2.80	1.13	0.90	0.93	0.68	2.35	1.22
C29	0.06	0.79	4.26	0.37	0.65	1.12	0.84	0.63	0.78	0.24	2.27	0.94	0.51	0.71	0.42	1.16	0.98
C30	0.02	0.64	3.20	0.28	0.40	0.93	0.47	0.46	0.69	0.02	1.90	0.94	0.49	0.53	0.31	0.60	0.74

续表

脂肪烃	H1	H2	H3	H4	H5	H6	T1	T2	T3	T4	T5	T6	T7	D1	D2	D3	平均值
C31	0.01	0.32	1.43	0.11	0.13	0.45	0.29	0.18	0.31	—	1.01	0.42	0.18	0.23	0.16	0.26	0.34
C32	0.38	0.14	0.82	0.04	0.04	0.23	0.15	0.05	0.11	0.01	0.51	0.17	0.05	0.11	0.13	0.09	0.19
C33	0.22	0.06	0.31	0.02	0.01	0.08	0.02	0.02	0.03	0.01	0.17	0.04	0.01	0.05	0.06	0.04	0.07
C34	0.04	0.03	0.12	—	0.01	0.02	0.02	—	0.01	0.01	0.07	—	0.01	—	0.02	—	0.02
C35	0.04	0.02	0.05	—	—	0.02	—	0.01	0.01	—	0.05	0.01	0.01	—	0.02	0.02	0.02
C36	—	—	—	—	—	—	—	—	—	—	—	—	—	—	—	—	—
C37	—	—	—	—	—	—	—	—	—	—	0.02	—	—	—	0.01	—	—
C38	—	—	—	—	—	—	—	—	—	—	—	—	—	—	—	—	—
Pr	0.06	0.55	0.23	0.03	1.19	0.08	0.32	0.38	0.19	0.03	1.31	0.72	0.95	0.68	0.01	0.09	0.42
Ph	0.08	1.01	0.31	0.01	2.14	0.14	0.55	0.77	0.32	0.03	2.44	0.91	1.72	1.25	0.14	0.12	0.75
UCM	0.21	72.27	50.14	9.23	129.54	41.02	15.72	53.61	47.06	12.77	182.48	73.41	103.05	79.07	9.35	50.64	58.10
ALK	3.31	17.88	28.97	3.81	25.91	11.27	17.43	15.09	10.72	2.74	43.07	16.72	22.29	18.12	7.29	15.35	16.25
AHc	3.65	91.70	79.65	13.09	158.78	52.50	34.02	69.85	58.30	15.58	229.30	91.75	128.01	99.11	16.79	66.19	75.52

表 3-12 大辽河水系枯水期悬浮物中脂肪烃浓度

（单位：μg/L）

脂肪烃	H01	H02	B1	H1	H2	H3	H4	B2	H5	H5-1	H6	B3	T1	T2	T3	B4	T4	T5	B5	T6	B6	T7	B7	B8	B9	D1	D2	D2-1	D3	平均值
C8	—	6.24	11.83	—	9.50	1.74	1.63	2.42	—	—	—	—	—	—	—	—	—	—	—	—	—	—	—	—	—	—	—	—	—	1.15
C9	—	1.53	8.28	—	5.81	7.83	7.62	3.64	—	—	—	—	—	—	—	—	—	—	—	—	—	—	—	—	—	—	—	—	—	1.20
C10	—	3.82	4.64	3.33	3.45	4.63	4.66	3.88	—	—	—	—	—	—	—	—	—	—	—	—	—	—	—	—	—	—	—	—	—	0.98
C11	—	1.52	2.58	2.30	1.74	3.56	3.60	1.82	—	—	—	—	—	—	—	—	—	—	—	—	—	—	—	—	—	—	—	—	—	0.59
C12	3.77	36.02	2.81	2.28	2.83	4.41	8.71	1.95	8.34	1.09	1.11	0.49	0.20	0.62	0.43	0.29	0.05	0.05	5.67	0.70	—	—	0.56	0.89	0.64	0.06	—	0.04	0.04	2.68
C13	—	21.87	1.95	1.28	1.41	2.11	1.93	1.66	4.30	1.74	0.31	0.08	0.01	—	0.10	0.29	0.02	0.05	0.90	0.35	—	0.26	0.35	0.64	0.56	0.41	—	0.19	0.19	1.64
C14	0.52	13.06	2.40	2.62	3.15	3.34	1.95	2.19	4.16	0.82	1.19	1.68	0.09	0.22	0.30	0.98	0.07	0.05	0.90	0.01	0.02	—	1.06	1.63	0.15	0.06	—	0.05	0.78	1.56
C15	0.50	20.52	9.83	9.25	3.89	4.79	3.23	3.74	2.22	0.75	1.76	1.65	0.27	0.02	1.53	1.79	0.06	0.05	4.40	0.03	0.05	—	2.21	3.11	0.14	0.02	0.42	0.03	0.97	2.66
C16	0.49	21.58	3.78	4.03	5.75	7.17	4.54	5.36	3.26	0.89	3.11	2.85	0.81	0.04	1.56	2.18	0.63	0.63	6.34	0.71	0.84	—	3.47	4.45	0.75	0.15	0.42	0.61	0.05	3.00

续表

脂肪烃	H01	H02	B1	H1	H2	H3	H4	B2	H5	H5-1	B3	H6	T1	T2	T3	B4	B5	B6	T4	T5	B7	T6	B8	T7	B9	D1	D2	D2-1	D3	平均值
C17	0.35	16.85	1.80	2.29	3.98	6.21	3.03	4.37	2.47	0.94	2.92	2.94	0.71	0.07	1.61	2.38	5.73	1.17	0.68	0.53	3.24	0.47	2.38	0.60	0.41	0.16	0.38	0.29	1.11	2.42
C18	0.77	17.04	2.70	2.25	3.57	5.19	2.79	4.04	3.46	1.19	3.53	3.39	0.83	0.02	3.93	2.94	6.78	1.89	0.92	0.77	3.95	1.15	5.09	1.13	0.69	0.48	0.48	0.93	1.44	2.87
C19	0.47	13.58	1.01	1.25	2.40	2.96	2.00	1.50	2.38	0.26	3.28	3.39	0.50	0.02	2.18	3.21	5.96	3.42	0.89	0.66	3.86	1.11	4.69	0.77	0.53	0.31	0.07	0.76	1.26	2.23
C20	0.49	11.68	1.33	1.37	2.61	2.99	1.93	1.37	3.36	0.47	3.67	3.93	1.04	0.02	2.04	3.79	6.98	3.34	1.30	0.96	4.62	1.50	6.31	1.36	0.45	0.52	0.38	1.02	1.64	2.50
C21	0.40	6.98	0.69	1.18	1.38	2.18	1.35	2.82	2.66	0.24	5.07	3.73	0.93	0.03	9.96	4.18	5.82	4.67	1.25	0.88	4.24	1.44	5.07	1.29	0.82	0.41	0.30	0.99	1.51	2.50
C22	0.94	5.38	0.86	0.86	1.14	1.63	1.21	0.97	2.01	0.47	3.62	4.48	1.18	0.01	2.90	4.61	6.18	6.86	1.73	1.39	5.21	2.31	5.74	2.32	1.26	0.68	0.69	1.39	2.05	2.42
C23	1.00	4.85	2.47	0.69	0.74	1.22	1.02	0.94	2.83	0.34	4.23	5.26	1.21	—	5.22	5.03	4.22	8.31	1.88	1.30	5.21	2.61	5.33	2.44	1.56	0.99	1.21	1.83	2.21	2.63
C24	0.87	3.67	1.04	5.29	1.45	1.52	1.19	0.85	2.03	0.44	3.01	4.44	0.88	0.07	6.41	5.35	3.17	10.27	1.79	1.28	3.59	2.19	3.96	2.32	1.25	0.75	1.20	0.31	2.38	2.52
C25	2.21	7.66	1.32	1.98	0.66	1.95	1.61	2.32	3.16	1.21	4.10	5.31	1.36	0.09	9.30	10.58	4.16	13.84	2.51	1.95	7.57	3.31	6.57	2.99	2.30	1.73	2.07	3.27	3.70	3.82
C26	1.87	7.89	1.54	1.90	0.77	1.71	1.89	1.98	3.99	1.65	3.25	3.85	0.85	0.08	6.88	10.69	1.31	10.32	2.03	1.18	3.96	3.41	5.08	2.90	1.73	0.98	1.84	1.10	3.40	3.11
C27	3.29	12.55	1.82	2.47	3.18	1.79	2.80	3.29	4.29	1.06	3.14	2.77	0.34	—	11.65	6.82	0.64	8.09	0.49	0.60	1.98	1.74	0.27	1.74	0.79	0.28	1.11	1.90	2.32	2.87
C28	1.58	11.47	1.21	2.98	1.58	1.48	3.62	3.60	4.12	1.67	1.07	0.10	0.05	0.02	7.04	1.33	0.27	1.99	—	—	0.49	0.31	1.09	0.36	0.06	—	0.60	0.61	0.28	1.69
C29	3.73	10.23	1.89	5.67	1.14	3.92	5.80	4.58	4.09	1.68	0.26	0.03	0.03	0.04	3.72	1.07	—	1.26	—	—	—	—	—	0.23	0.01	—	0.39	0.31	0.17	1.72
C30	1.38	2.47	2.17	2.49	—	1.55	5.23	4.48	2.81	1.54	0.12	0.06	0.22	0.05	2.09	—	—	0.40	—	—	—	—	—	0.16	0.44	—	0.27	—	—	0.96
C31	0.68	2.05	1.66	1.58	—	1.09	6.23	4.51	2.56	1.00	0.07	—	—	—	1.67	—	—	0.24	—	—	—	—	—	—	—	—	0.10	—	—	0.81
C32	0.48	2.34	1.19	—	—	—	3.02	3.43	1.84	—	0.23	—	—	—	0.78	—	—	—	—	—	—	—	—	—	—	—	—	—	—	0.46
C33	0.47	—	—	—	—	—	—	3.56	1.24	—	—	—	—	—	—	—	—	—	—	—	—	—	—	—	—	—	—	—	—	0.18
C34	0.41	—	—	—	—	—	—	—	0.96	—	—	—	—	—	—	—	—	—	—	—	—	—	—	—	—	—	—	—	—	0.05
C35	—	—	—	—	—	—	—	—	—	—	—	—	—	—	—	—	—	—	—	—	—	—	—	—	—	—	—	—	—	—
C36	—	—	—	—	—	—	—	—	—	—	—	—	—	—	—	—	—	—	—	—	—	—	—	—	—	—	—	—	—	—
C37	—	—	—	—	—	—	—	—	—	—	—	—	—	—	—	—	—	—	—	—	—	—	—	—	—	—	—	—	—	—
C38	—	—	—	—	—	—	—	—	—	—	—	—	—	—	—	—	—	—	—	—	—	—	—	—	—	—	—	—	—	—
Pr	0.69	8.36	1.47	1.10	1.00	2.80	0.98	1.69	1.67	0.11	1.60	1.76	0.24	0.02	0.86	1.38	2.13	1.16	0.30	0.19	1.85	0.27	1.26	0.23	0.09	0.06	0.03	0.10	0.70	1.18
Ph	1.56	11.50	2.12	1.63	0.72	2.33	0.99	3.30	1.95	1.06	2.65	3.04	0.66	0.08	1.31	3.04	4.81	0.83	0.99	0.61	4.40	1.25	5.10	0.90	0.54	0.35	0.18	0.77	1.35	2.07
UCM	628.61	835.51	214.44	278.19	211.80	293.45	420.47	258.44	1026.99	189.24	208.22	193.91	49.92	27.97	147.31	539.94	363.64	76.78	103.79	80.33	261.14	127.27	436.51	85.59	64.46	43.84	32.97	36.67	121.22	253.73
ALK	26.66	262.86	72.82	59.33	62.15	76.95	82.60	75.29	72.53	19.45	49.05	50.45	11.53	1.43	81.28	67.21	71.17	77.32	16.16	12.31	55.01	23.01	62.32	22.47	12.74	8.00	11.51	15.54	25.43	51.19
AHc	657.52	1118.24	290.86	340.25	275.67	375.54	505.04	338.71	1103.15	209.86	261.51	249.15	62.34	29.50	230.76	611.57	441.75	156.10	121.24	93.43	322.40	151.79	504.88	109.20	77.82	52.24	44.69	53.08	148.71	308.17

的浓度范围为 0.21～182.48 μg/L（平均值：58.10 μg/L），正构烷烃 ALK 的浓度范围为 2.74～43.07 μg/L（平均值：16.25 μg/L），正构烷烃分布广泛（*n*-C8～*n*-C38）。在枯水期脂肪烃的浓度范围为 29.50～1118.24 μg/L（平均值：308.17 μg/L），难分离混合物 UCM 的浓度范围为 27.97～1026.99 μg/L（平均值：253.73 μg/L），正构烷烃 ALK 的浓度范围为 1.43～262.86 μg/L（平均值：51.19 μg/L），高分子量的烷烃（>C35）都未检出。枯水期污染大于丰水期，丰水期正构烷烃的检出数大于枯水期。

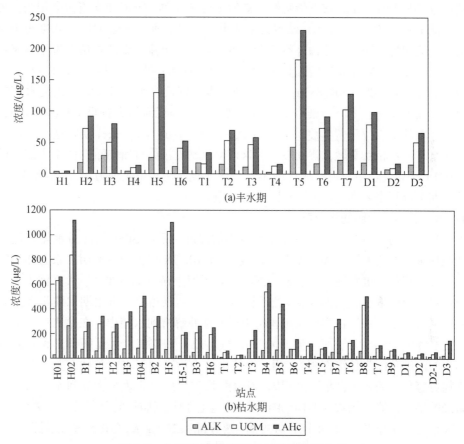

图 3-7　大辽河水系悬浮物中脂肪烃浓度分布

在丰水期悬浮物含量较高为 8～588 mg/L（平均值：266.77±236.93 mg/L），较大的水量使细小沉积物从水底冲起再悬浮并随水流夹带污染物向下游逐渐迁移。在浑河，AHc 浓度从上游到下游有衰减的趋势，高的悬浮物含量对应较高的脂肪烃浓度，污染严重的站点位于沈阳境内 H2（91.70 μg/L）、H3（79.65 μg/L）和 H5（158.78 μg/L），沈阳细河污水使干流站点 H5 污染明显升高；在太子河，AHc 浓度从上游到下游有螺旋上升的趋势，下游污染大于上游污染，高的悬浮物含量对应较高的脂肪烃浓度，下游辽阳和鞍山工业区附近的站点 AHc 污染最为严重：T5（229.30 μg/L）、T6（91.75 μg/L）、T7（128.01 μg/L）；在大辽河，AHc 污染严重的站点位于两条干流汇合后的三岔河附近 D1（99.11 μg/L），同样该点的悬浮物含量也很高，来自浑河和太子河的污染叠加后逐渐衰减后由于港口活动使得污染在 D3（66.19 μg/L）又有所上升。

在枯水期水流速减慢，污染负荷的相对浓度增加，悬浮物含量减少，变化趋缓 7.70～1001.40 mg/L（平均值：132.04±193.43 mg/L），D2-1 站点由于采样过程水样扰动较大，故悬浮物含量与其他站点有较大差别。在浑河，除了上游 H01（657.52 μg/L）、H02（1118.24 μg/L）脂肪烃具有很高浓度外，AHc 污染有逐渐增加后又衰减的趋势。上游丰富的植被也许是 H01、H02 站点脂肪烃污染的主要输入源。干流和支流污染相当，细河污水使得干流 H5（1103.15 μg/L）站点污染加重。在太子河，干流 AHc 的浓度小于对应附近的汇入支流和排污渠。干流污染有逐渐衰减的趋势，干流污染严重站点位于本溪钢铁工业区：T3（230.76 μg/L）；支流污染严重的站点 B4（611.57 μg/L）、B5（441.75 μg/L）、B8（504.88 μg/L）分别受本溪钢铁废水、弓长岭矿山废水和鞍山废水的影响。在大辽河，干流污染有上升的趋势，支流外辽河污染较重 B9（77.82 μg/L），干流污染严重的站点位于营口渡口的站点 D3（148.71 μg/L），采样期间这一站点轮运较频繁，海水与河水相互交融，扰动较大，这使得该站点污染有所加重。两个水期同样的浓度趋势在 UCM 和烷烃中都被发现（图 3-7）。丰水期干流污染表现为：太子河>浑河>大辽河；枯水期干流污染表现为：浑河>太子河>大辽河。

3）水、悬浮物中脂肪烃分配

水、悬浮物的性质会影响脂肪烃在水体中的浓度，采用 SPSS 软件对水体理化性质与丰水期和枯水期的 AHc、UCM、ALK 的浓度作 PEARSON 相关分析表明：水力和污染源条件复杂，没有相关性被发现。丰水期，浑河、太子河上游（T1～T4）、大辽河上游（D1）脂肪烃在水体中的浓度分配为水相>悬浮物相；其余站点相反。丰水期水流量大，上游水力条件比下游复杂，污染物容易从沉积物中再悬浮并解析到水相中。在枯水期，水力条件相对稳定，浑河干流、太子河干流（除站点 T1、T2）和支流、大辽河干流和支流脂肪烃在水体中的浓度分配为悬浮物相>水相。天然水体中污染物与水力条件有关，在稳定条件下污染物更容易在固相中富集。采用固-液分配系数（K_d）来表征大辽河水系水、悬浮物中脂肪烃的平衡性质。用式（3-1）来计算水、悬浮物相脂肪烃的分配关系，关系如图 3-8所示。大辽河水系脂肪烃在两个水期的固-液分配系数 log K_d 变化范围分别为：丰水期 -0.11～2.55，系数与悬浮物浓度的相关系数 $R^2 = 0.505$（$P = 0.001$，$n = 16$）；枯水期 0～2.69，系数与悬浮物浓度的相关系数 $R^2 = 0.217$（$P = 0.005$，$n = 29$）；两个水期的固-液分配系数随着悬浮颗粒物浓度的增大有减小的趋势，丰水期的这种颗粒物浓度效应要强于枯水期的，复杂的水利条件也许使胶体与溶解态的分离更为复杂。

以正构烷烃中的 C17、C29 分别代表短链和长链正构烷烃来讨论这种固-液分配特征，大辽河水系 C17、C29 在两个水期的固-液分配系数 log K_d 变化范围分别为：丰水期 -1.3～2.25、-1.33～1.27，系数与悬浮物浓度的相关系数 $R^2 = 0.413$（$P = 0.004$，$n = 16$）、$R^2 = 0.073$（$P = 0.156$，$n = 16$）；枯水期 0.21～2.99、-1.23～2.88，系数与悬浮物浓度的相关系数 $R^2 = 0.06$（$P = 0.101$，$n = 29$）、$R^2 = 0.012$（$P = 0.285$，$n = 29$）；两个水期的固-液分配系数随着悬浮颗粒物浓度的增大有减小的趋势（图 3-9），正构烷烃的这种趋势要小于脂肪烃的，这也许与脂肪烃复杂的组成和结构有关。丰水期的这种颗粒物浓度效应要强于枯水期的，尤其是丰水期低分子量的烷烃 C17 的颗粒物浓度效应关系更为明显。不同正构烷烃的物理化学性质决定了 K_d 对胶体浓度效应的依赖程度。颗粒物浓度效应的产生原因可能是：过滤过程中胶体与溶解态没有完全分离，复杂的水利条件也许使胶体与溶解态的分离更为复杂（Sanudo-Wilhelmy et al.，1996）。

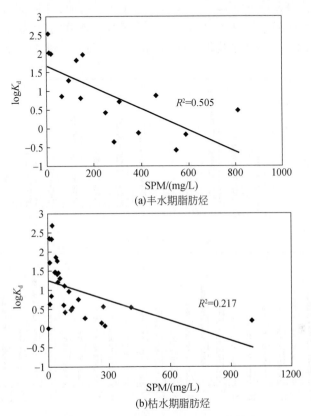

(a)丰水期脂肪烃

(b)枯水期脂肪烃

图 3-8　水体样品脂肪烃固–液浓度效应

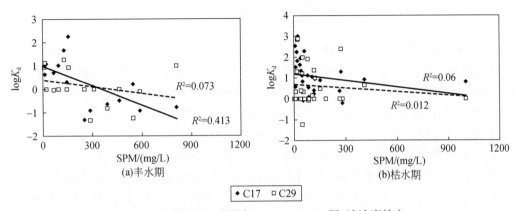

(a)丰水期

(b)枯水期

◆ C17　□ C29

图 3-9　水体样品正构烷烃（C17、C29）固–液浓度效应

4) 沉积物中脂肪烃分布

大辽河水系沉积物中丰水期和枯水期脂肪烃浓度见表 3-13、表 3-14 和图 3-10。在丰水期脂肪烃 AHc 的浓度范围为 61.37 ~ 229.42 μg/g（平均值：126.27 μg/g），难分离混合物 UCM 的浓度范围为 53.39 ~ 197.46 μg/g（平均值：102.93 μg/g），正构烷烃 ALK 的浓度范围为 7.98 ~ 36.47 μg/g（平均值：23.06 μg/g），正构烷烃分布广泛（n-C8 ~ n-C38）。在枯水期脂肪烃的浓度范围为 63.54 ~ 160.04 μg/g（平均值：106.06 μg/g），难分离混合物 UCM 的浓度范围为 52.25 ~ 126.20 μg/g（平均值：86.02 μg/g），正构烷烃 ALK 的浓度范围为 8.52 ~ 46.44 μg/g（平均值：18.31 μg/g），高分子量的烷烃>C33 都未检出。

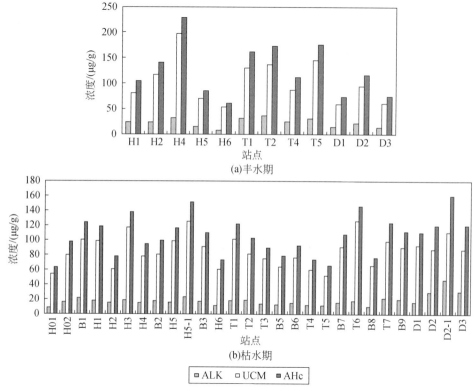

图 3-10　大辽河水系沉积物中脂肪烃分布

丰水期：在浑河，AHc 污染严重的站点位于沈阳境内 H4（197.45μg/g），沈阳郊区农业面源也许是该地区石油烃污染的主要来源；在太子河，AHc 浓度从上游到下游有螺旋上升的趋势，本溪钢铁和辽阳石化工业区附近的站点 AHc 污染最为严重（>162.00μg/g），如 T1、T2、T5；在大辽河，AHc 污染严重的站点田台庄附近 D2（116.64μg/g），这里在过去曾被用作港口使用，是过去污染累积所致。

枯水期：在浑河，随着支流的汇入干流的 AHc 污染有螺旋衰减的趋势。干流和支流污染相当，细河污水使得干流 H5-1（151.67μg/g）站点污染加重。在太子河，干流 AHc 的浓度大于对应附近的汇入支流和排污渠。干流污染逐渐衰减，但支流 B7、B8 使干流 T6、

表3-13 丰水期沉积物中脂肪烃浓度

（单位：μg/g）

脂肪烃	H1	H2	H4	H5	H6	T1	T2	T4	T5	D1	D2	D3	平均值
C8	—	—	0.011	—	—	0.010	—	—	0.013	0.010	—	—	—
C9	0.017	—	—	—	—	—	—	—	—	—	—	—	—
C10	0.023	—	—	—	—	—	—	—	—	—	—	—	—
C11	0.12	—	—	—	—	0.010	—	—	0.011	—	—	—	—
C12	0.27	—	0.012	0.013	—	0.024	0.030	0.012	0.036	0.020	0.011	—	0.016
C13	0.46	0.015	0.016	0.042	—	0.028	0.023	0.012	0.030	0.033	0.018	—	0.021
C14	0.53	—	—	0.12	—	0.082	0.070	—	—	0.067	—	0.020	0.043
C15	0.59	0.10	0.013	0.17	0.031	0.16	0.13	0.043	0.13	0.048	0.062	0.017	0.099
C16	0.59	0.18	—	0.39	0.064	0.23	0.20	0.060	0.21	0.12	0.082	0.047	0.17
C17	0.64	0.19	0.34	0.16	0.10	0.34	0.12	0.11	0.20	0.065	0.084	0.057	0.19
C18	0.84	0.22	0.38	0.16	0.098	0.33	0.17	0.13	0.29	0.056	0.077	0.083	0.22
C19	0.82	0.22	0.37	0.093	0.052	0.22	0.14	0.059	0.28	0.085	0.10	0.083	0.19
C20	0.64	0.28	0.45	0.15	0.070	0.35	0.14	0.19	0.40	0.17	0.15	0.14	0.26
C21	0.84	0.34	0.51	0.18	0.078	0.30	0.24	0.15	0.31	0.14	0.19	0.14	0.29
C22	0.82	0.51	0.74	0.25	0.15	0.50	0.27	0.38	0.52	0.21	0.41	0.28	0.42
C23	1.15	1.60	1.67	0.63	0.51	1.11	1.35	0.90	1.58	0.83	1.19	0.70	1.10
C24	1.47	1.58	2.31	0.94	0.61	1.73	2.42	1.13	2.05	0.55	1.22	0.73	1.40
C25	2.10	3.21	4.83	2.10	1.44	3.66	3.27	3.19	4.95	1.73	2.35	1.62	2.87
C26	2.19	1.37	0.40	0.87	0.56	1.49	1.76	3.06	1.59	0.88	0.89	0.11	1.26
C27	2.39	3.03	4.78	1.92	1.47	4.10	8.36	3.57	3.96	2.55	4.02	2.52	3.56
C28	1.99	0.69	1.17	0.35	0.18	3.81	1.18	2.85	0.57	0.29	0.20	0.36	1.14
C29	1.81	3.13	4.41	2.25	0.27	4.14	6.01	3.87	5.07	1.78	3.44	2.09	3.19
C30	1.86	2.62	4.97	2.34	0.19	4.55	5.08	3.05	5.10	2.10	3.29	2.24	3.12

续表

脂肪烃	H1	H2	H4	H5	H6	T1	T2	T4	T5	D1	D2	D3	平均值
C31	1.94	1.78	2.34	1.14	0.94	2.86	3.28	1.00	3.42	1.34	1.98	1.25	1.94
C32	0.78	1.17	1.13	0.57	0.59	1.46	1.00	0.59	—	0.54	1.24	0.71	0.82
C33	0.54	0.78	0.81	0.30	0.29	—	0.50	0.45	—	0.30	0.53	0.41	0.41
C34	0.44	0.52	—	—	0.19	—	0.55	0.054	—	0.29	0.28	—	0.19
C35	0.28	0.25	0.25	0.014	0.043	0.024	0.17	0.016	0.13	0.18	0.099	0.074	0.13
C36	—	—	—	—	—	—	—	—	0.016	—	—	—	—
C37	0.013	—	0.015	—	—	0.011	—	—	—	—	—	—	—
C38	0.051	—	—	—	—	—	—	—	—	—	—	—	—
Pr	0.31	0.13	—	0.10	0.066	0.21	0.094	0.061	0.22	0.042	0.053	0.032	0.11
Ph	0.59	0.19	—	0.16	0.092	0.27	0.12	0.072	0.31	0.075	0.081	0.056	0.17
UCM	81.04	117.29	197.46	70.48	53.39	130.52	137.085	87.36	145.47	59.32	94.72	61.010	102.93
ALK	23.94	23.83	31.97	15.17	7.98	31.55	36.47	24.89	30.89	14.42	21.92	13.68	23.060
AHc	105.88	141.45	229.43	85.91	61.52	162.55	173.77	112.39	176.89	73.85	116.78	74.78	126.27

表3-14 枯水期沉积物中脂肪烃浓度 （单位：μg/g）

脂肪烃	H01	H02	B1	H1	H2	H3	H4	H5	H5-1	B2	B3	H6	T1	T2	T3	B5	B6	T4	T5	T6	B7	B8	B9	T7	D1	D2	D2-1	D3	平均值
C8	—	—	—	—	—	—	—	—	—	—	—	—	—	0.043	—	0.017	—	—	0.041	—	—	—	—	0.062	—	0.011	0.091	0.069	0.014
C9	—	—	—	—	0.028	—	—	—	—	—	—	—	—	0.301	—	0.15	0.15	0.17	0.22	0.23	0.059	—	0.024	0.19	—	—	0.35	0.20	0.075
C10	0.029	—	—	—	0.038	—	—	—	—	—	—	0.017	—	0.016	—	—	—	—	—	—	—	—	—	—	—	0.060	1.68	0.43	0.081
C11	0.026	0.030	0.049	0.051	0.010	0.14	0.017	0.13	0.026	0.028	0.064	0.013	0.070	0.019	0.039	0.032	0.045	0.048	0.040	0.23	0.11	0.060	0.19	0.046	0.036	0.51	2.84	1.52	0.23
C12	0.35	0.77	0.91	0.97	1.28	0.72	0.55	0.86	1.89	0.47	0.30	0.32	0.76	0.27	0.24	0.16	0.28	0.99	0.82	1.19	0.68	0.27	0.89	0.40	0.71	0.36	1.00	0.57	0.68
C13	0.54	0.25	0.29	0.31	0.19	0.35	0.20	0.33	0.27	0.84	0.22	0.091	0.36	0.28	0.68	0.14	0.24	0.15	0.11	0.50	0.36	0.16	0.46	0.27	0.51	1.90	3.38	1.96	0.55
C14	0.12	0.99	0.70	0.85	1.03	0.70	1.02	0.57	0.76	0.34	0.32	0.40	0.69	0.39	0.21	0.21	0.20	0.17	0.14	0.73	0.60	0.14	0.49	0.88	0.49	2.94	4.38	2.83	0.83
C15	0.26	1.42	0.99	1.96	1.36	1.04	0.88	0.85	1.24	0.59	0.67	0.65	1.21	0.75	0.80	0.48	0.43	0.44	0.40	1.11	0.81	0.26	0.82	1.36	0.84	3.54	5.61	3.28	1.22
C16	0.33	1.45	1.18	1.32	1.21	1.18	1.09	1.02	1.69	0.83	1.04	0.88	1.43	1.22	0.57	0.76	0.55	0.70	0.69	1.32	0.93	0.32	1.01	1.81	0.99	2.65	5.99	3.54	1.35

续表

脂肪烃	H01	H02	B1	H1	H2	H3	H4	B2	H5	H5-1	B3	H6	T1	T2	T3	B5	B6	T4	T5	B7	T6	B8	T7	B9	D1	D2	D2-1	D3	平均值
C17	0.39	1.21	1.56	1.37	1.16	1.19	1.16	0.94	1.05	2.02	1.33	0.95	1.53	1.70	0.20	0.96	0.56	0.89	0.93	0.94	1.37	0.35	2.02	1.18	1.02	2.29	3.04	2.16	1.27
C18	0.45	1.37	1.38	1.59	1.28	1.37	1.36	1.07	1.15	2.30	1.53	1.092	1.63	1.85	0.89	1.13	0.61	1.01	1.02	1.00	1.48	0.41	2.20	1.24	1.17	2.13	2.80	2.03	1.38
C19	0.43	1.27	1.35	1.45	1.17	1.033	1.27	1.20	1.19	2.31	1.67	1.069	1.60	1.97	0.33	1.18	0.69	1.065	1.086	1.023	1.51	0.45	2.15	1.22	1.15	1.93	2.54	1.85	1.33
C20	0.53	1.51	1.69	1.79	1.44	1.67	1.62	1.38	1.35	2.73	1.82	1.22	1.99	2.16	0.57	1.29	1.14	1.17	1.18	1.38	1.69	0.59	2.37	1.57	1.42	2.15	270	1.99	1.58
C21	0.51	1.30	1.54	1.44	120	1.58	1.31	1.39	1.58	2.50	1.80	1.08	1.61	2.18	1.82	1.36	2.26	1.12	1.30	1.12	1.46	0.71	2.20	1.42	1.28	1.76	2.23	1.70	1.53
C22	0.72	1.19	160	1.39	1.10	1.33	1.30	1.48	1.17	1.92	1.78	1.087	1.47	1.89	0.69	1.11	0.98	1.077	1.12	1.20	1.41	0.77	1.93	1.36	1.20	1.72	2.10	1.61	1.35
C23	0.76	1.01	1.72	1.015	0.86	1.25	0.99	1.38	1.06	1.54	1.45	0.89	1.21	1.47	1.24	1.14	1.30	1.08	1.12	1.22	1.096	0.55	1.50	1.30	1.14	1.48	1.74	1.39	1.21
C24	0.61	0.69	1.62	0.72	0.59	0.92	0.70	1.39	0.86	0.96	1.14	0.59	0.80	0.97	1.11	0.77	1.00	0.70	0.66	0.97	0.79	0.76	0.94	1.018	0.83	1.087	1.24	0.98	0.91
C25	0.94	0.88	2.28	0.89	0.75	1.38	0.85	1.67	1.087	0.73	1.09	0.68	0.91	0.78	1.94	0.81	1.59	0.76	0.65	1.21	0.83	1.66	0.75	1.73	1.11	1.29	1.33	1.012	1.13
C26	0.80	0.62	1.48	0.71	0.50	0.91	0.62	1.31	0.86	0.35	0.67	0.46	0.60	0.43	1.20	0.57	1.31	0.51	0.36	0.98	0.62	1.28	0.36	1.087	0.84	0.88	0.73	0.74	0.78
C27	0.53	0.25	1.045	0.22	0.29	1.40	0.24	0.87	0.51	0.069	0.23	0.18	0.38	0.22	0.90	0.27	1.03	0.27	0.19	0.60	0.28	0.82	0.087	1.25	0.63	0.59	0.43	0.53	0.51
C28	0.12	0.048	0.37	0.050	0.046	0.22	0.063	0.61	0.20	—	0.023	—	0.033	0.064	0.33	0.16	0.39	0.015	—	0.33	0.085	0.43	—	0.54	0.36	0.27	0.10	0.11	0.18
C29	0.045	0.062	0.14	0.028	0.072	0.37	—	0.14	0.052	—	—	—	0.067	0.010	0.10	0.10	0.29	—	—	0.14	0.015	0.15	—	0.69	0.12	0.12	0.069	0.027	0.10
C30	—	0.027	0.047	0.021	0.022	0.041	—	0.060	0.020	—	—	—	—	0.013	0.041	0.029	0.041	—	—	0.059	0.017	0.054	—	0.14	0.046	0.032	0.029	0.023	0.028
C31	0.010	0.043	0.030	—	0.022	0.062	—	0.024	0.014	—	—	—	0.023	—	0.064	—	0.032	—	—	0.029	—	0.035	0.035	0.17	—	0.033	0.020	—	0.023
C32	—	—	—	—	—	0.014	—	0.014	—	—	—	—	—	—	0.023	—	0.011	—	—	0.013	—	—	—	0.035	—	—	—	—	—
C33	—	—	—	—	—	—	—	—	—	—	—	—	—	—	0.024	—	—	—	—	—	—	—	—	0.057	—	—	—	—	—
C34	—	—	—	—	—	—	—	—	—	—	—	—	—	—	—	—	—	—	—	—	—	—	—	—	—	—	—	—	—
C35	—	—	—	—	—	—	—	—	—	—	—	—	—	—	—	—	—	—	—	—	—	—	—	—	—	—	—	—	—
C36	—	—	—	—	—	—	—	—	—	—	—	—	—	—	—	—	—	—	—	—	—	—	—	—	—	—	—	—	—
C37	—	—	—	—	—	—	—	—	—	—	—	—	—	—	—	—	—	—	—	—	—	—	—	—	—	—	—	—	—
C38	—	—	—	—	—	—	—	—	—	—	—	—	—	—	—	—	—	—	—	—	—	—	—	—	—	—	—	—	—
Pr	0.24	0.59	0.71	0.71	0.67	0.78	0.60	0.31	0.56	1.20	0.77	0.50	0.80	0.91	0.16	0.60	0.35	0.53	0.52	0.52	0.81	0.20	1.28	0.56	0.59	1.079	1.27	0.96	0.67
Ph	0.43	1.082	1.24	1.18	1.054	1.12	0.99	0.55	1.025	1.79	1.24	0.89	1.26	1.57	0.25	1.19	0.79	1.00	1.00	0.86	1.19	0.19	2.12	1.029	1.017	1.24	1.42	1.14	1.066
UCM	54.34	79.84	100.42	98.72	60.85	117.47	78.12	80.72	99.04	125.36	91.073	60.51	101.60	81.54	75.20	64.25	76.53	59.98	52.25	90.98	126.20	65.50	98.89	90.28	92.89	87.66	110.91	87.36	86.02
ALK	8.52	16.39	21.97	18.14	15.66	18.88	15.28	18.011	15.92	23.32	17.16	11.67	18.40	18.99	14.024	12.85	15.12	12.36	11.96	15.78	17.96	10.22	21.52	19.88	15.91	29.72	46.44	30.57	18.31
AHe	63.54	97.91	124.34	118.75	78.23	138.25	94.98	99.60	116.55	151.67	110.24	73.57	122.06	103.00	89.63	78.89	92.78	73.86	65.73	108.13	146.17	76.11	123.81	111.75	110.41	119.70	160.04	120.03	106.06

T7 污染又有上升的趋势。污染严重站点位辽阳市境内沙河支流汇入的干流下游，如 T6（146.17μg/g）；支流污染严重的站点 B7（108.13μg/g）受灯塔市废水的影响。在大辽河，干流污染严重的站点位于营口政府附近站点 D2-1（160.04μg/g），该站点轮运较频繁，使得其污染有所加重。

枯水期污染和丰水期污染相当，丰水期正构烷烃的检出数大于枯水期，这与水、悬浮物中的检出情况相同，水、悬浮物中的脂肪烃经过挥发、光解和生物降解逐渐沉积到沉积物中并不断富集。两个水期的脂肪烃浓度都很高，都超过了 10μg/g，是长期工业活动的特征表现（UNEP，1992），脂肪烃的组成以 UCM 为主，这是石油长期污染风化降解的结果（Readman et al.，1987）。两个水期同样的浓度趋势在 UCM 和烷烃中都被发现（图 3-10）。沉积物中脂肪烃的分布与水、悬浮物中的分布趋势不同。丰水期干流污染表现为太子河>浑河>大辽河；枯水期干流污染表现为大辽河>浑河>太子河。对比水、悬浮物和沉积物中脂肪烃的分布，沉积物污染是从过去到现在逐渐累积的结果，水、悬浮物反映现状污染状况，工业排放点源和船运活动附近干流支流脂肪烃污染普遍较高。

5）沉积物中脂肪烃分配

通常沉积物的性质会影响脂肪烃的赋存状态，采用 SPSS 软件对沉积物的理化性质与丰水期和枯水期的 AHc、UCM、ALK 的浓度作 PEARSON 相关分析表明：脂肪烃的分布受来源的影响较大而且低链的脂肪烃容易降解，在沉积物性质和污染物浓度上没有相关性被发现，相似的结果也在别的研究中得到（Commendatore and Esteves，2004）。沉积物与孔隙水间污染物存在重要的交换过程，孔隙水中脂肪烃的浓度见表 3-15。

表 3-15　枯水期沉积物孔隙水中脂肪烃浓度和分配系数

脂肪烃	H02	H3	H5-1	B3	T1	T5	T7	B9	D1	平均值
C8（μg/L）	—									—
C9（μg/L）	—									—
C10（μg/L）	12.39									1.24
C11（μg/L）	10.19									1.02
C12（μg/L）	120.56						5.99			12.66
C13（μg/L）	76.49	—	—	—	34.11	—	34.26	—	—	14.49
C14（μg/L）	44.96				12.47		23.73			8.12
C15（μg/L）	387.30	23.89	5.72	5.53	1.98	0.67	0.13	7.26	8.34	44.08
C16（μg/L）	1.89	125.10	121.45	195.44	24.74	2.07	33.26	41.35	110.82	65.61
C17（μg/L）	261.50	76.63	72.92	99.53	6.44	26.69	79.05	35.08	62.49	72.03
C18（μg/L）	1393.30	295.02	224.62	320.79	112.31	142.02	362.20	168.44	250.21	326.89
C19（μg/L）	384.09	80.42	66.37	85.34	50.39	49.24	88.84	51.98	63.18	91.98
C20（μg/L）	1164.66	214.53	164.37	213.14	168.08	11.25	268.64	152.59	177.21	253.45
C21（μg/L）	341.32	58.79	98.42	60.30	72.97	130.73	144.85	45.27	34.82	98.75
C22（μg/L）	532.19	131.05	15.89	126.27	12.85	26.30	66.95	81.77	94.37	108.76

脂肪烃	H02	H3	H5-1	B3	T1	T5	T7	B9	D1	平均值
C23（μg/L）	134.26	22.36	26.73	17.50	8.75	75.25	33.39	10.76	57.43	38.64
C24（μg/L）	—	42.62	14.71	23.28	—	12.56	—	25.38	—	11.86
UCM（μg/L）	2524.09	758.08	291.23	764.62	703.76	665.11	1433.99	534.31	801.20	847.64
ALK（μg/L）	4865.10	1070.40	811.21	1147.11	505.10	476.79	1141.29	619.88	858.85	1149.57
AHc（μg/L）	7389.19	1828.48	1102.45	1911.73	1208.85	1141.90	2575.29	1154.18	1660.06	1997.21
K_d	0.003	0.018	0.029	0.015	0.036	0.025	0.019	0.032	0.019	0.022
K'_d	0.013	0.076	0.138	0.058	0.101	0.058	0.048	0.097	0.067	0.073
$\log K_{oc}$	−0.618	−0.285	0.556	0.573	0.561	0.700	1.275	0.427	0.313	0.389
$\log K'_{oc}$	−0.024	0.347	1.235	1.159	1.004	1.061	1.682	0.907	0.869	0.916

注：—为未检出；UCM 为难分离混合物；ALK 为正构烷烃（$n\text{-}C_8 \sim n\text{-}C_{38}$）；AHc 为总脂肪烃浓度；$K_d$、$\log K_{oc}$ 为正构烷烃的分配系数；K'_d、$\log K'_{oc}$ 为脂肪烃的分配系数

脂肪烃 AHc 的浓度范围为 534.31~2524.04 μg/L（平均值：847.64μg/L），难分离混合物 UCM 的浓度范围为 505.10~4865.10 μg/L（平均值：1149.57μg/L），正构烷烃 ALK 的浓度范围为 1102.45~7389.19μg/L（平均值：1997.21 μg/L），孔隙水中的浓度都明显高于水样的浓度，这是沉积物不断累积释放的结果。正构烷烃分布范围较窄，低碳数的烷烃<C15 和>C24 浓度监测较少或者在检测限以下，正构烷烃集中在 C15~C24，说明在沉积物–孔隙水间的交换作用主要是这部分碳数的烷烃。异戊二烯烃在孔隙水中也没有被检测到。采用固–液分配系数 K_p、K_{oc} 来表征大辽河水系沉积物–水中脂肪烃的平衡性质。用式（3-5）和式（3-6）来表示固–液相脂肪烃的分配关系，K_p、K_{oc}（L/g）反映的是沉积物中脂肪烃的固液分配系数。

$$K_p = C_s/C_w \tag{3-5}$$
$$K_{oc} = K_p/f_{oc} \tag{3-6}$$

式中，C_w 为水相的脂肪烃浓度（μg/L）；C_s 为固相（沉积物）中的脂肪烃浓度（μg/g）；f_{oc} 为沉积物的有机碳组分。

大辽河水系脂肪烃和正构烷烃在枯水期的固–液分配系数 K_d 和 $\log K_{oc}$ 变化范围分别为：0.013~0.14、−0.024~1.68，0.003~0.036、−0.62~1.28。脂肪烃容易从沉积物向孔隙水中释放，且污染物还将进一步在沉积物中富集。正构烷烃的这种趋势要小于脂肪烃的，这也许与脂肪烃复杂的组成和结构有关。

6）正构烷烃的组成特征

以正构烷烃污染严重且具有代表性的站点为例，在丰水期（图3-11），污染典型站点 H5、T2、D3 分别代表浑河、太子河和大辽河干流的城市废水污染、钢铁加工污染和港口活动污染。尽管具有不同的工业和地域特征，正构烷烃的峰型分布在这3个站点的不同介质中类似，表明污染来源相近。水样中正构烷烃峰型分布具有锯齿状单峰型奇偶优势分布特征，正构烷烃最大值出现在高碳数 C21~C31，但峰型不集中，主峰碳分别以 C23、C21、C27 为主，具有陆源植物输入和石油污染的特征（Prahl et al.，1994）；悬浮物样中

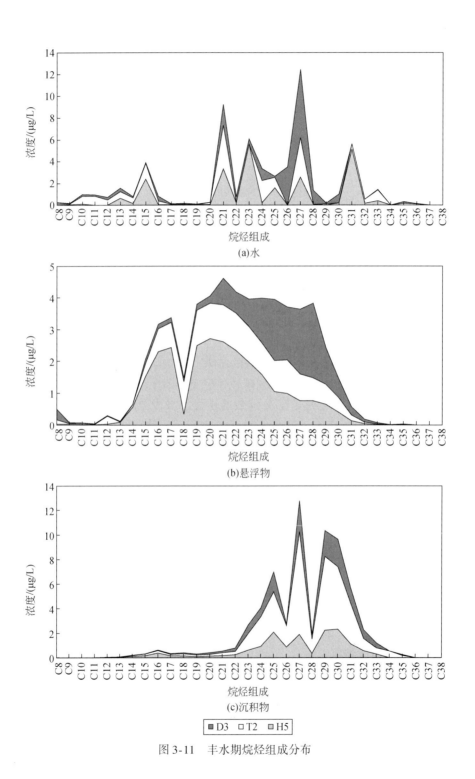

图 3-11　丰水期烷烃组成分布

正构烷烃峰型具有奇偶优势的双峰分布特征，正构烷烃最大值出现在 C15 ~ C29，碳数范围广泛，主峰碳分别以低碳数 C17 和高碳数 C21 为主，表现为陆源和水生生物二者污染的特征（朱纯等，2005）；沉积物中正构烷烃峰型分布具有锯齿状单峰型奇偶优势分布特征，正构烷烃最大值出现在高碳数 C23 ~ C31，峰型集中，主峰碳以 C27 为主，输入特征与水样类似。水、悬浮物中烷烃组成从低到高，以高碳数为主，沉积物则主要集中在高碳数，这是烷烃逐渐降解沉积的结果。

在枯水期（图 3-12），污染典型站点选取干流 H5、T2、D3 以及浑河上游植被丰富的

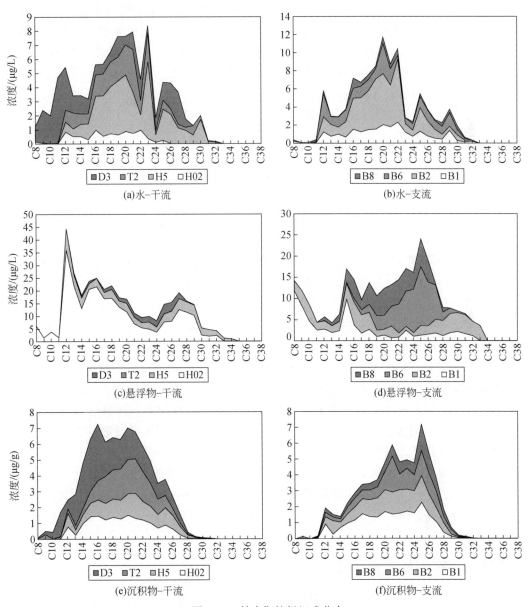

图 3-12　枯水期烷烃组成分布

站点 H02 和支流 B1、B2、B6、B8 分别代表抚顺石油废水、沈阳城市废水、辽阳庆阳化工废水和鞍山工业和生活废水污染特征。水样中正构烷烃峰型分布具有锯齿状单峰型奇偶优势分布特征 [图 3-12 (a) 和图 3-12 (b)]，正构烷烃最大值出现在中碳数 C16 ~ C24，峰型集中，干流主峰碳以奇数碳 C23 为主，支流主峰碳以偶数碳 C20、C22 为主，低链烷烃显示偶碳优势，高链烷烃显示奇碳优势，显示枯水期水生活动旺盛，具有陆源植物、生物合成输入和石油污染的特征。悬浮物样中干流和支流 B6、B8 正构烷烃峰型具有奇偶优势的双峰分布特征 [图 3-12 (c) 和图3-12 (d)]，干流正构烷烃最大值出现在 C12 ~ C20，以低碳数为主，主峰碳分别以低碳数 C12 和高碳数 C27 为主；支流烷烃最大值出现在 C22 ~ C28，以高碳数为主，主峰碳分别以低碳数 C15 和高碳数 C25 为主；表现为陆源和水生生物二者污染的特征。支流 B1、B2 烷烃峰型不具有奇偶优势 [图 3-12 (c) 和图 3-12 (d)]，干流正构烷烃最大值出现在 C8 ~ C18，以低碳数为主，主峰碳以低碳数 C8、C15 为主，具有石油污染特征尤其是轻质油污染明显 (朱纯等，2005)。沉积物中正构烷烃峰型不具有奇偶优势单峰型分布特征 [图 3-12 (e) 和图 3-12 (f)]，干流和支流正构烷烃最大值分别出现在 C14 ~ C22 和 C20 ~ C26，峰型集中，主峰碳以 C15、C21 和 C25 为主，具有石油污染特征。水、悬浮物和沉积物中烷烃组成从低到高，以中碳数为主，是烷烃不断输入近期逐渐沉积的结果；水系河流烷烃来源输入具有相似性。

3.2 有机氯污染物分布特征

有机氯类污染物，包括多氯联苯和有机氯农药在工农业生产中有着广泛的应用。由于其本身存在的毒性作用并且在环境中难以降解，通过食物链的传递对生物及人类健康造成极大的威胁，作为首批持久性有机污染物，近年来备受人们的关注。辽河是全国污染最为严重的江河之一。由于辽河中下游沿途城市较多，工业发达，人口密集，排放废污水量大且集中，因而造成辽河中下游水污染状况十分严重。辽河流域由辽河和大辽河两大水系及其支流组成。其中，大辽河水系包括浑河、太子河并与三岔河汇流后在营口入海，浑河及其支流流经抚顺、沈阳；太子河及其支流流经本溪、辽阳、鞍山等市，大辽河主要流经营口等市。随着近代工业的发展逐渐形成了以沈阳为中心的城市群。而且这些城市工业发达，集中了辽宁省的大部分工业，形成了以机械、汽车制造、飞机制造、冶金、石油化工、电子信息和建材等重化工业为主体，包括制药、轻工、纺织工业在内的门类齐全、配套能力强的工业结构。据报道，辽河中下游 60% 的城市污水都排放到了大辽河水系，因此其污染状况相当严重。本节运用现代痕量分析方法对大辽河流域主要水体沉积物中的有机氯污染物进行定量分析，旨在揭示东北老工业基地水体中持久性有机污染物——有机氯污染物的污染现状和趋势。

3.2.1 有机氯农药污染

13 种有机氯农药在大辽河水系河流表层沉积物中的分布情况见表 3-16。13 种有机氯农药在大辽河水系均有检出，浓度范围为 3.06 ~ 23.24 ng/g，较高的浓度在大辽河的三岔河大桥（D1）、营口渡口（D3），浓度分别为23.24 ng/g、18.00 ng/g，其余各点有机氯农药含量均低于9 ng/g。

表 3-16 大辽河水系沉积物中有机氯农药的含量 （单位：ng/g 干重）

化合物	H1	H2	H4	H5	H6	T1	T2	T4	T5	D1	D2	D3
α-HCH	0.73	1.00	0.41	0.32	0.55	0.40	0.41	0.67	0.32	4.34	0.63	0.73
β-HCH	0.16	0.16	—	0.13	0.11	0.15	0.04	0.09	0.16	0.17	0.25	0.24
δ-HCH	0.90	0.91	1.00	1.07	0.02	1.04	1.00	0.34	0.87	1.14	1.11	1.24
γ-HCH	4.48	4.99	6.39	0.64	2.84	1.41	5.15	1.05	0.51	15.84	4.22	11.45
七氯	0.47	0.55	0.45	0.48	0.14	0.25	0.34	0.60	0.74	0.52	0.40	0.64
艾氏剂	0.08	0.16	0.16	0.26	0.05	0.14	0.24	0.48	0.24	0.23	0.31	0.39
环氧七氯	0.08	0.11	—	0.10	0.08	0.10	0.18	0.17	0.12	0.13	0.14	0.18
狄氏剂	0.07	—	—	0.06	0.04	0.04	—	—	—	—	—	—
异狄氏剂	0.40	—	—	—	0.25	0.20	—	0.20	0.16	0.39	0.52	0.32
p,p′-DDE	0.43	0.39	0.5	0.21	0.13	0.19	0.23	0.49	0.04	—	0.36	0.72
p,p′-DDD	0.57	0.39	—	—	—	0.07	—	—	0.07	0.49	0.25	1.09
o,p′-DDT	—	—	—	—	0.23	—	—	—	0.31	—	—	0.39
p,p′-DDT	0.37	—	—	—	—	0.28	—	—	—	—	—	0.61
ΣOCP	8.74	8.66	8.55	3.06	4.44	4.52	7.72	7.03	3.54	23.24	8.19	18.00

注：—表示未检出

相关分析结果说明大辽河水系沉积物中总有机氯农药的分布与 TOC 的含量存在很大的相关性（$R^2 = 0.640$，$P < 0.05$，$n = 11$）（图 3-13）。大辽河水系和松花江流域总有机氯农药的含量大致相当，但却表现出不尽相同的分布特征。辽河流域的 HCH、DDT 与环戊二烯类杀虫剂平均含量比为 8：1：1，而松花江为 3：1：1。但相同的是，HCHs 含量都在 50% 以上，而且 γ-HCH 是松辽流域主要的 HCHs 污染物。尤以辽河流域最为明显，除了 H5 和 T5 两个点，γ-HCH 的含量都超过其他 HCH 单体一个数量级以上。

3.2.2 多氯联苯污染分布特征

大辽河水系表层沉积物中多氯联苯的分布和组成如图 3-14 所示，污染物总量以 H2、T4、T5、D2 和 D3 五个点较高（>8 ng/g），站点附近大型工业城市和船运是重要输入源。例如，H2 靠近沈阳市区；T4 和 T5 在辽阳市区附近，辽阳化纤等公司曾从比利时、法国、德国、日本等进口电器设备，估计此类多氯联苯废弃总量约为 13 500t。有研究发现在船运区沉积物中会有较高含量的多氯联苯分布，这与 D2 和 D3 含量高结果相符。多氯联苯同族体的组成都以低氯代（含 3~5 个氯原子）的 PCB 同族体为主，占 44.9%~99.2%。浑河各点都是以 3 氯代同族体为主，而其余两条河中除了太子河的 T4 点和大辽河的 D1 点以 3 氯代同族体为主,其余各点都有较高含量的 6 氯代同族体。太子河的 7 氯代同族体在 3 条河中是最高的。大辽河 3 个采样点沉积物中 3 氯代同族体逐渐减少,而 6 氯代同族体含量却逐渐增加。每个点五氯联苯的含量都较少,这主要是因为中国生产五氯联苯时间较短,总生产量约为 1000t。

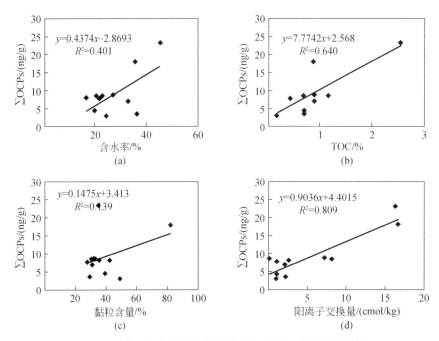

图 3-13 大辽河流域有机氯农药与沉积物组成的相关分析

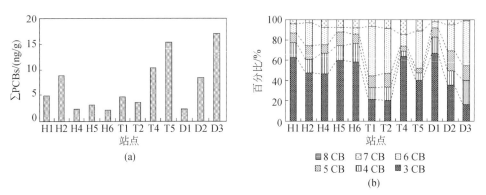

图 3-14 大辽河水系多氯联苯的分布特征及组成分析

3.3 硝基苯污染分布特征

天然的水体是一个复杂的体系。当有机污染物进入水体后,有一部分会挥发到大气中,而另一部分会溶解在水中随水流迁移,并发生一系列的物理、化学和生物反应。有机化合物进入水体后，会随生物体或水中的悬浮颗粒物沉降到水体，致使水体中溶解性部分浓度下降而转入固相中。在一定条件下，吸附到沉积物上的有机化合物又会发生各种转化，重新进入水体，甚至危及水生生物和人体健康。由于有机污染物的生物放大作用及其对野生动物和人类的生态毒性，研究其在环境中的迁移转化趋势具有重要意义。

由于有机污染物的物理化学性质，其在环境中长期存在并浓缩的趋势在寒冷的高纬度地区更为明显（Sandra et al., 2006），因此寒冷地区有机污染物的迁移归趋也成了当前的研究热点。化合物在水体中的迁移转化规律在很大程度上取决于该化合物的理化性质、水文条件和气候条件。硝基苯常温（20℃）下在水中的溶解度为 1900 mg/L，蒸汽压为 20 Pa，辛醇/水分配系数（log K_{ow}）为 1.60 ~ 2.00，有机碳/水分配系数（K_{ow}）为 50.10（Briggs, 1981），亨利定律常数为 0.90 ~ 2.40 Pa/（$m^3 \cdot mol$）。硝基苯的蒸汽压和亨利定律常数说明了硝基苯从水相中挥发的速率很慢，但其挥发量会很大（Lyman et al., 1982）。研究发现土耳其两个主要湖中硝基苯全部挥发需要 9 ~ 20 天（Ince, 1992）。但是，有学者发现硝基苯从河流中挥发的半衰期只有 1 天。Davis 等也报道了大约 3% 的硝基苯会吸附到沉积物上（Davis et al., 1983）。目前，关于硝基苯在固相上吸附理论的研究数据大多集中在土壤，对沉积物的研究很少。很多土壤中的标化分配系数（K_{oc} = 30.60 ~ 132）被引用（Jeng et al., 1992；Dunnivant et al., 1992），但硝基苯在沉积物中的 K_{oc} 鲜有报道。

从结构和性质看，硝基苯在水中很难被分解，但研究发现溶解在水中的硫化氢可以还原硝基苯，水中各种有机质是引起这一反应的媒介（Dunnivant et al., 1992）。关于硝基苯在水体中光降解和生物降解的研究也很多，但都从各方面证实了硝基苯的难降解性。

由于硝基苯类污染物的毒性，目前国内外对水体中硝基苯类污染物的系统调查很少。本节对大辽河水系表层水、表层沉积物和悬浮颗粒物中的硝基苯类进行了系统分析。

3.3.1 水中硝基苯分布

大辽河水系共采集 25 个水样用于硝基苯类的分析，其中干流 17 个样品，支流 8 个样品。大辽河河水系表层水中硝基苯类的分析结果见表 3-17 和表 3-18。干流中总硝基苯类的分布趋势如图 3-15 所示。研究发现，8 种硝基苯类污染物在大辽河水系各河流都有检出，其中硝基苯浓度最高。大辽河水系干流总硝基苯类的浓度为 0.73 ~ 15.56 µg/L，其中浑河为 0.73 ~ 2.71 µg/L，太子河为 1.012 ~ 15.56 µg/L，大辽河为 2.26 ~ 3.35 µg/L。总硝基苯类的浓度在大辽河水系干流中的分布情况为太子河>浑河>大辽河。最高浓度在 T5 点，位于庆阳化工厂下游。其下游浓度随距离呈明显的降低趋势。说明庆阳化工厂是该区域硝基苯类的主要污染源。大辽河水系的浑河硝基苯浓度很低，由于总硝基苯类中硝基苯类占了很大的比重，说明沈阳到台安段没有明显的硝基苯污染源，大辽河是浑河和太子河汇合后的支流，其浓度也明显低于太子河，说明该段也没有明显的硝基苯污染源。从大辽河水系支流中硝基苯的分布情况也可以看出浑河、大辽河和太子河上游各支流中硝基苯浓度都明显低于太子河辽阳下游，也证明了浑河、大辽河和太子河辽阳上游没有大量的硝基苯汇入，而位于辽阳的庆阳化工厂对大辽河水系硝基苯的污染负主要责任。T5 点除了对硝基氯

表3-17 大辽河水系干流表层水中硝基苯类的分布

（单位：μg/L）

化合物	H1	H2	H3	H4	H5	H6	T1	T2	T3	T4	T5	T6	T7	D1	D2	Dz	D3
硝基苯	0.03	0.12	0.046	0.035	0.037	0.085	0.46	0.35	0.86	0.58	6.12	2.10	1.71	1.10	0.35	0.44	0.44
2-硝基甲苯	—	0.049	—	—	0.004	—	0.18	0.04	0.24	0.1	3.71	1.16	1.45	0.35	—	0.034	0.054
3-硝基甲苯	—	0.03	—	0.013	—	—	—	—	0.02	—	0.77	0.22	0.24	0.031	0.006	—	—
4-硝基甲苯	0.65	1.23	1.42	2.47	2.073	1.62	0.66	0.57	1.60	1.029	4.34	2.15	2.56	0.89	1.78	2.15	2.34
对硝基氯苯	0.007	0.007	0.001	0.095	0.36	0.22	0.001	0.001	0.002	0.001	0.001	—	0.001	0.004	0.009	0.01	0.008
2,4-二硝基甲苯	0.034	0.10	0.69	0.078	0.043	0.078	0.96	0.045	0.08	0.063	0.57	1.37	0.71	0.92	0.11	0.65	0.15
TNT	0.003	0.003	0.29	0.011	0.056	0.017	0.29	0.004	0.011	0.006	0.046	0.036	0.011	0.016	0.003	0.056	0.008
2,6-二氯-4-硝基苯胺	0.003	0.004	0.006	0.001	—	0.002	0.003	0.004	0.007	0.001	0.001	—	0.004	0.001	0.002	0.004	0.004
总硝基苯类	0.73	1.55	2.45	2.71	2.57	2.02	2.55	1.012	2.82	1.78	15.56	7.044	6.68	3.32	2.26	3.35	3.004

注：—表示未检出，下同。

表3-18 大辽河水系支流表层水中硝基苯类的分布

（单位：μg/L）

化合物	H01	H02	H03	X7	Bb	P1	Ts	W1
硝基苯	0.04	0.071	0.058	0.006	0.088	0.009	0.79	0.75
2-硝基甲苯	—	—	—	2.89	—	—	0.29	0.18
3-硝基甲苯	0.006	0.006	—	1.023	—	0.008	—	0.087
4-硝基甲苯	0.70	0.68	1.44	3.94	1.98	0.91	1.026	2.062
对硝基氯苯	0.001	0.002	0.001	0.90	0.30	—	—	0.017
2,4-二硝基甲苯	0.11	0.074	0.067	0.29	0.066	0.55	0.57	1.11
TNT	0.012	0.004	0.017	0.001	0.011	0.21	0.20	0.13
2,6-二氯-4-硝基苯胺	—	0.001	0.002	—	0.002	0.002	—	0.005
总硝基苯类	0.87	0.84	1.58	9.039	2.45	1.68	2.87	4.33

苯和 2，6-二氯-4-硝基苯胺之外其他各硝基苯类污染物浓度都很高，说明庆阳化工厂排出的硝基苯类污染物以 2-硝基甲苯、3-硝基甲苯、4-硝基甲苯、TNT 和 2，4-二硝基甲苯为主。庆阳化工厂 1937 年建厂，1939 年投产。每年排放 1000 万 t 废水，未处理直接排入太子河。该厂有机中间体及精细化工系列为：TNT、苯胺、一硝基甲苯、二硝基甲苯、间二硝基苯、硝基苯、二苯胺、对硝基苯甲酸、对甲苯胺、对硝基苯甲酸、橡胶防老剂等。

由表 3-18 可以看出，大辽河水系主要支流中 X7 点总硝基苯类浓度（9.039 μg/L）明显高于其他各点。X7 点位于细河汇入浑河的入河口附近，而细河是沈阳市的排污河，说明沈阳市有硝基苯类污染物排放。X7 点的 2-硝基甲苯、3-硝基甲苯、4-硝基甲苯、对硝基氯苯和 2，4-二硝基甲苯的浓度都较高，而其他 3 类硝基苯类污染物则很少或没有检出，说明沈阳市排出的硝基苯类污染物中 2-硝基甲苯、3-硝基甲苯、4-硝基甲苯、对硝基氯苯和 2，4-二硝基甲苯的浓度较高。

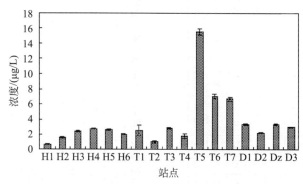

图 3-15 大辽河水系干流表层水中总硝基苯类的分布

3.3.2 悬浮物中硝基苯分布

大辽河悬浮颗粒物中硝基苯类的分布见表 3-19 和表 3-20。总硝基苯类的分布趋势如图 3-16 所示。研究发现，总硝基苯类的浓度为 18.71~9570.04 ng/g，其中，干流浓度为 18.71~8529.24 ng/g，最高点在 T5，浓度为 8529.24 ng/g。干流中，浑河总硝基苯类浓度为 45.87~720.92 ng/g，太子河为 18.71~8529.24 ng/g，大辽河为 269.73~536.71 ng/g，太子河最高。分布趋势与表层水中基本相同，但规律没有水中那么明显，主要与各站点悬浮颗粒物的含量和组成差异大有很大关系。

3.3.3 沉积物中硝基苯分布

大辽河水系沉积物中总硝基苯类的分布见表 3-21 和表 3-22。干流中总硝基苯类的分布趋势如图 3-17 所示。研究发现，除对硝基氯苯在干流沉积物中没有检出外，其他硝基苯类污染物都有检出。总硝基苯类浓度为 6.72~56 513.25 ng/g。其中 Tq 点浓度明显高于其他点。因为 Tq 点是庆阳化工的排污沟。庆阳化工产品的主要原料就是硝基苯。其余较高的浓度在 T4、T5 和 X7。T5 点位于 Tq 点下游，硝基苯类中的主要污染物是硝基苯。X7

表 3-19　大辽河水系干流悬浮颗粒物中硝基苯类的分布

（单位：ng/g）

化合物	H1	H2	H3	H4	H5	H6	T1	T2	T3	T4	T5	T6	T7	D1	D2	Dz	D3
硝基苯	—	21.13	2.60	0.36	—	7.72	0.66	—	0.80	0.74	154.46	—	—	20.80	1.61	1.04	—
2-硝基甲苯	—	—	74.35	—	—	—	1.15	—	2.43	—	333.53	—	—	—	—	2.72	n. d
3-硝基甲苯	—	—	—	—	—	—	0.16	—	—	—	—	—	—	—	—	—	n. d
4-硝基甲苯	—	—	—	—	—	—	6.52	4.64	1.84	1.81	—	—	—	—	—	21.21	73.62
对硝基氯苯	—	—	—	—	—	—	—	—	—	—	—	—	—	—	—	—	n. d
2,4-二硝基甲苯	64.77	—	6.45	—	29.20	—	0.02	1.61	0.63	17.48	2254.15	33.11	29.33	27.85	16.41	—	0.38
TNT	147.58	13.56	68.91	4.23	104.69	48.32	197.42	0.74	4.07	1.03	265.80	37.36	7.53	8.08	0.48	2.84	2.84
2,6-二氯-4-硝基苯胺	50.01	8.96	568.61	41.28	33.66	383.55	19.85	23.07	8.89	16.00	5521.29	1049.50	256.07	648.87	83.32	—	2.45
总硝基苯类	262.37	43.65	720.92	45.87	167.55	439.59	225.78	30.06	18.71	37.05	8529.24	1119.97	292.93	705.60	101.34	25.45	79.28

注：—表示未检出，下同

表 3-20　大辽河水系支流悬浮颗粒物中硝基苯类的分布

（单位：ng/g）

化合物	H01	H02	H03	X7	Hb	P1	Ts	W1
硝基苯	—	8.16	15.14	6.68	5.18	17.96	9.23	—
2-硝基甲苯	—	3.98	39.81	153.96	—	—	—	10.25
3-硝基甲苯	—	—	—	—	—	—	—	—
4-硝基甲苯	—	—	22.24	1569.33	—	—	—	90.58
对硝基氯苯	—	—	—	—	—	—	—	—
2,4-二硝基甲苯	—	234.57	5.01	—	—	0.70	9.22	23.58
TNT	106.11	3830.40	14.13	30.28	3.19	100.74	185.63	7.18
2,6-二氯-4-硝基苯胺	2673.78	5492.93	824.21	—	—	53.42	219.71	—
总硝基苯类	2779.89	9570.04	920.55	1760.25	8.38	172.82	423.78	131.60

表 3-21 大辽河水系干流表层沉积物中硝基苯类的分布

（单位：ng/g）

化合物	H1	H2	H3	H4	H5	H6	T1	T2	T3	T4	T5	T6	T7	D1	D2	Dz	D3
硝基苯	3.57	1.22	16.11	3.18	—	6.23	9.85	23.70	5.63	132.81	50.35	7.23	3.41	3.14	4.34	2.22	2.06
2-硝基甲苯	—	—	—	—	—	—	108.82	222.34	162.94	721.77	—	—	—	12.09	8.23	48.43	—
3-硝基甲苯	—	0.70	6.36	—	—	—	16.48	15.61	14.45	30.02	30.16	—	—	—	—	—	—
4-硝基甲苯	—	—	137.11	—	—	—	429.00	1602.07	647.85	7148.97	1788.85	75.35	14.13	234.03	509.69	369.99	534.65
对硝基氯苯	—	—	—	—	—	—	—	—	—	—	—	—	—	—	—	—	—
2,4-二硝基甲苯	2.41	1.80	27.97	—	9.45	—	2.65	1.45	0.52	80.74	91.63	5.08	1.56	0.63	26.76	—	—
TNT	2.62	2.32	3.10	7.19	5.18	0.36	1.49	3.98	3.37	66.22	13.95	2.11	1.30	5.56	2.81	—	—
2,6-二氯-4-硝基苯胺	1.38	4.93	16.79	0.12	6.08	0.88	1.48	1.39	1.11	5.22	1.64	2.75	0.86	14.28	6.65	—	—
总硝基苯类	9.99	10.97	207.43	10.48	89.75	7.47	569.78	1870.55	835.85	8185.76	1976.58	92.52	21.26	269.73	558.49	420.64	536.71

表 3-22 大辽河水系支流表层沉积物中硝基苯类的分布

（单位：ng/g）

化合物	H01	H02	H03	X7	Hb	Th	P1	Tq	Tb	Ts	W1
硝基苯	3.03	11.50	26.87	17.10	5.54	6.24	4.36	15715.63	10.04	89.77	23.46
2-硝基甲苯	—	30.01	789.44	48.29	88.85	174.44	—	13558.18	132.19	59.47	106.03
3-硝基甲苯	61.55	68.50	—	—	—	—	—	5297.77	—	6.73	8.28
4-硝基甲苯	—	440.77	—	7323.70	—	1702.51	—	19120.21	57.76	51.88	396.47
对硝基氯苯	—	0.12	—	—	—	—	—	—	—	—	1.01
2,4-二硝基甲苯	1.31	3.90	5.53	—	—	24.03	0.26	2811.20	—	—	11.94
TNT	1.48	5.79	4.21	—	—	17.59	1.63	10.26	—	—	—
2,6-二氯-4-硝基苯胺	—	2.33	—	—	—	0.39	0.47	—	—	—	—
总硝基苯类	67.37	562.93	826.06	7389.09	94.40	1925.19	6.72	56513.25	199.99	207.86	547.21

点的主要硝基苯类污染物是4-硝基甲苯。因为X7点位于进入浑河前的细河,细河是沈阳市的排污河,所以推断4-硝基甲苯可能来自沈阳市的工业污染。从表3-22中还可以看出Tq点以下浓度递减,而且只有T5浓度较高。说明硝基苯的污染对下游沉积物的影响并不严重。这与硝基苯的挥发性有很大关系。从分析可以看出大辽河水系表层沉积物中硝基苯类分布的规律同表层水中的分布规律大致相同。但是位于Tq上游点的T4点沉积物中硝基苯的浓度也较高,而且是所有点中浓度最高的,由于T4点离Tq点最近,其原因还有待考证。

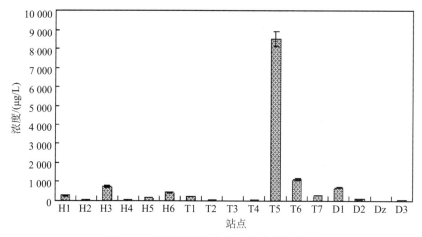

图 3-16　悬浮颗粒物中总硝基苯类的分布

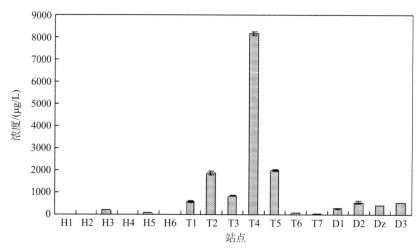

图 3-17　表层沉积物中总硝基苯类的分布

第4章 辽东湾营口河口有毒有机污染物分布特征

辽河流域由辽河和大辽河两大水系及其支流组成。其中，大辽河水系包括浑河、太子河并于三岔河汇流后在营口入海，浑河及其支流流经抚顺、沈阳；太子河及其支流流经本溪、辽阳、鞍山等市，大辽河主要流经营口进入辽东湾。随着近代工业的发展，辽宁省逐渐形成了以沈阳为中心的城市群。集中了辽宁省的大部分工业，形成了以机械、汽车制造、飞机制造、冶金、石油化工、电子信息和建材等重化工业为主体，包括制药、轻工、纺织工业在内的门类齐全、配套能力强的工业结构。据报道，辽河中下游60%的城市污水都排放到了大辽河水系，辽河是全国污染最为严重的江河之一。本书运用现代痕量分析方法对营口河口水体沉积物中的有毒有机污染物进行定量分析。

4.1 多环芳烃污染分布特征

4.1.1 表层水中的分布

辽东湾营口河口采样站位图如图1-6所示。辽东湾营口河口水样 PAHs 的浓度如图4-1所示，水中总 PAHs 浓度的范围为 139.16～1717.87 ng/L（平均值：486.39 ng/L）。浑河两个采样点36和37的 PAHs 浓度为 178.45 ng/L 和 329.53 ng/L，太子河采样点38浓度为 190.65 ng/L，大辽河39和40浓度分别为 268.97 ng/L 和 1703.42 ng/L。Guo 等（2008）的研究显示：在2006年6月的枯水期，浑河水样中 PAHs 的浓度为 1000～3000 ng/L，太子河和大辽河水样中的浓度为 1000 ng/L 左右。这些结果显示排入河流中的污染物浓度在自河口进入海洋的过程中被稀释了。辽东湾营口河口污染最重的站点6位于河口，靠近污水渠口，可能受到污水排放的影响。此外，站点29和30的浓度也比较高，分别为 690.06 ng/L 和 817.29 ng/L。这两个站点都临近营口市，营口市区工业生产产生的污水经地表径流和排污系统进入河口，并在该区域累积。河口水样中7种可能致癌的 PAHs（包括 BaA、BbF、BkF、BaP、IcdP、DahA 和 BghiP）的浓度为 43.43～625.26 ng/L（平均值：150.17 ng/L）。辽东湾营口河口水相中 PAHs 的浓度占整个水体（水相+悬浮颗粒物）中浓度的51.02%。河流中采集的5个水样中 PAHs 的浓度占整个水体（水相+悬浮颗粒物）中浓度的55.42%，与河口的样品类似。

在辽东湾营口河口，PAHs 不同组分的组成在不同的站点有不同的特征。在站点6、20、25、28和29，2环和3环的 PAHs 最丰富（61.51%～83.02%），在站点4和30，高分子量（4环、5环和6环）的 PAHs 最丰富（分别是81.05%和88.25%）。同时，水样中除了站点16，其他站点都没有检测到 DahA。

4.1.2　悬浮颗粒物中的分布

悬浮颗粒物中 PAHs 的总浓度范围为 226.57（站点 3）～1404.85 ng/L（站点 22）（平均值：466.84 ng/L）。浑河 36 和 37 采样点的 PAHs 浓度为 454.94 ng/L 和 311.75 ng/L，太子河站点 38 为 257.85 ng/L，大辽河站点 39 和 40 分别为 253.21 ng/L 和 870.40 ng/L。Guo 等（2008）之前的研究显示 2006 年 6 月的枯水期浑河、太子河和大辽河悬浮颗粒物中 PAHs 的浓度与辽东湾营口河口的浓度接近。由于不同站点不同的悬浮颗粒物浓度和悬浮颗粒物对 PAHs 的吸附作用，悬浮颗粒物中 PAHs 浓度分布没有显示出与水中类似的趋势。除了站点 3 和 22，污染较重的站点有 14（513.06 ng/L）、20（1404.85 ng/L）和 23（523.07 ng/L）。站点 14 和 23 的悬浮颗粒物浓度却很低（26.03 mg/L 和 81.07 mg/L）。由于没有测定颗粒物组分的物理化学性质，颗粒物中 PAHs 浓度分布差异可能与颗粒物的组成及物理化学性质有关。

悬浮颗粒物中 PAHs 的组成不同于水中 PAHs 的组成，2 环和 3 环的 PAHs 最丰富（图 4-1），占到总 PAHs 浓度的75.88%，4 环、5 环和 6 环的 PAHs 只占到 PAHs 的24.12%。其中，Nap 占的比例最大（37.81%），接下来是 Phe（15.72%）。

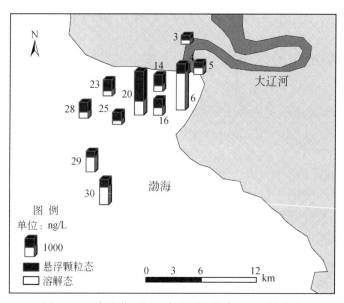

图 4-1　辽东湾营口河口水和颗粒物中 PAHs 的浓度

4.1.3　沉积物中的分布

辽东湾营口河口沉积物中 PAHs 的浓度如图 4-2 所示，总的 PAHs 浓度范围为 276.26 ng/g（站点 9）～1606.89 ng/g（站点 11），平均值为 743.03 ng/g。河流中 5 个采样点的总的 PAHs 浓度为 380.98～3910.72 ng/g，最高浓度在浑河的 36 站位点。2006 年 6 月采集的太子河和大辽河干流的浓度为 350～1000 ng/g（Guo et al.，2008）。辽东湾营口河口沉积物中 PAHs 浓度最高的站点 11，位于河口靠近污水排放口。污染较重的还有站点 2（1093.05 ng/g）、站点 4（1037.70 ng/g）、站点 19（1085.83 ng/g）、站点 26（1105.64 ng/g）和站点 30（1165.65 ng/g）。站点 2 和 4 位于河口的开口位置，这两个站点 PAHs 的高浓度显示了 PAHs 的沉积和积累。站点 30 的水相中 PAHs 浓度也很高（817.29 ng/L）。营口市排放的 PAHs 可能是该站点的主要污染源。站点 20 沉积物中 PAHs 浓度很低，水和悬浮颗粒物中的 PAHs 浓度却很高，说明该区域近期有 PAHs 输入。辽东湾营口河口 PAHs 的浓度随着离河口的距离发生变化，离河口越远，沉积物中 PAHs 的浓度越低，这是由于水流从河流经河口流入海洋时，水中的 PAHs 产生了沉积作用（图 4-2）。

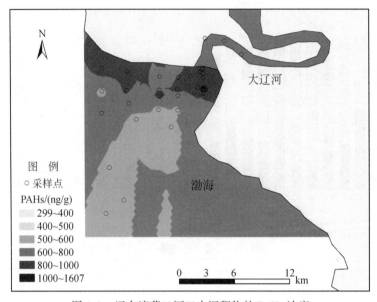

图 4-2　辽东湾营口河口中沉积物的 PAHs 浓度

　　尽管很多目标 PAHs 的浓度低于 10 ng/g，但是沉积物所有站点的目标 PAHs 都检测到了。图 4-3 只显示了 12 个站点的 PAHs 组成，这 12 个站点同时测定了水中和悬浮颗粒物中的 PAHs 含量。这 12 个站点大多是 2 环和 3 环的 PAHs 最丰富，偶尔也有 4 环、5 环和 6 环最丰富的情况。沉积物中 PAHs 的组成与水中的类似，都是低分子量的 PAHs 占主导地位（如 Nap）。其他研究也表明低分子量的 PAHs 在河流、河口和海洋沉积物中的主导地位（Doong and Lin，2004；Luo et al.，2006）。本书结果反映了营口河口近期 PAHs 的输入，这些低环的 PAHs 吸附在颗粒物表面，沉降在研究区域，导致了辽东湾营口河口 2 环和 3 环的 PAHs 最丰富。不过，也有一些研究表明，高分子的 PAHs 更容易在沉积物上累积（Maskaoui et al.，2002；Tolosa et al.，2004）。

　　辽东湾营口河口沉积物中 PAHs 的含量接近于九龙河口、西厦门海、珠江河口和印度的 Hugli 河口的 PAHs 的含量，比韩国 Kyeonggi 湾的含量高 10 倍，但是比很多海岸沿线的沉积物，如香港的维多利亚海港和加州的旧金山湾低 10 倍以上。另外，辽东湾营口河口的 PAHs 浓度比 2006 年测定的大辽河河流沉积物中的 PAHs 浓度略高（Guo et al.，2007）。

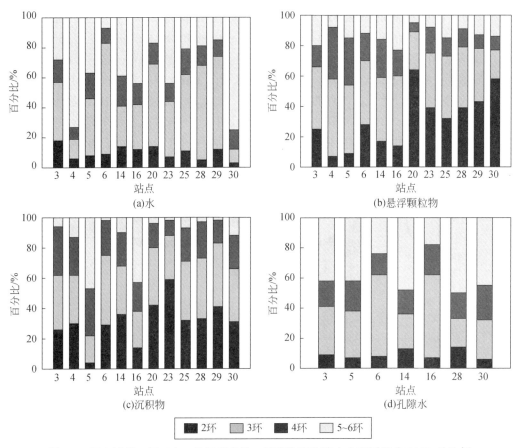

图4-3　辽东湾营口河口水、悬浮颗粒物、沉积物和孔隙水中不同组分PAHs的比例

4.1.4　孔隙水中的分布

河口孔隙水中总的PAHs浓度范围为10.20（站位28）~47.27 μg/L（站位16）（平均值：20.34 μg/L）。河流5个样品的总的PAHs浓度范围为7.08（站位40）~17.06 μg/L（站位36）（平均值：9.88 μg/L）。虽然孔隙水中PAHs的浓度受到PAHs在沉积物和孔隙水之间的吸附和分配平衡的影响（Maruya et al.，1996），辽东湾营口河口检测到的孔隙水中PAHs的浓度与沉积物中PAHs的浓度没有相关关系。辽东湾营口河口孔隙水中的PAHs的浓度要比九龙河口和西厦门海孔隙水中的PAHs的浓度（158~949 μg/L）低得多（Maskaoui et al.，2002），然而两个研究区域沉积物中PAHs的浓度却在相同的水平上。

孔隙水中单种PAHs的浓度除了DahA，所有目标PAHs在河口地区都监测出来了。河口孔隙水中大多数单种PAHs的浓度都大于1 μg/L。多环芳烃的组成高分子的PAHs（4环、5环和6环）最丰富（图4-3）。但是，在站点6和16，2环和3环的PAHs最丰富。这些结果显示，孔隙水中PAHs不同组分的组成不同于水和沉积物。

4.1.5　多环芳烃分布与样品理化性质的关系

如图 4-4 所示，水中 PAHs 与 TOC 有显著的正相关关系（$r_{TOC}=0.77$，$P=0.01$，$n=12$），孔隙水中除了站点 16 也有类似的相关关系（$r_{TOC}=0.71$，$P=0.01$，$n=6$），不过水中 PAHs 的浓度和 TOC 没有显著的相关关系（$r_{pH}=0.25$，$P>0.05$，$n=12$）。沉积物中 PAHs 的浓度和沉积物样品的物理化学性质的相关关系结果表明，PAHs 浓度和含水率、TOC、BC 之间都没有显著的相关关系（$r_{含水率}=0.21$，$r_{TOC}=0.35$，$r_{BC}=0.35$，$P=0.05$，$n=35$）。Simpson 等（1996）指出，总 PAHs 浓度和 TOC 只有在污染较重的站点（超过 2000 ng/g）才有比较显著的相关关系。这也说明辽东湾营口河口 PAHs 在有机物质上的分配可能没有达到平衡，这才导致 PAHs 和 TOC 或 BC 之间没有显著的相关关系。

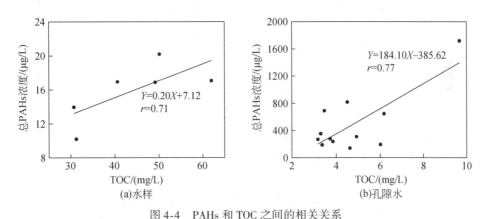

图 4-4　PAHs 和 TOC 之间的相关关系

4.2　有机氯农药污染分布特征

4.2.1　水中有机氯农药污染

在检测的 19 种有机氯农药中，除艾氏剂、环氧七氯 A、环氧七氯 B、甲氧氯在表层水样中未检出外，其他农药在营口河口均有检出（表 4-1）。该河口 12 个表层水样品中总有机氯农药含量（ΣOCPs）范围为 3.70~28.90 ng/L，平均浓度为 12.1 ng/L，其中 HCH 总含量ΣHCH（包括 α-HCH、β-HCH、γ-HCH、δ-HCH）、DDT 总含量ΣDDT（包括 o，p′-DDE、p，p′-DDE、o，p′-DDD、p，p′-DDD、o，p′-DDT、p，p′-DDT）以及环戊二烯类杀虫剂总含量Σcyclodiene（包括七氯、α-硫丹、β-硫丹、狄氏剂、异狄氏剂）的范围分别为 3.40~23.80 ng/L、0.02~5.20 ng/L 和未检出至 4.20 ng/L。检测结果表明 HCHs 是该河口表层水中的主要有机氯农药污染物，α-HCH 在所有样品中均有检出，是检出频率最高的有机氯农药，它在表层水样中的平均浓度为 5.00 ng/L。此外，检出频率较高的还有 δ-HCH、γ-HCH 及 β-HCH，它们在表层水样中的平均浓度分别为 2.20 ng/L、1.90 ng/L 和 1.60 ng/L。

表4-1 有机氯农药在营口河口水体表层水、颗粒物、间隙水及表层沉积物中的浓度

化合物		表层水 (n=12) / (ng/L)			颗粒物 (n=12) / (ng/L)			间隙水 (n=7) / (ng/L)			表层沉积物 (n=35) / (ng/g)		
		范围	均值	SD	范围	均值	SD	范围	均值	SD	范围	均值	SD
HCH	α-HCH	1.40~12.90	5.00	3.30	0.60~3.30	1.10	0.70	20.50~65.20	36.00	21.70	0.20~1.50	0.70	0.30
	β-HCH	0.30~4.30	1.60	1.30	0.10~3.40	0.40	0.40	5.50~11.60	9.10	5.20	0.10~2.10	0.70	0.40
	γ-HCH	0.50~5.40	1.90	1.20	1.30~6.30	3.40	1.40	42.70~204	102	53.80	0.40~5.20	2.10	1.20
	δ-HCH	0.50~6.00	2.20	1.80	0.40~4.00	1.90	1.00	15.20~92.90	38.60	31.20	0.10~5.80	1.00	1.30
	Σ HCH	3.40~23.80	10.20	6.40	2.50~13.70	6.50	2.90	66.80~267	170	91.80	1.10~8.50	4.20	2.00
DDT	o,p'-DDE	0.20~0.90	0.60	0.30	0.10~0.80	0.40	0.20	2.00~99.50	49.40	35.60	0.10~2.80	1.40	0.80
	p,p'-DDE	0.03~0.50	0.30	0.20	0.20~2.00	0.50	0.50	2.50~2.50	2.50	0.90	0.10~1.60	0.60	0.40
	o,p'-DDD	0.02~0.30	0.10	0.10	0.01~0.20	0.10	0.10	6.30~23.70	14.50	9.50	0.10~1.10	0.50	0.30
	p,p'-DDD	0.10~2.40	1.10	0.80	0.20~1.60	0.70	0.50	45.30~45.30	45.30	17.10	0.10~1.80	0.80	0.50
	o,p'-DDT	0.10~1.20	0.60	0.40	0.20~1.60	0.50	0.50	3.80~25.50	18.80	0.00	0.01~2.40	0.30	0.50
	p,p'-DDT	0.20~0.90	0.70	0.40	0.10~3.50	0.80	1.10	20.10~26.60	23.60	8.90	0.01~5.70	0.80	1.30
	Σ DDT	0.02~5.20	1.70	1.30	0.40~5.50	2.10	1.40	2.00~107	67.90	43.90	0.30~12.60	3.80	2.20
cyclodiene	Heptachlor	0.10~0.90	0.30	0.30	0.20~1.20	0.40	0.30	15.80~21.40	19.50	10.60	0.04~0.30	0.10	0.10
	Aldrin	0.10~0.70	0.50	0.20	0.10~0.80	0.30	0.20	3.20~13.60	8.40	3.20	0.01~0.20	0.10	0.10
	Diedrin	0.60~2.90	1.60	1.00	0.30~1.30	0.60	0.40	6.40~80.00	33.40	28.80	0.01~8.40	1.00	1.40
	Endrin	—	—	0.00	0.40~1.20	0.80	0.40	0.40~8.50	0.80	0.30	0.04~7.80	1.10	1.40
	α-endosulfan	0.20~1.00	0.70	0.40	—	—	0.00	—	—	0.00	0.01~0.20	0.10	0.10
	β-endosulfan	0.30~0.30	0.30	0.10	—	—	0.00	—	—	0.00	0.01~0.80	0.10	0.20
	Σcyclodiene	—~4.20	1.00	1.30	0.20~2.40	1.20	0.30	7.20~80	61	26.20	0.10~8.80	2.10	0.10
Σ OCPs		3.70~28.90	12.10	7.10	4.60~19.00	9.90	4.10	157~493	341	144	2.10~21.30	10	4.10

注：—表示未检出；n 表示采样点数目；SD 表示标准差

从图 4-5 中可以看出，OCPs 浓度较高的点依次为站点 16、3、4，且都在 15 ng/L 以上，这些点距离大辽河较近。从图中可以看出，距离大辽河越远，表层水样中 OCPs 浓度越小；同时，从采集的大辽河、浑河、太子河表层水样中 OCPs 的浓度来看，站点 36、37（采集于浑河）的 OCPs 浓度分别为 26.50 ng/L 和 36.20 ng/L，该浓度高于营口河口中除站点 16 外的任一表层水样中的 OCPs 浓度，站点 38（采集于太子河）的 OCPs 浓度为 4.50 ng/L，站点 39、40（采集于大辽河）的 OCPs 浓度分别为 71.30 ng/L 和 82.20 ng/L，远远高于营口河口的 OCPs 浓度，说明辽东湾营口河口表层水中有机氯农药的污染主要来源于大辽河的输入，且河口中的污染物在由经河口进入海洋时浓度被稀释了。

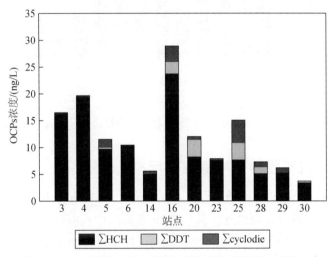

图 4-5　辽东湾营口河口不同表层水样中有机氯农药分布

4.2.2　悬浮物中有机氯农药污染

辽东湾营口河口悬浮颗粒物中 19 种有机氯农药总量的范围为 4.60~19.00 ng/L，平均值为 9.90 ng/L（表 4-1）。从 HCH、DDT 和环戊二烯类杀虫剂的单个组分来看，4 种 HCH、6 种 DDT 以及七氯、异狄氏剂、狄氏剂在所有的悬浮颗粒物样品中都有检出，其中 γ-HCH、p,p'-DDE、p,p'-DDT，异狄氏剂和狄氏剂是主要的有机氯污染物。与采集到的河流样品比较，浑河站点 36、37 悬浮颗粒物中的 OCPs 浓度分别为 12.10 ng/L 和 7.70 ng/L，太子河站点 38 的 OCPs 浓度为 40.00 ng/L，大辽河站点 39、40 的 OCPs 浓度分别为 14.40 ng/L 和 19.20 ng/L，可以看出，辽东湾营口河口悬浮颗粒物中有机氯农药的污染水平与大辽河相似，这与表层水的情况不同，主要是由于有机氯农药在水和悬浮颗粒物之间的吸附以及悬浮颗粒物的含量不同造成的。

有机氯农药在不同颗粒物样的浓度分布如图 4-6 所示。有机氯污染较严重的点分别为站点 16（19.00 ng/L）、站点 20（14.30 ng/L）、站点 22（12.10 ng/L）、站点 5（11.60 ng/L）以及站点 6（11.00 ng/L）。这些站点浓度较高主要跟大辽河的输入及颗粒物对 OCPs 的吸附有关。不同颗粒物采样点的总六六六浓度（ΣHCH）范围为 2.50~13.70 ng/L，该浓度高于 DDT (0.40~5.50 ng/L) 和环戊二烯类杀虫剂 (0.20~2.40 ng/L)。颗粒物中不同 OCPs 的组成方式与表层水相似。

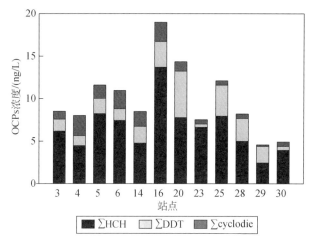

图4-6　辽东湾营口河口不同悬浮物颗粒物样品中有机氯农药分布

4.2.3　表层沉积物中有机氯农药污染

表层沉积物中，ΣOCPs 浓度为 2.10~21.30 ng/g，平均值为 10.00 ng/g，除环氧七氯 A、环氧七氯 B、甲氧氯未检出外，其余 OCP 在样品中均有检出，浓度最高的有机氯农药是 γ-HCH，其次为 β-HCH、o，p′-DDE、七氯和狄氏剂。在浑河、太子河、大辽河所采集的 5 个表层沉积物样品中，有机氯农药的浓度为 2.50~45.20 ng/g，浓度最高值出现在站点 39 (大辽河)。2006 年 6 月采集太子河、浑河及大辽河河流表层沉积物样品中所测得 13 种有机氯农药 α-HCH、β-HCH、δ-HCH、γ-HCH、p，p′-DDE、p，p′-DDD、o，p′-DDT、p，p′-DDT、艾氏剂 (aldrin)、狄氏剂 (dieldrin)、异狄氏剂 (endrin)、七氯 (heptachlor)、环氧七氯 (heptachlor epoxide) 的总浓度范围为 3.10~23.20 ng/g (Wang et al.，2007)。可以看出，辽东湾营口河口中表层沉积物的有机氯农药污染水平与大辽河水系相似，该结果与悬浮颗粒物的 OCPs 污染状况相似，且不同于表层水中 OCPs 的污染状况。

从图 4-7 可以看出，表层沉积物样中 OCPs 浓度较高的采样点为站点16 (21.30 ng/g)、站点 8 (17.50 ng/g)、站点 5 (16.30 ng/g)、站点 3 (15.60 ng/g)、站点 1 (14.10 ng/g)，以及站点 2 (13.40 ng/g)。这些点都位于大辽河流入渤海的入海口，且距入海口越远，OCPs 浓度越小，这说明大辽河河水在流入辽东湾河口时 OCPs 发生了沉降，在表层沉积物中产生了 OCPs 的积累。

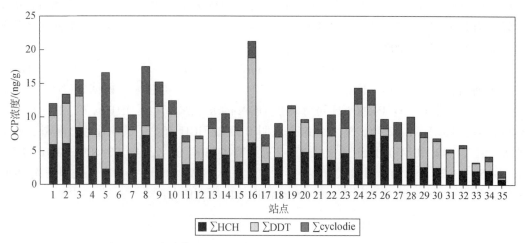

图 4-7 辽东湾营口河口不同表层沉积物样品中有机氯农药分布

4.2.4 有机氯农药分配特征

根据报道，表层水中有机氯农药的浓度与溶解性有机碳呈正相关关系（Tang et al.，2008）。但本书得出的结论却恰恰相反，不仅 HCH 的浓度与 TOC 值相关性较低（$r = 0.114$，$P > 0.05$，$n = 12$），DDT 的浓度与 TOC 值相关性也不高（$r = 0.299$，$P > 0.05$，$n = 12$），该现象也出现在环戊二烯类杀虫剂的浓度与 TOC 的相关性中（$r = 0.255$，$P > 0.05$，$n = 12$）。研究结果表明表层水中 OCPs 的浓度与除 TOC 外的其他因素也有关。此外，间隙水中 OCPs 的浓度与 TOC 值呈现出较好的正相关（$r = 0.718$，$P < 0.05$，$n = 7$），而沉积物中 OCPs 的浓度与 TOC 值相关性也不高（$r = 0.12$，$P > 0.05$，$n = 35$），这表明只有在浓度较高时，OCPs 浓度与 TOC 才会呈现出较好的相关性。

辽东湾营口河口间隙水中 HCHs（ΣHCH）、DDTs（ΣDDT）和环戊二烯类杀虫剂的浓度范围分别为 66.80 ~ 267 ng/L、2.00 ~ 427 ng/L、7.20 ~ 80.00 ng/L，总有机氯农药（ΣOCPs）的浓度范围为 157 ~ 493 ng/L，其平均值为 341 ng/L（表 4-1），在浑河、太子河、大辽河所采集的 5 个间隙水样品中，有机氯农药的浓度范围为 142 ~ 367 ng/L，平均浓度为 212 ng/L，5 个采样点中浓度最小值出现在站点 37（浑河），最高值出现在站点 40（大辽河）。营口河口间隙水中 OCPs 浓度可能受到沉积物相与水相之间的吸附和分配影响。

辽东湾营口河口 7 个间隙水样品中有机氯农药的浓度及分布情况如图 4-9 所示。可以看出，间隙水中 OCPs 的浓度比表层水高一个数量级，这反映了有机氯农药在环境中的长期沉降和积累以及其对胶体有很强的吸附性。有机氯农药主要来源于人类活动的输入，它们在间隙水中的污染水平受到很多因素影响，例如，自然的输送（如传送、扩散等）、柱状沉积物的反应、沉积物-水界面的作用。OCPs 在溶解相和固相中的分配系数可以由标准化的有机碳 K'_{oc} 来表示：

$$K'_{oc} = (C_s / C_{aq}) / f_{oc} = K_p / f_{oc} \qquad (4\text{-}1)$$

式中，C_s 为 OCPs 在固相中的浓度；C_{aq} 为 OCPs 在溶解相中的浓度；f_{oc} 为沉积物的有机碳含量。当 OCPs 在溶解相和固相的分配达到平衡时，分配系数 K_{oc} 可由辛醇-水分配系数预测（Kumata et al.，2002）。

$$\log K_{oc} = 1.03 \log K_{ow} - 0.61 \qquad (4\text{-}2)$$

19 种有机氯农药的 K_{ow} 值根据文献（UNEP Chemicals）可获得。根据式（4-1）及表层沉积物和间隙水中 OCPs 的浓度可计算出 OCPs 的 K'_{oc} 值，其中 DDT 的 K'_{oc} 值（1.56 ~ 3.37）高于 HCH（1.42 ~ 1.73），该结果表明 DDT 较 HCH 有更强的亲脂性。另外，HCH 的 K'_{oc} 值（1.42 ~ 1.73）低于通过式（4-2）计算出的 K_{oc} 值（3.40 ~ 3.60），DDT 的 K'_{oc} 值（1.56 ~ 3.37）也低于通过式（4-2）计算出的 K_{oc} 值（5.10 ~ 5.80），也即是说 OCPs 在固相和溶解相分布尚未达到平衡且 OCPs 倾向于向固相中分配。

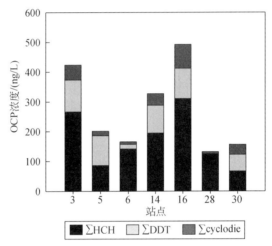

图 4-8　辽东湾营口河口不同间隙水样品中有机氯农药分布

4.2.5　有机氯农药的组成特征

环境中大多数有机氯农药的输入是由于历史使用造成的，但不能排除可能有新的 HCHs 和 DDTs 的输入。工业品 HCHs 中，各种异构体的组成比例为 α-HCH 占 60% ~ 70%，β-HCH 占 5% ~ 12%，γ-HCH 占 10% ~ 12%，δ-HCH 占 6% ~ 10%（Willett et al.，1998）。HCHs 各异构体在水体中的稳定性不同，β-HCH 异构体最稳定、最难降解，高含量的 β-HCH 意味着历史污染源。一般认为若样品中 α/γ-HCH 的比值为 4 ~ 7（Li et al.，1998），则源于工业品；若比值接近于 1，则说明环境中有林丹的使用；若样品中 α/γ-HCH 增大，则说明样品中 HCHs 更可能是来源于长距离大气传输（Walker et al.，1999；Law et al.，2001）。图 4-8 给出了辽东湾营口河口各样品中的 HCHs 组成比例。所有样品中 β-HCH 的百分比为 0% ~ 41.13%，平均百分含量为 13.74%。较低的 β-HCH 百分含量说明该研究区域仍有 HCH 新的输入。此外，HCH 异构体的构成从图 4-9 也可以看出，表层水样中 α/γ-HCH 的比值为 1.33 ~ 3.95，该结果表明大气沉降是研究区域表层水中 HCH 的主要来源之一；颗粒物、间隙水、表层沉积物中 α/γ-HCH 的比值均小于 1（0.13 ~

0.64），说明林丹的输入是其主要来源。

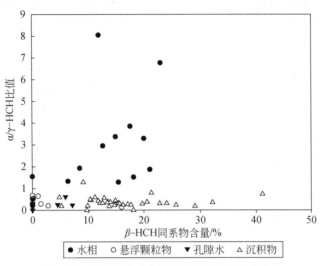

图 4-9 大辽河不同样品中 HCH 异构体的组成

4.3 多氯联苯污染分布特征

4.3.1 水中多氯联苯污染

本书对采集的 12 个表层水样中 PCBs 的含量进行了检测，所有水样中均检测到了目标化合物。水样中∑PCBs（包括 39 种 PCBs）含量为 5.51~40.28 ng/L，平均为 16.91 ng/L（表 4-2），其中，检测频率最高的为 PCB128、138、158，这 3 种 PCB 同系物在所有的采样点中均被检测到，检测频率最低的是 PCB208，它在所有的表层水样品中均没有检测到。

辽东湾营口河口表层水中 PCB 的分布如图 4-10 所示，从图中可以看出，PCBs 浓度最高的点位为站点 14，其次为站点 16、6、20、23、5，这些站点表层水中 PCBs 浓度均在 15 ng/L 以上，且距大辽河都较近。站点 28、29、30 距离大辽河较远，其 PCBs 浓度也较低，也与表层水中 OCPs 的分布相似。此外，从采集的大辽河、浑河、太子河表层水样来看，站点 36、37（采集于浑河）的 PCBs 浓度分别为 35.73 ng/L 和 24.08 ng/L，站点 38（采集于太子河）的 PCBs 浓度为 16.84 ng/L，站点 39、40（采集于大辽河）的 PCBs 浓度分别为 53.87 ng/L 和 45.21 ng/L，远远高于营口河口的 PCBs 浓度，因此可以得出与 OCPs 相似的结论：辽东湾营口河口表层水中 PCBs 的污染主要来源于大辽河的输入，且河口中的污染物在由经河口进入海洋时浓度被稀释了。

表4-2 多氯联苯在营口河口水体表层水、颗粒物及表层沉积物中的浓度

PCBs 同系物		表层水 (n=12) / (ng/L)			悬浮颗粒物 (n=7) / (ng/L)			沉积物 (n=35) / (ng/g)		
		范围	均值	SD	范围	均值	SD	范围	均值	SD
3CB	17/18	0~0.28	0.15	0.09	—	—	—	0~0.02	0.01	0.01
	28/31	0~0.25	0.05	0.08	0~0.28	0.12	0.08	0~0.03	0.01	0.01
	33	0~0.33	0.13	0.09	0~0.19	0.08	0.10	0~0.17	0.01	0.03
4CB	44	0~0.50	0.09	0.15	—	—	—	0~0.03	0.01	0.01
	49	0~0.25	0.08	0.11	0.07~0.31	0.16	0.09	0.01~0.11	0.02	0.02
	52	0~0.18	0.02	0.05	0~0.24	0.13	0.10	0~0.05	0.01	0.01
	70	0~0.48	0.08	0.14	0~0.11	0.03	0.05	0~0.01	0.00	0.00
	74	0~0.50	0.10	0.15	0~0.40	0.08	0.14	0~0.02	0.01	0.01
5CB	87	0~5.65	1.01	1.53	0~0.91	0.25	0.43	0~0.14	0.05	0.05
	95	0.11~6.25	1.14	1.78	0.29~4.98	1.19	1.68	0~0.20	0.08	0.05
	99	0~1.70	0.59	0.55	0~3.97	0.99	1.41	0~0.14	0.06	0.04
	101	0~1.87	0.73	0.65	0~4.25	0.85	1.57	0~0.16	0.05	0.05
	105	—	—	—	—	—	—	—	—	—
6CB	110	0~1.06	0.12	0.31	0~0.16	0.03	0.06	0~0.68	0.03	0.12
	118	0~5.23	0.84	1.75	0~3.34	0.65	1.27	0~0.38	0.08	0.07
	128	0.27~3.95	0.98	1.00	0~1.60	0.58	0.53	0~0.15	0.06	0.03
	132	0~0.33	0.06	0.09	0~1.36	0.31	0.47	0~0.14	0.02	0.03
	138/158	0.15~1.86	0.66	0.48	0~3.43	0.91	1.14	0.03~0.29	0.06	0.05
	149	0~3.48	0.78	0.96	0~3.98	0.64	1.48	0~0.21	0.04	0.04
	151	0~1.60	0.52	0.54	0~0.69	0.39	0.25	0~0.13	0.04	0.03
	153	0~1.40	0.50	0.57	0~2.02	1.90	0.49	0~0.16	0.05	0.05
	169	0~6.14	1.52	1.69	0.56~15.28	3.91	5.16	0.07~5.07	0.37	0.86

续表

PCBs 同系物		表层水（n=12）/（ng/L）			悬浮颗粒物（n=7）/（ng/L）			沉积物（n=35）/（ng/g）		
		范围	均值	SD	范围	均值	SD	范围	均值	SD
7CB	170	0~2.29	0.57	0.66	0~7.72	1.28	2.85	0~0.16	0.04	0.04
	171	0~1.32	0.53	0.39	0~1.98	0.61	0.65	0~0.14	0.04	0.03
	177	0~1.09	0.41	0.35	0~2.66	0.63	0.91	0~0.11	0.04	0.03
	180	0~0.64	0.27	0.24	0~2.08	0.42	0.75	0~0.12	0.03	0.02
	183	0~0.99	0.51	0.34	0~1.17	0.31	0.45	0~0.11	0.03	0.03
	187	0~0.84	0.43	0.27	0~0.94	0.31	0.35	0~0.13	0.04	0.03
	191	0~1.48	0.59	0.37	0~2.70	0.80	0.88	0~0.10	0.03	0.03
	194	0~1.14	0.51	0.41	0~1.39	0.53	0.49	0~2.83	0.17	0.48
8CB	195	0~3.02	0.48	0.87	—	—	—	0~0.16	0.03	0.05
	199	0~3.43	0.54	0.95	0~0.85	0.46	0.35	0~0.13	0.02	0.04
	205	0~1.02	0.48	0.39	0~2.10	0.81	0.72	0~0.19	0.07	0.05
9CB	206	0~6.04	0.81	1.69	0~6.80	1.40	2.46	0~0.31	0.09	0.09
	208	—	—	—	0~0.40	0.11	0.19	0~0.20	0.03	0.05
10CB	209	0~2.91	0.66	0.85	0~1.17	0.93	1.35	0~0.25	0.08	0.06
ΣPCB		5.51~40.28	16.91	11.65	6.78~66.55	21.81	21.29	0.83~7.29	1.77	1.21

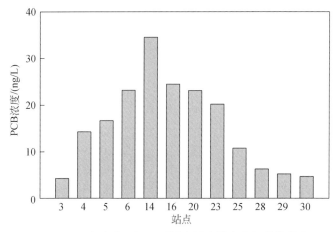

图 4-10　辽东湾营口河口不同表层水样中多氯联苯分布

4.3.2　悬浮物中多氯联苯污染

辽东湾营口河口悬浮颗粒物中 PCBs 浓度的范围为 6.78 ~ 66.55 ng/L，平均为 21.81 ng/L（表 4-2），该值低于 Newark 河口颗粒物中 PCBs 的浓度（466 ~ 966 ng/L）（Dimou et al.，2006），但高于葡萄牙 Guadiana 河口（4.20 ~ 30.10 ng/L）（Ferreira et al.，2003）。从单个 PCB 同系物来看，PCB17/18、PCB44、PCB105、PCB195 在所有的悬浮颗粒物样品中都没有检出，检出频率最高的是 PCB49、PCB169。与采集到的河流样品比较，浑河站点 36、37 悬浮颗粒物中的 PCBs 浓度分别为 40.11 ng/L 和 39.09 ng/L，太子河站点 38 的 PCBs 浓度为 56.84 ng/L，大辽河站点 39 的 PCBs 浓度为 76.96 ng/L，可以看出，辽东湾营口河口悬浮颗粒物中 PCBs 的污染水平与大辽河相似，这与表层水的情况不同，主要是由于 PCBs 在水和悬浮颗粒物之间的吸附以及悬浮颗粒物的含量不同造成的。

图 4-11 描述了 PCBs 在不同颗粒物样的浓度分布，PCBs 污染较严重的点分别为站点 6

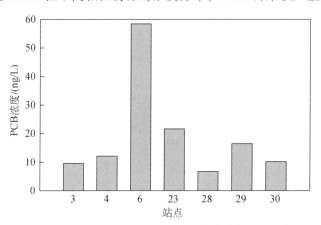

图 4-11　辽东湾营口河口不同颗粒物中多氯联苯分布

（58.42 ng/L）、站点 23（21.64 ng/L）。PCBs 在辽东湾营口河口悬浮颗粒物中的分布不同于其在表层水中的分布，并没有呈现距离河口越远 PCBs 浓度越小的趋势，这说明颗粒物中 PCBs 的浓度除了受到污染源输入的影响外还受到其在溶解相和固相之间分布的影响。

4.3.3　表层沉积物中多氯联苯污染

被调查的 35 个沉积物样品中 PCBs 均检出，∑PCBs 含量为 0.83～7.29 ng/g，平均值为 1.77 ng/g，除 PCB105 外，其他同系物在沉积物中均有检出。在浑河、太子河、大辽河所采集的 5 个表层沉积物样品中，OCPs 的浓度范围为 1.65～15.2 ng/L，浓度最高值出现在站点 39（大辽河）。Wang 等于 2006 年 6 月采集太子河、浑河及大辽河河流表层沉积物样品中所测得 PCBs 的总浓度范围为 1.88～16.88 ng/L（Wang et al.，2007）。可以看出，辽东湾营口河口中表层沉积物的 PCBs 污染水平低于大辽河水系，该结果与表层水的 PCBs 污染状况相似，且不同于颗粒物中 PCBs 的污染状况。

从图 4-12 可以看出，距离河口越近，PCBs 浓度越大，距河口越远，PCBs 浓度越小，这说明大辽河河水在流入辽东湾河口时 OCPs 发生了沉降，在表层沉积物中产生了 OCP 的积累。

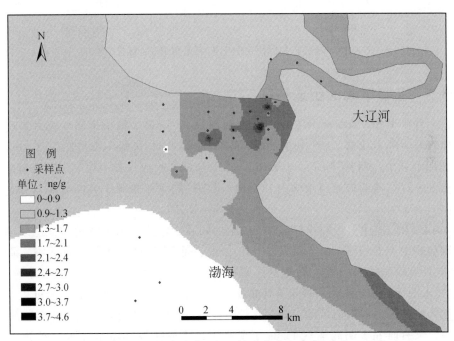

图 4-12　辽东湾营口河口沉积物中 PCBs 的分布

4.3.4　多氯联苯分配特征

以前大量研究证实了沉积物 TOC 含量是影响沉积物中 PCBs 等持久性有机污染物分布的重要因素（Lee et al.，2001）。Jeong 等（2001）对韩国 Nakdong 河沉积物中 PCBs 含量进行调查时发现，沉积物中 PCBs 含量与沉积物中总有机碳含量相关性极显著。Lee 等（2001）对韩国 Kyeonggi 湾及其附近海域沉积物中的 PCBs 含量进行调查时也证实了沉积物中 PCBs 含量和沉积物中 TOC 含量、颗粒态有机碳含量相关性显著，PCBs 分布明显受沉积物中 TOC 控制。辽东湾营口河口沉积物中，TOC 含量［图 4-13（b）］对 PCBs 的分布有着重要的影响（$R^2 = 0.78$，$P < 0.01$，$n = 35$）。此外，表层水中 TOC 含量［图 4-13（a）］与 PCBs 浓度也呈极好的正相关关系（$R^2 = 0.81$，$P < 0.01$，$n = 12$）。

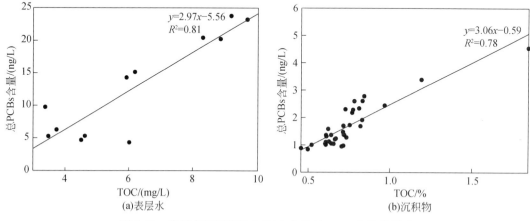

图 4-13　表层水和沉积物中 TOC 含量对 PCBs 含量的影响

4.3.5　多氯联苯的组成特征

分析水样中 PCBs 的同系物组成，如图 4-14（a）所示，结果表明主要以表层水样中 5~6 个氯联苯占绝对优势，占 $\sum$PCBs 总量的 68.80%~94.70%。李灵军等（1993）对我国变压器油中 PCBs 进行了测定，主要由 3~7 个氯联苯组成，其中以五氯和六氯联苯含量最高。因此，辽东湾营口河口水样中 PCBs 的污染可能主要来源于废旧变压器和电容器的拆卸。

图 4-14（b）描述了颗粒物样品中 PCBs 的同系物组成，由该图可知，辽东湾营口河口悬浮颗粒物中主要以 5~6 个氯及 7~10 个氯，低氯所占百分含量非常小，研究表明 PCBs 一般具有较低的水溶性，易与悬浮颗粒物结合，随水动力条件而在水环境中迁移。PCBs 主要来源于 PCBs 制品（如变压器油等）、焚化炉和有机氯氯化的工艺过程，如造纸漂白和油墨工艺等。一般造纸漂白和焚化炉等排放的 PCBs 以低氯为主，变压器油以 5~6 个氯为主。又有研究表明高氯代 PCBs 主要来源于工业排放和城市废水的排放（Hong et al.，2005），且高氯代多氯联苯主要来源于近源排放（Ashley and Baker，1999）。因此，该水域悬浮颗粒物中 PCBs 可能主要来源于营口市变压器油和电容器拆卸和工业及城市废水排放。与 PCBs 在颗粒物中的组成类似，沉积物中的 PCBs 也主要以 5~6 个氯及 7~10 个氯为主［图 4-14（c）］，因此，该区域表层沉积物中 PCBs 的污染也主要来源于变压器油、油漆、工业废水和生活污水的混合污染。

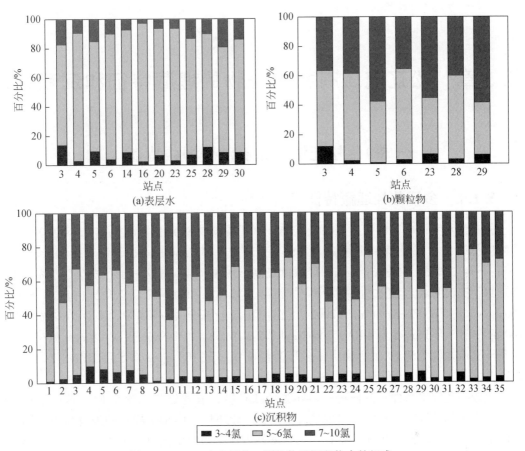

图 4-14　PCBs 在表层水、颗粒物及沉积物中的组成

第 5 章　松辽流域有机污染物的埋藏特征和沉积记录

5.1　松花江水系石油烃埋藏特征

5.1.1　多环芳烃埋藏特征

松花江水系两个采样站点五棵树（S6）和塔虎城（S9）柱状沉积物中 18 种多环芳烃的浓度见表 5-1。总的多环芳烃浓度为 S6：175.22 ~ 1017.66 ng/g，烃浓度最高出现在 0 ~ 2 cm；S9：240.63 ~ 483.61 ng/g，烃浓度最高出现在 6 ~ 8 cm 这一层。松花江水系干流污染来自于支流和沿江废水排放以及大气沉降，其污染和中国珠江三角洲的港湾（180 ~ 960μg/g）相当（Zheng et al.，2002）。在松花江上游 S6 沉积物中，多环芳烃浓度超过 100 ng/g 有 3 环 Flu、5 环 DBA，2 环 Naph、2-M-Naph、1-M-Naph 仅在 0 ~ 2cm 处检出。在松花江支流嫩江下游 S9 沉积物中，多环芳烃浓度超过 100 ng/g 有 5 环 DBA，2 环 Naph、2-M-Naph、1-M-Naph 仅在 13 ~ 16cm 处检出。

比较松花江水系柱芯沉积物中多环芳烃和有机碳浓度分布（图 5-1），这两个点的烃随深度变化的曲线各不相同，出现最高值的深度也不同。由于采样点的地理位置不同，各自的水动力条件以及沉积环境差异较大，这使得污染物的变化没有规律性，松花江上游站点 S6 柱芯沉积物中芳烃上层含量较高（<20 cm），浓度随深度整体上有衰减的趋势。松花江的嫩江支流的 S9 点多环芳烃浓度随深度污染变化不大，除大庆油田外沿江的工业和城市污染输入不多，污染相对较小。松花江水系整体上污染集中在 0 ~ 10cm，松花江水量较大，这也许导致沉积层的污染不断更新，新污染不断输入。从图 5-1 可以反映有机碳和多环芳烃的分布特征关系。有机碳与多环芳烃分布随深度变化没有相同的趋势。仅在表层 <20cm 处有相同的趋势，说明表层受近期排放的影响，而下层则受到埋藏过程中的沉积、成岩和降解作用的影响烃浓度变化与有机碳没有相关趋势。松花江的站点没有观察到烃含量与沉积物性质有相关性，频繁的工业活动，水流量大且水体扰动剧烈使得多环芳烃的输入和沉积处于动态状态。

松花江水系柱状沉积物中多环芳烃不同组分的垂直变化如图 5-2 所示。S6 站点多环芳烃的组成 4 环的多环芳烃最丰富，5、6 环的次之。4 ~ 6 环的多环芳烃优势明显，相对于总的多环芳烃浓度的平均比例分别占 91%。16 cm 以下 4 ~ 6 环的多环芳烃比例较大。S9 多环芳烃的组成 5 环的多环芳烃最丰富，4、6 环的次之。4 ~ 6 环的多环芳烃优势明显，相对于总的多环芳烃浓度的平均比例分别占 96%。4 ~ 6 环的高分子量多环芳烃来自类似化石燃料的高温热解（Gschwend and Hites，1981；Tolosa et al.，2004）。过去上游吉林石化的污染历

表 5-1 松花江水系柱芯沉积物中多环芳烃浓度分布

（单位:ng/g）

站点	深度/cm	Naph	2-M-Naph	1-M-Naph	Aceph	Ace	Flu	Phen	Ant	Fl	Pyr	BaA	Chr	BbF	BkF	BaP	InP	DBA	BgP	ΣPAHs
S6	0~2	11.63	11.31	9.17	16.45	21.22	23.78	13.97	31.58	214.19	344.16	59.24	21.29	12.30	10.36	16.12	51.89	74.98	74.02	1 017.66
	2~4	—	—	—	13.30	—	2.26	—	8.63	34.30	36.32	10.63	25.57	1.27	—	20.66	37.15	89.53	43.85	323.47
	4~6	—	—	—	14.33	1.98	1.05	—	11.03	71.56	61.64	7.54	2.28	0.97	—	15.40	32.52	40.38	43.79	304.46
	6~8	—	—	—	12.88	—	0.86	2.42	8.36	62.84	51.45	8.09	1.35	1.18	1.35	16.13	34.93	43.68	43.11	287.27
	8~10	—	—	—	10.64	2.17	10.48	33.18	38.22	108.43	121.31	9.83	88.00	1.42	1.43	36.09	38.47	17.62	83.98	601.17
	10~13	—	—	—	1.20	2.84	0.78	5.47	18.52	61.62	63.13	10.89	5.24	1.51	—	8.55	37.18	46.15	43.24	307.76
	13~16	—	—	—	1.35	2.79	—	3.35	3.60	11.93	11.77	8.86	—	—	1.10	1.19	38.90	48.31	43.17	175.22
	16~19	—	—	—	0.88	1.36	1.25	1.30	3.34	16.85	15.23	10.18	36.84	—	—	4.37	55.07	117.70	44.19	309.66
	19~22	—	—	—	6.68	1.86	1.48	4.17	9.59	22.87	24.66	9.30	25.93	1.80	1.24	1.78	39.22	99.15	44.06	293.78
	22~25	—	—	—	2.24	2.97	0.71	5.21	2.95	12.44	14.87	7.15	0.85	1.09	—	0.93	41.22	71.78	42.88	207.27
	25~28	—	—	—	17.07	—	0.88	0.83	3.72	29.07	24.63	7.96	1.31	1.48	0.77	6.18	35.46	104.74	43.15	274.21
	28~31	—	—	—	2.86	—	1.87	9.61	3.35	21.97	18.60	8.16	2.25	—	0.66	2.78	35.36	65.51	43.27	205.56
	31~34	—	—	—	16.86	3.03	—	—	4.20	71.06	69.30	15.35	2.20	0.99	—	28.96	37.55	118.78	45.57	425.38
	34~37	—	—	—	1.95	1.07	—	—	11.82	63.19	49.20	13.94	8.33	—	0.77	22.96	33.90	83.60	43.39	328.00
	37~40	—	—	—	—	—	1.37	1.37	2.06	27.51	13.81	6.85	—	1.45	—	43.14	32.78	48.19	45.63	231.11
	40~43	—	—	—	6.62	1.32	0.98	6.01	8.09	54.81	32.35	12.85	32.15	0.74	8.11	27.27	35.84	103.11	43.28	373.51
	43~46	—	—	—	2.47	3.10	1.39	8.47	7.09	55.69	60.98	6.72	42.06	1.48	0.85	10.45	34.12	103.56	43.45	381.88
S9	0~2	—	—	—	2.44	3.02	1.45	2.12	7.96	4.03	4.23	14.12	6.00	2.27	3.23	2.80	45.29	118.90	57.93	275.78
	2~4	—	—	—	—	1.88	1.08	2.29	—	1.86	1.97	11.78	5.28	1.57	1.34	2.71	37.39	127.72	49.91	246.79
	4~6	—	—	—	—	1.76	1.42	1.06	1.01	4.71	1.87	17.13	1.00	2.29	2.52	2.17	44.31	103.62	58.31	243.20
	6~8	—	—	—	—	24.44	1.09	1.11	2.27	7.34	5.23	53.48	37.90	5.60	16.57	30.50	49.14	186.26	62.65	483.61
	8~10	—	—	—	—	1.37	1.21	0.63	7.62	1.75	2.49	10.50	29.78	1.47	2.37	2.24	37.54	125.14	49.36	273.48
	10~13	0.18	0.17	0.19	0.17	5.13	0.44	1.93	1.95	4.09	2.72	17.32	8.91	2.04	5.83	9.41	29.28	102.01	37.05	228.83
	13~16	1.91	—	—	—	4.79	0.62	5.14	1.08	4.73	2.65	29.75	19.07	9.89	2.95	12.62	29.25	77.10	37.26	238.83
	16~19	—	—	—	—	—	—	1.54	0.82	4.90	4.64	50.06	33.89	5.69	21.10	32.41	30.27	97.77	40.71	323.83
	19~22	—	—	—	—	3.28	—	2.04	2.41	8.19	6.30	34.36	22.32	2.86	10.16	11.70	32.95	64.45	39.61	240.63
	22~25	—	—	—	—	—	—	3.54	4.13	9.59	7.51	60.78	42.61	6.39	24.17	38.85	37.77	71.99	37.99	345.29
	25~28	—	—	—	—	4.21	—	3.27	2.18	20.50	15.92	36.22	23.90	10.67	11.19	16.90	28.72	76.20	33.70	283.59

注:Naph 为萘;1-M-Naph 为 1-甲基萘;2-M-Naph 为 2-甲基萘;Aceph 为苊烯;Ace 为苊;Flu 为芴;Phen 为菲;Ant 为蒽;Fl 为荧蒽;Pyr 为芘;BaA 为苯并[a]蒽;Chr 为䓛;Fl 荧蒽;BbF 为苯并[b]荧蒽;BkF 为苯并[k]荧蒽;BaP 为苯并[a]芘;InP 为茚并[1,2,3-cd]芘;DBA 为二苯并[a,h]蒽;BgP 为苯并[ghi]苝;—为未检出

史时间长，污染严重，上游石化企业的频繁活动是导致多环芳烃不断输入的重要来源。在世界其他地区河流和海洋沉积物中高分子量的多环芳烃也占优势（Chen et al.，2004）。

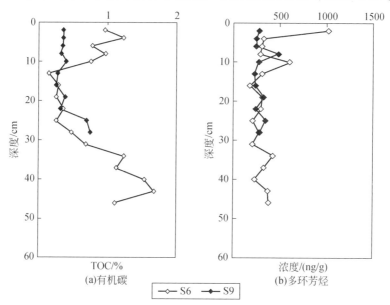

图 5-1　松花江柱状沉积物多环芳烃和有机碳分布

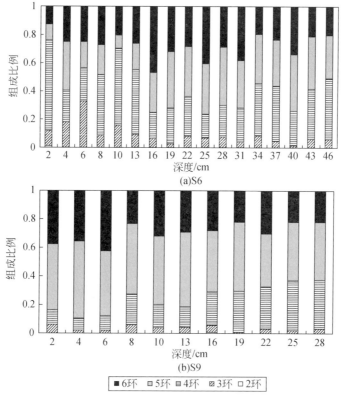

图 5-2　松花江柱芯沉积物中 2，3，4，5，6 环多环芳烃分布组成比例

5.1.2 脂肪烃埋藏特征

松花江柱芯沉积物中脂肪烃浓度垂直分布见表 5-2 和图 5-3。松花江的五棵树（S6）和塔虎城（S9）脂肪烃的浓度范围分别为 6.74 ~ 87.86μg/g、2.88 ~ 52.83μg/g，难分离混合物 UCM 的浓度范围分别为 2.98 ~ 69.29μg/g、0.46 ~ 45.72μg/g，正构烷烃 ALK 的浓度范围为 1.54 ~ 21.06μg/g、0.14 ~ 6.56μg/g，脂肪烃浓度最高分别出现在 25 ~ 28 cm、10 ~ 13 cm 处，正构烷烃浓度最高都出现在 22 ~ 25 cm 处。比较松辽流域柱芯沉积物中脂肪烃和正构烷烃的浓度分布（图 5-3），这两个点的脂肪烃和烷烃随深度变化的曲线各不相同，出现最高值的深度也不同。两个站点在表层 20 cm 以内的变化趋势相同，说明污染输入是一致的。松花江整体水量较大，这也许导致沉积层的不断更新，污染相对较小。正构烷烃与脂肪烃的整体分布趋势相同。

表 5-2 松花江柱芯沉积物中脂肪烃浓度分布和分子组成比率

站点	深度/cm	AHc /（μg/g）	UCM /（μg/g）	ALK /（μg/g）	MALK /（μg/g）	CPI /（μg/g）	L/H	U/R	Pr/Ph	C17/ Pr	C18/ Ph
S6	0 ~ 2	78.03	65.88	12.14	C27，C29	1.23	0.11	5.43	0.90	1.12	0.89
	2 ~ 4	30.81	26.08	4.73	C29	1.71	0.20	5.51	0.78	1.44	0.96
	4 ~ 6	69.25	58.07	11.18	C27	1.23	0.21	5.19	0.64	1.09	0.66
	6 ~ 8	67.30	58.30	9.00	C28	1.21	0.23	6.48	0.76	0.99	0.58
	8 ~ 10	49.58	41.63	7.95	C29	1.39	0.13	5.23	0.74	1.00	0.81
	10 ~ 13	75.83	62.64	13.19	C27	1.16	0.18	4.75	0.80	1.11	0.90
	13 ~ 16	45.05	35.72	9.33	C27	1.14	0.14	3.83	0.94	1.21	1.02
	16 ~ 19	6.74	6.11	0.63	C29	7.24	0.13	9.66	0.00	0.00	0.00
	19 ~ 22	8.10	2.98	5.12	C29	1.25	0.16	0.58	1.41	1.35	2.11
	22 ~ 25	84.83	63.77	21.06	C26，C27	1.00	0.10	3.03	0.87	1.20	1.31
	25 ~ 28	87.86	69.29	18.57	C29	1.08	0.20	3.73	0.78	1.20	0.93
	28 ~ 31	32.27	28.41	3.86	C27	1.49	0.16	7.36	0.82	0.89	1.24
	31 ~ 34	49.74	38.48	11.25	C29	1.47	0.24	3.42	1.20	0.71
	34 ~ 37	51.75	44.51	7.23	C29	1.35	0.15	6.15	0.56	1.09	0.51
	37 ~ 40	18.30	16.76	1.54	C18	1.34	1.41	10.90	0.64	0.90	1.12
	40 ~ 43	37.36	31.91	5.45	C27	1.63	0.32	5.85	0.78	1.22	0.67
	43 ~ 46	42.74	36.97	5.77	C28	0.63	0.17	6.41	0.48	1.24	0.75
S9	0 ~ 2	33.84	29.53	4.31	C28	0.95	0.13	6.85	0.44	1.97	1.27
	2 ~ 4	14.32	13.52	0.80	C28	0.83	0.21	16.83	0.55	2.14	2.26
	4 ~ 6	2.88	2.74	0.14	C28	0.36	0.95	19.74	0.81	1.03	1.08
	6 ~ 8	40.55	36.28	4.28	C27	1.06	0.04	8.49	0.65	1.14	1.09
	8 ~ 10	7.81	0.46	7.35	C26	1.09	0.17	0.06	0.52	4.67	0.14
	10 ~ 13	52.83	45.72	7.12	C28	0.93	0.13	6.42	0.88	1.14	1.16
	13 ~ 16	32.87	28.75	4.12	C28	0.97	0.10	6.98	0.59	1.35	1.37
	16 ~ 19	43.02	36.53	6.48	C26，C28	1.00	0.07	5.63	0.65	4.04	5.42
	19 ~ 22	25.08	22.90	2.17	C28	1.22	0.14	10.55	0.33	1.55	0.81
	22 ~ 25	44.43	37.87	6.56	C25	0.98	0.25	5.77	0.81	1.38	1.18
	25 ~ 28	21.28	18.52	2.76	C25	1.23	0.62	6.71	1.39	1.34	1.36

注：AHc 为总脂肪烃浓度；UCM 为难分离混合物；ALK 为正构烷烃；MALK 为主要正构烷烃；L/H 为低分子量的烷烃/高分子量的烷烃；U/R 为难分离组分/可分离组分；Pr 为姥鲛烷；Ph 为植烷；CPI 为碳优势指数 2（C27+C29）/（C26+2C28+C30）

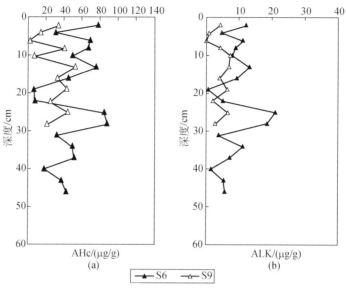

图 5-3　松花江柱状沉积物脂肪烃和正构烷烃分布

正构烷烃是石油烃的主要成分，在地质体中表现为与母质来源有很好的相似性，通常作为经典的有机地球化学指标，用以区分生物成因、地质成因和人为污染（卢冰等，2002）。对于柱状沉积物中正构烷烃的组成（表 5-2）S6 的 L/H 为 0.10 ~ 1.41，主要的正构烷烃集中在 C27 和 C29，烷烃主峰变化不大，低分子量的烷烃占优势，在 37 ~ 40 cm 处 L/H 比率（1.41）较高是低分子量烷烃较多。S9 的 L/H 为 0.07 ~ 0.95，主要的正构烷烃集中在 C25、C26、C28，低分子量的烷烃占优势。以典型站点的污染严重的层的上下区间正构烷烃污染为例（图 5-4），基本上柱状沉积物中烷烃组分的分布在层间的变化趋势不大，

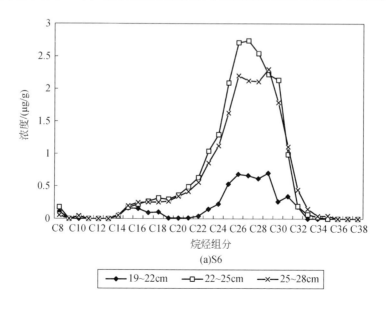

峰型基本相同。站点 S6、S9 正构烷烃峰型分布以主组分为主的无奇偶优势的单峰型分布，显示人为活动的石油污染特征（朱纯等，2005）。

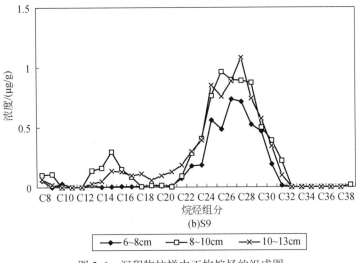

(b)S9

图 5-4 沉积物柱样中正构烷烃的组成图

5.2 大辽河水系石油烃埋藏特征

5.2.1 多环芳烃的埋藏特征

沉积物是污染物的汇和源，柱状沉积物的污染状况可以追溯污染的变化、能源的使用和经济发展的关系，过去的几百年里，多环芳烃从煤和生物燃烧产生的来源逐渐演变为石油燃烧，20 世纪五六十年代以煤作为能源为主，七八十年代是煤向石油、天然气的能源使用转变，90 年代以后车辆交通也对多环芳烃的增长起了重要作用（Van Meter et al.，1997）。Barra 等（2006）对智利南部中心 Andean 山脉湖泊的多环芳烃在过去 50 年的通量分析发现过去 30 年的工业发展并没有改变污染物的组成和分布。

大辽河水系 4 个采样站点的柱状沉积物中 18 种多环芳烃的浓度见表 5-3。总的多环芳烃浓度为：H5，179.23～738.06 ng/g，烃浓度最高出现在 37～40 cm 处；T7，296.86～2175.92 ng/g，烃浓度最高出现在 40～43 cm 处；D2，188.08～1844.42 ng/g，烃浓度最高出现在 0～2 cm 处；D2-1，402.41～3115.13 ng/g，烃浓度最高出现在 16～18 cm 处。污染程度顺序为大辽河>太子河>浑河。大辽河水系干流污染来自于支流和沿江废水排放以及大气沉降，其污染和中国珠江三角洲的港湾（180～960μg/g）相当（Zheng et al.，2002）。

比较柱芯沉积物中多环芳烃的浓度分布（图 5-5），这 4 个点的烃随深度变化的曲线各不相同，出现最高值的深度也不同。由于采样点的地理位置不同，各自的水动力条件以及沉积环境差异较大，这使得污染物的变化没有规律性，而是具有一定的跳跃性，工业活动和港口活动频繁的地区污染变化波动大。浑河、太子河站点和大辽河营口政府 D2-1 点具有相同的分布趋势：多环芳烃浓度随柱芯深度的增加而螺旋增加。大辽河的三岔河 D2 浓度随深度整体上有衰减的趋势。大辽河水系整体上污染集中在 10~20 cm，浑河的 H5 站点接纳了浑河上游污染和细河污染的输入叠加，大辽河的站点除河流污染迁移输入外还受船运活动的影响。

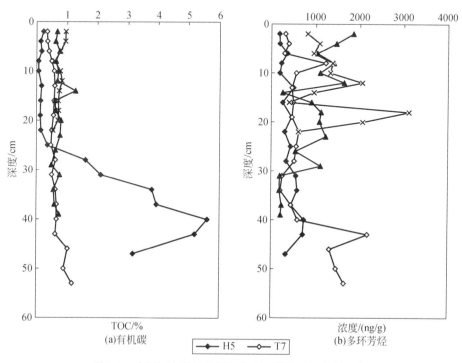

图 5-5　大辽河水系柱状沉积物有机碳和多环芳烃分布

　　多环芳烃的污染变化趋势受到沉积物性质的影响。从图 5-5 可以反映有机碳和多环芳烃的分布特征关系。浑河和太子河有机碳与多环芳烃分布随深度变化有相同的趋势。由于多环芳烃自身较低的水溶性和憎水特征（$\log K_{ow}=3~8$），多环芳烃污染物会经常吸附在细小颗粒物上并最终在土壤和沉积物中沉积积累富集。沉积物的有机质含量对多环芳烃的分配分布作用影响很大（Swartz，1999）。采用 SPSS 软件对有机碳、土壤阳离子交换量和粒径组成、柱状沉积物中多环芳烃的浓度作 PEARSON 相关分析表明：大辽河站点没有观察到烃含量与沉积物性质有相关性，频繁的港口活动，水流量大且水体扰动剧烈使得多环芳烃的输入和沉积处于动态状态。对于浑河、太子河有机碳大部分集中在颗粒小的粒径，如黏土和砂砾上，有机碳、黏土和砂砾与多环芳烃有很好的相关性被发现：H5，$r=0.773$，$P<0.01$（TOC），$r=0.573$，$P=0.016$（黏土），$r=0.611$，$P=0.009$（粉砂），$r=-0.529$，$P=0.029$（砂砾），$n=17$；T7，$r=0.621$，$P=0.005$（TOC），$n=19$。根据以上分析，有机碳是埋藏沉积物中多环芳烃分布分配的重要控制因子，此外，粒径分布也起着一定的作用。

表5-3 大辽河水系柱芯沉积物中多环芳烃浓度分布

（单位：ng/g）

站点	深度/cm	Naph	2-M-Naph	1-M-Naph	Aceph	Ace	Flu	Phen	Ant	Fl	Pyr	BaA	Chr	BbF	BkF	BaP	InP	DBA	BgP	Σ PAHs
H5	0~2	14.22	12.11	6.40	1.32	5.21	8.51	4.39	2.54	7.72	4.02	23.34	13.77	3.26	1.60	3.46	29.47	7.43	30.47	179.23
	2~4	3.82	6.47	2.97	0.91	3.42	9.91	10.15	5.30	12.01	12.35	23.26	17.50	8.70	3.59	5.88	29.25	4.61	30.08	190.19
	4~6	29.87	59.78	30.76	2.94	7.58	23.18	15.51	11.75	21.96	16.10	29.45	22.04	3.73	3.28	4.74	30.36	11.17	32.01	356.22
	6~8	4.81	9.86	3.66	0.70	3.83	12.80	9.67	3.81	10.82	6.37	38.51	21.24	7.10	2.13	5.53	31.96	23.54	29.58	225.91
	8~10	7.80	8.82	3.28	0.66	2.91	10.29	6.44	4.04	5.99	5.32	25.91	6.82	5.56	2.93	11.96	32.29	12.83	37.07	190.93
	10~13	34.60	116.13	54.24	8.41	12.61	48.70	32.92	24.01	22.38	22.17	26.73	24.44	4.37	2.13	2.57	29.56	4.09	30.52	500.60
	13~16	4.23	10.16	4.48	0.94	4.58	17.06	15.82	13.11	26.96	28.91	29.82	17.41	3.79	5.54	6.60	31.43	5.27	30.30	256.41
	16~19	41.31	103.42	53.87	4.96	14.70	40.94	24.83	18.57	13.22	16.39	28.12	19.75	10.56	3.43	2.88	29.26	2.32	30.63	459.15
	19~22	21.94	55.71	27.62	9.75	16.32	39.33	13.69	7.58	6.09	6.32	20.20	7.83	2.28	2.89	3.95	29.31	3.19	30.02	304.02
	22~25	63.76	124.84	52.10	3.12	14.85	31.88	22.40	24.38	3.65	4.20	21.17	7.42	—	—	—	29.24	2.17	29.62	434.81
	25~28	19.22	49.75	23.19	3.72	6.48	30.97	19.11	22.61	14.14	18.02	24.66	23.28	3.26	3.43	2.79	30.46	13.20	30.45	338.73
	28~31	28.77	52.82	31.62	21.61	33.20	158.38	34.32	24.42	27.47	33.64	28.14	13.41	—	—	—	31.03	9.34	29.77	557.95
	31~34	35.43	82.33	41.41	8.43	14.82	33.03	22.10	31.75	20.37	26.68	36.89	33.61	11.77	6.49	5.11	38.07	64.97	70.95	584.21
	34~37	50.94	126.24	60.94	6.51	8.27	22.89	12.63	18.20	16.00	7.65	24.97	14.13	3.00	1.70	2.36	29.80	9.14	33.45	448.83
	37~40	87.58	159.94	65.90	6.53	12.59	35.37	23.64	28.29	42.95	37.89	39.70	25.61	6.13	4.86	8.75	30.78	73.01	48.52	738.06
	40~43	67.58	136.71	77.61	13.20	9.58	34.37	24.35	29.04	49.79	38.44	38.14	18.48	8.30	8.44	7.20	35.19	55.81	61.38	713.61
	43~47	6.09	17.79	11.10	2.03	3.37	34.47	20.42	22.01	13.05	18.85	38.03	25.75	7.42	6.89	16.11	33.22	27.38	29.65	333.63
T7	0~2	4.22	5.26	3.75	—	5.96	20.67	15.33	11.51	7.01	11.11	28.98	20.79	27.82	15.28	33.93	36.42	35.18	31.27	314.47
	2~4	45.31	69.84	30.01	2.24	18.37	43.36	27.30	20.89	14.59	16.31	23.49	13.13	1.27	1.19	2.12	29.22	1.48	29.81	389.93
	4~6	8.69	32.64	17.66	4.05	4.03	40.38	21.54	21.95	11.28	15.85	28.14	17.03	4.27	1.34	4.37	30.45	2.29	30.89	296.86
	6~8	41.36	221.14	143.68	12.76	21.53	146.89	131.96	134.55	65.06	71.47	49.83	47.22	14.11	21.78	18.82	31.99	12.99	31.11	1218.27
	8~10	45.44	95.47	46.82	4.94	14.86	42.86	49.52	77.44	29.80	23.14	34.88	14.62	5.22	4.68	8.79	30.62	3.32	30.10	562.53

续表

站点	深度/cm	Naph	2-M-Naph	1-M-Naph	Aceph	Ace	Flu	Phen	Ant	Fl	Pyr	BaA	Chr	BbF	BkF	BaP	InP	DBA	BgP	ΣPAHs
T7	10~13	9.47	29.27	15.89	15.66	29.53	54.07	44.28	69.33	26.96	26.64	26.50	20.01	7.75	3.43	11.46	29.41	7.31	37.51	464.47
	13~16	53.88	69.51	31.72	7.18	7.23	57.30	41.59	36.06	31.70	35.28	33.60	13.85	5.71	2.84	8.11	29.37	1.94	30.55	497.42
	16~19	27.01	44.44	20.46	9.68	11.43	31.51	44.93	26.41	57.58	45.62	42.37	18.83	5.08	8.18	8.24	30.29	2.40	34.68	469.12
	19~22	79.13	125.73	42.51	—	11.77	63.88	26.54	15.81	23.33	33.99	42.86	32.38	13.28	17.43	19.62	31.84	9.23	29.66	618.96
	22~25	105.83	134.64	51.19	6.01	7.58	39.61	33.23	10.72	13.29	21.97	23.56	14.89	8.49	6.18	12.44	33.28	7.60	33.11	563.62
	25~28	85.92	127.00	49.64	1.83	6.83	28.72	25.64	14.23	27.07	31.53	30.38	15.23	3.71	2.00	6.67	30.60	3.27	30.49	520.77
	28~31	3.77	11.24	6.49	1.66	9.59	20.92	13.10	9.99	11.66	12.48	24.38	22.52	9.13	3.93	13.18	31.45	5.09	39.12	249.70
	31~34	7.16	12.04	6.02	—	2.49	17.41	11.64	5.19	7.22	9.69	23.48	17.50	5.64	2.83	7.49	30.51	9.00	33.58	208.90
	34~37	22.13	65.84	35.86	5.53	20.61	48.48	32.87	43.92	17.34	21.00	28.93	21.16	4.44	3.31	4.91	29.41	13.45	29.86	449.06
	37~40	44.45	108.98	57.47	6.13	26.00	55.48	54.07	45.34	19.45	19.69	33.44	30.18	8.50	6.20	7.68	30.08	12.75	30.55	596.43
	40~43	469.17	722.21	371.83	51.24	46.14	131.89	168.42	67.35	21.01	10.57	26.70	20.31	2.28	1.75	3.26	29.19	3.08	29.52	2175.92
	43~46	105.14	301.07	131.27	15.09	41.16	117.39	340.37	94.13	18.75	18.93	31.73	17.68	4.89	5.87	5.84	30.0	3.47	31.73	1314.52
	46~50	129.87	340.39	150.52	37.56	46.72	122.49	375.03	41.21	37.07	41.13	35.61	29.88	6.04	2.33	6.02	30.08	3.30	30.47	1465.73
	50~53	199.26	421.69	218.09	32.78	39.04	128.39	298.97	60.34	48.38	50.04	36.50	26.15	12.10	5.68	7.58	29.70	5.42	30.10	1650.19
D2	0~2	344.86	515.95	345.69	74.58	31.40	170.79	66.03	92.40	34.65	33.02	22.32	14.26	3.41	2.76	6.84	19.23	—	66.24	1844.42
	2~4	219.92	380.28	234.65	36.72	25.80	122.40	81.63	88.20	41.47	45.52	33.58	19.40	3.46	1.66	5.81	21.39	3.82	92.30	1458.00
	4~6	80.28	191.11	118.17	12.75	43.94	80.46	82.56	91.25	54.38	57.21	39.86	18.31	5.54	2.24	10.03	20.59	2.25	116.65	1027.57
	6~8	187.12	363.56	227.07	39.84	28.04	105.61	70.84	93.61	43.37	47.23	34.55	23.17	4.82	1.82	8.72	20.27	3.50	101.53	1404.68
	8~10	91.40	218.43	146.30	35.13	29.14	90.11	66.69	85.89	31.01	36.11	33.50	17.78	7.29	4.01	8.77	22.21	4.15	165.04	1092.95
	10~12	307.59	510.72	315.95	52.48	37.68	86.65	72.33	88.85	24.98	28.45	11.07	7.94	0.81	0.83	2.12	19.53	1.08	68.22	1637.28
	12~14	39.37	39.12	43.13	1.18	1.80	3.20	0.85	1.14	2.27	2.96	4.88	1.54	1.00	0.89	4.00	20.75	8.01	81.00	257.09
	14~16	75.18	221.27	154.38	27.76	18.47	61.02	34.00	61.28	13.63	23.51	20.33	22.65	7.00	3.41	7.59	24.68	6.08	120.57	902.81

续表

站点	深度/cm	Naph	2-M-Naph	1-M-Naph	Aceph	Ace	Flu	Phen	Ant	Fl	Pyr	BaA	Chr	BbF	BkF	BaP	InP	DBA	BgP	Σ PAHs
D2	16~18	120.50	275.20	183.01	49.69	52.93	89.33	44.02	59.19	43.62	36.36	25.96	22.43	4.00	1.64	6.59	21.59	4.98	76.20	1117.25
	18~20	198.07	276.71	184.55	44.76	18.20	67.39	33.92	33.71	40.02	35.63	17.51	16.12	5.40	5.16	3.74	20.48	3.43	75.37	1080.18
	20~23	153.19	290.48	196.28	61.81	22.97	92.72	69.50	64.25	34.47	35.80	17.54	34.13	9.92	4.66	16.28	19.61	16.70	80.19	1220.51
	23~26	46.92	114.95	71.09	11.81	10.38	48.77	30.12	34.60	29.27	24.03	14.68	11.35	2.59	0.97	2.66	19.67	1.57	71.22	546.67
	26~29	213.35	287.31	114.83	18.90	10.55	49.54	63.22	52.28	47.58	39.92	37.73	21.76	7.61	5.10	6.86	19.43	1.15	109.40	1106.54
	29~31	4.20	5.64	11.91	4.47	2.25	3.39	4.64	5.54	3.53	4.87	6.68	7.29	1.65	3.26	3.68	20.19	5.67	96.85	195.69
	31~34	3.71	16.49	8.88	4.54	9.93	6.79	5.22	7.57	3.47	2.66	4.69	3.08	1.59	1.16	2.89	20.34	1.83	83.23	188.08
	34~37	2.86	11.71	6.13	55.22	2.06	15.78	10.02	6.76	6.21	4.33	7.08	2.45	1.67	2.07	3.38	19.22	—	77.96	234.91
	37~39	5.24	10.95	6.05	2.88	11.39	16.83	9.58	12.24	3.51	4.70	6.76	4.15	3.40	1.91	3.91	21.14	12.45	78.60	215.68
D2-1	0~2	76.35	174.26	89.96	10.26	27.53	104.59	66.10	48.61	41.97	42.94	32.91	18.47	5.90	2.74	5.24	29.44	4.19	30.80	812.25
	2~4	164.90	290.33	129.02	16.48	30.65	122.34	60.71	45.70	42.87	42.86	38.58	20.18	2.30	1.17	3.42	29.51	5.99	30.58	1077.59
	4~6	106.56	304.79	141.49	15.94	26.08	108.81	47.88	34.84	26.19	22.70	29.28	15.36	1.78	2.00	1.56	29.28	0.98	30.0	945.50
	6~8	192.60	469.35	189.43	32.96	42.18	161.21	61.59	54.86	26.98	23.37	31.63	17.25	4.30	2.04	2.93	29.31	2.03	30.02	1374.06
	8~10	217.52	454.54	198.19	26.50	43.69	114.03	52.35	50.77	21.64	18.89	27.73	16.81	4.26	4.17	4.88	30.93	3.11	32.40	1322.42
	10~12	369.43	675.90	273.95	93.43	68.95	171.01	91.16	95.39	40.45	31.22	32.39	16.91	4.32	3.91	9.21	30.46	13.61	29.71	2051.41
	12~14	153.17	315.47	142.11	24.27	27.25	78.46	37.71	31.91	21.69	16.81	27.04	12.07	1.73	1.68	2.09	29.80	0.88	30.22	954.36
	14~16	38.21	87.92	38.41	7.05	11.06	31.69	23.48	28.51	15.21	13.45	21.70	9.67	1.87	2.41	3.49	29.80	6.22	32.25	402.41
	16~18	560.84	1304.93	458.48	88.04	75.18	266.73	76.69	82.18	26.91	21.31	35.89	33.31	10.05	1.67	4.08	30.07	7.59	31.17	3115.13
	18~20	335.88	718.75	336.52	54.57	59.50	173.68	54.81	94.42	23.92	39.65	34.95	31.94	15.25	3.78	10.81	30.81	11.69	30.58	2061.49
	20~22	92.90	113.28	52.11	14.39	9.53	30.48	31.74	48.88	12.44	18.05	31.45	32.37	10.75	5.27	13.57	34.75	21.36	35.75	609.07

注：—表示未检出

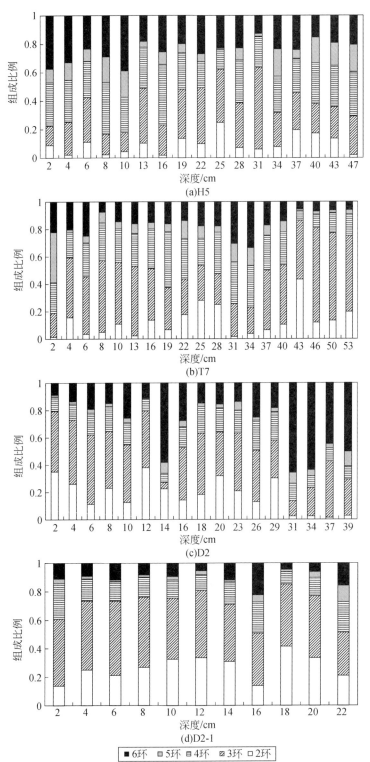

图 5-6　大辽河水系柱芯沉积物中 2，3，4，5，6 环多环芳烃分布组成比例

大辽河水系柱状沉积物中多环芳烃不同组分的浓度见表 5-3 和图 5-6。整个水系致癌风险最大的 5 环的多环芳烃在每个站位都有检出。在浑河 H5 沉积物中，多环芳烃浓度超过 100 ng/g 的有 2 环的 2-M-Naph 和 3 环的 Flu。多环芳烃的组成 4 环的多环芳烃最丰富，3、6 环的次之。整体上 4～6 环的多环芳烃占优势，相对于总的多环芳烃浓度的平均比例分别占 62%。高分子量的烃在浑河干流和支流占优势，显示高温裂解产生的多环芳烃通过废水排放、石油加工泄漏、大气沉降等过程进入水体不断沉积（Zhou and Maskaoui，2003），过去污染严重，近期有所改善。在太子河的 T7 沉积物中，多环芳烃浓度超过 100 ng/g 的有 2 环的 Naph、2-M-Naph、1-M-Naph 和 3 环的 Flu、Phen、Ant。多环芳烃的组成 3 环的多环芳烃最丰富，4 环的次之。整体上 2～3 环的多环芳烃占优势，相对于总的多环芳烃浓度的平均比例分别占 53%。

在大辽河的 D2 沉积物中，多环芳烃浓度超过 100 ng/g 的有 2 环的 Naph、2-M-Naph、1-M-Naph 和 3 环的 Flu 及 6 环的 BgP。30 cm 以后高分子量的多环芳烃优势明显，多环芳烃的组成 3 环的多环芳烃最丰富，6 环的次之。整体上 2、3 环的多环芳烃占优势，相对于总的多环芳烃浓度的平均比例分别占 53%。在大辽河靠近河口的船运活动频繁的 D2-1 沉积物中，多环芳烃浓度超过 100 ng/g 的有 2 环的 Naph、2-M-Naph、1-M-Naph 和 3 环的 Flu。多环芳烃的组成 3 环的多环芳烃最丰富，2 环的次之。整体上 2～3 环的多环芳烃优势明显，相对于总的多环芳烃浓度的平均比例分别占 71%。低分子量的萘及其烷基化的萘极易挥发和降解，通常是石油及其产品的轻质馏分，可以被认为是多环芳烃污染物的石油来源（Tolosa et al.，2004），因此高浓度的萘及其烷基化的萘表明近期人类活动的输入，尤其是石油类污染物的直接输入。

5.2.2 脂肪烃埋藏特征

大辽河水系柱芯沉积物中脂肪烃浓度垂直分布见表 5-4。脂肪烃浓度都很高，均超过了 10μg/g，是长期工业活动的特征表现（UNEP，1992），脂肪烃的组成以 UCM 为主，这是石油长期污染风化降解的结果（Readman et al.，1987）。在浑河黄腊坨大桥（H5）脂肪烃的浓度范围为 12.50～1109.78μg/g，难分离混合物 UCM 的浓度范围为 9.46～812.96μg/g，正构烷烃 ALK 的浓度范围为 3.04～254.19μg/g，烃浓度最高出现在 28～31cm 处。太子河的唐马桥（T7）脂肪烃的浓度范围为 26.37～337.15μg/g，难分离混合物 UCM 的浓度范围为 8.11～259.39μg/g，正构烷烃 ALK 的浓度范围为 16.55～154.83μg/g，脂肪烃浓度最高出现在 22～35cm 处，正构烷烃浓度最高出现在 28～31cm 处。大辽河的田台庄大桥（D2）和营口政府（D2-1）脂肪烃的浓度范围分别为 114.09～759.90μg/g、28.55～721.82μg/g，难分离混合物 UCM 的浓度范围分别为 62.03～696.74μg/g、18.46～548.75μg/g，正构烷烃 ALK 的浓度范围为 34.40～114.54μg/g、9.12～148.35μg/g，脂肪烃浓度最高分别出现在 18～20cm、10～12cm 处，D2 正构烷烃浓度最高出现在 26～29cm 处，D2-1 中正构烷烃浓度最高值出现在 10～12cm 处。

表 5-4　大辽河水系柱芯沉积物中脂肪烃浓度分布和分子组成比率

站点	深度/cm	AHc /（μg/g）	UCM /（μg/g）	ALK /（μg/g）	MALK /（μg/g）	CPI /（μg/g）	L/H	U/R	Pr/Ph	C17/ Pr	C18/ Ph
H5	0~2	30.10	27.20	2.90	C21	1.01	0.53	9.37	0.00	0.00	0.00
	2~4	29.06	26.25	2.82	C21	0.00	1.17	9.32	0.00	0.00	0.00
	4~6	135.92	87.45	46.45	C21	0.98	0.61	1.88	0.74	2.54	4.41
	6~8	47.67	41.85	5.26	C20	0.40	1.70	7.96	0.28	4.34	1.44
	8~10	75.84	48.86	25.84	C23	0.87	0.42	1.89	0.37	3.16	1.39
	10~13	17.66	11.14	6.19	C21	0.00	9.42	1.80	0.59	5.67	2.93
	13~16	241.02	156.81	80.51	C20	0.83	0.49	1.95	0.88	1.78	3.94
	16~19	191.83	144.52	41.45	C13	0.00	1.81	3.49	0.25	2.20	1.15
	19~22	12.50	9.46	3.04	C20	0.00	2.80	3.11	0.00	0.00	0.00
	22~25	126.17	94.17	28.66	C19，C21	0.00	1.65	3.29	0.15	2.45	1.42
	25~28	222.84	179.42	37.11	C19，C20	0.00	1.51	4.84	0.30	1.77	1.18
	28~31	1109.78	812.96	254.19	C21	0.00	2.49	3.20	0.68	1.88	1.37
	31~34	474.07	382.20	81.91	C22	0.00	1.14	4.67	0.41	1.63	1.20
	34~37	321.64	249.64	67.50	C21	0.21	0.71	3.70	0.22	2.92	1.74
	37~40	85.65	68.35	15.20	C20	0.00	1.23	4.50	0.44	1.78	1.08
	40~43	360.38	293.50	59.95	C19，C20	0.64	0.83	4.90	0.20	2.46	0.86
	43~47	557.33	419.62	118.39	C20	0.00	2.19	3.54	0.62	1.15	1.37
T7	0~2	45.53	28.98	16.55	C16	0.00	2.17	1.75	0.00	0.00	0.00
	2~4	89.93	53.78	33.96	C20	0.30	1.89	1.58	0.81	3.33	2.63
	4~6	286.71	229.53	52.75	C18	0.00	1.43	4.35	1.06	1.65	3.18
	6~8	207.17	154.83	48.87	C20	0.39	1.38	3.17	0.49	2.79	1.56
	8~10	158.99	118.96	36.29	C20	0.22	1.87	3.28	0.54	2.20	1.65
	10~13	121.27	78.47	39.95	C16	0.46	1.82	1.96	0.67	3.22	2.18
	13~16	134.85	98.08	33.71	C15	0.00	2.94	2.91	0.81	2.43	1.80
	16~19	143.73	108.74	31.20	C20	0.21	1.73	3.49	0.73	2.06	1.51
	19~22	254.97	196.10	53.09	C21	0.04	1.22	3.69	0.35	1.83	1.14
	22~25	337.15	259.39	68.79	C18	0.00	1.86	3.77	0.41	1.67	1.38
	25~28	204.80	144.16	54.69	C23，C24	0.66	0.97	2.64	0.61	1.91	1.20
	28~31	311.38	153.43	154.83	C24	0.69	0.21	0.99	0.58	2.81	1.80
	31~34	93.51	69.62	21.52	C18	0.00	2.56	3.23	0.66	2.40	1.61
	34~37	220.19	143.56	70.29	C16	0.00	3.99	2.04	0.84	2.44	1.99
	37~40	137.32	82.19	50.69	C16	0.00	5.46	1.62	1.28	2.04	2.45
	40~43	26.27	8.11	18.16	C17	0.00	6.31	0.45	0.00	0.00	0.00
	43~46	95.52	59.53	29.44	C15	1.17	2.79	2.02	0.10	5.05	0.40
	46~50	135.82	114.07	18.52	C20	0.00	1.53	6.16	0.49	1.75	0.89
	50~53	189.69	155.75	30.07	C20	0.00	2.47	5.18	1.26	1.53	1.97

站点	深度/cm	AHc /(μg/g)	UCM /(μg/g)	ALK /(μg/g)	MALK /(μg/g)	CPI /(μg/g)	L/H	U/R	Pr/Ph	C17/Pr	C18/Ph
D2	0~2	282.06	193.60	82.47	C15	0.70	4.00	2.35	0.89	2.33	1.88
	2~4	280.21	189.18	85.02	C15	0.37	4.12	2.22	0.88	2.47	1.98
	4~6	201.43	135.82	61.61	C15	0.03	4.22	2.20	0.92	2.49	2.06
	6~8	298.74	201.45	91.23	C15	0.20	4.23	2.21	0.91	2.44	2.00
	8~10	286.85	185.85	95.35	C16	0.49	5.56	1.95	0.92	2.51	2.10
	10~12	329.28	213.78	109.31	C15	0.13	5.06	1.96	0.93	2.60	2.20
	12~14	192.32	133.30	54.34	C15	0.37	3.27	2.45	0.81	2.21	1.77
	14~16	213.99	148.88	60.31	C15	0.29	3.50	2.47	0.87	2.23	1.85
	16~18	232.27	159.60	67.47	C15	0.22	3.68	2.37	0.84	2.26	1.82
	18~20	759.90	696.74	58.11	C20	0.36	1.34	11.99	6.02	1.56	0.74
	20~23	249.97	171.76	73.45	C12	0.37	4.21	2.34	0.89	2.34	1.93
	23~26	127.70	62.03	62.44	C15	0.52	5.88	0.99	1.01	3.04	2.77
	26~29	322.45	202.09	114.54	C16	0.20	5.85	1.76	0.95	2.56	2.21
	29~31	150.51	103.26	43.93	C15	0.12	4.02	2.35	0.91	2.41	2.01
	31~34	189.21	121.61	63.21	C16	0.63	4.08	1.92	0.91	2.46	2.06
	34~37	114.09	76.59	34.40	C16	0.00	4.22	2.23	0.92	2.31	1.95
	37~39	169.14	119.29	45.57	C15	0.18	3.59	2.62	0.92	2.33	1.99
D2-1	0~2	383.03	250.22	127.54	C25	0.96	0.25	1.96	0.00	2.74	1.27
	2~4	209.38	158.87	44.45	C20	0.00	2.33	3.57	0.58	1.87	1.19
	4~6	318.18	210.97	95.68	C15	0.00	3.08	2.20	0.74	1.93	1.46
	6~8	91.51	41.61	46.29	C15	0.57	2.51	0.90	0.91	2.49	2.10
	8~10	279.44	208.06	63.12	C20	0.00	1.95	3.30	0.31	1.91	1.30
	10~12	721.82	548.75	148.35	C20	0.00	2.05	3.70	0.56	1.66	1.16
	12~14	42.79	17.90	22.83	C14	0.00	3.38	0.78	0.76	2.56	2.14
	14~16	315.58	233.64	71.29	C18	0.00	1.76	3.28	0.55	1.73	1.33
	16~18	104.15	67.90	33.70	C16	0.33	1.76	2.02	0.75	2.18	1.59
	18~20	46.99	30.96	14.80	C14	0.00	1.76	2.09	0.67	2.44	1.55
	20~22	28.55	18.46	9.12	C20	0.00	3.01	2.02	0.47	3.19	1.55

注：AHc 为总脂肪烃浓度；UCM 为难分离混合物；ALK 为正构烷烃（n-C8-n-C38）；MALK 为主要正构烷烃；L/H 为低分子量的烷烃/高分子量的烷烃；U/R 为难分离组分/可分离组分；Pr 为姥鲛烷；Ph 为植烷；CPI 为碳优势指数 2（C27+C29）/（C26+2C28+C30）

比较柱芯沉积物中脂肪烃和正构烷烃的浓度分布（图5-7），这4个点的脂肪烃和烷烃随深度变化的曲线各不相同，出现最高值的深度也不同。这些区域的油类污染程度顺序为：浑河>大辽河>太子河。浑河的 H5 站点接纳了浑河上游污染和细河污染的输入叠加，因此污染很严重。大辽河的站点除河流污染迁移输入外还受船运活动的影响。已经有研究表明脂肪烃污染和有机质具有很好的相关性（Colombo et al.，2005b）。采用 SPSS 软件对有机碳、土壤阳离子交换量和粒径组成、柱状沉积物中脂肪烃、UCM 和烷烃的浓度作 PEARSON 相关分析表明：大部分站点没有观察到脂肪烃组成参数与沉积物性质有相关性，有机碳大部分集中在颗粒小的粒径，如黏土和砂砾上，由于脂肪烃的来源广泛，沉积物埋藏过程的降解成岩作用和水流冲刷作用使脂肪烃的赋存状态变得复杂。

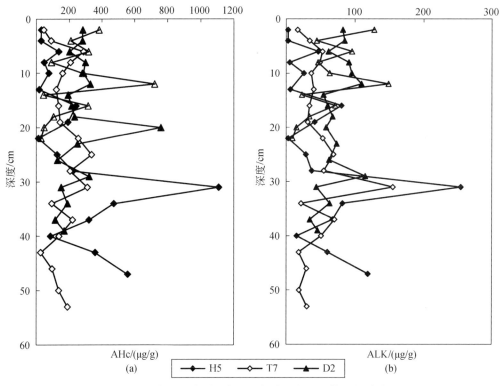

图 5-7　大辽河水系柱状沉积物脂肪烃和正构烷烃分布

　　对于柱状沉积物中正构烷烃的组成，H5 低分子量（≤C20）和高分子量（>C21）的烷烃比率（L/H）为 0.49～9.42，主要的正构烷烃集中在 C19～C22，低分子量和高分子量的烷烃交替分布，其中在 10～13 cm 处 L/H 比率很高，为 9.42。T7 的 L/H 为 0.21～6.31，主要的正构烷烃集中在 C16、C18 和 C20，低分子量的烷烃占优势，在 28～31 cm 处 L/H 比率（0.21）较低时高分子量烷烃较多。D2 的 L/H 为 1.34～5.88，主要的正构烷烃集中在 C15 和 C16，烷烃主峰变化不大，低分子量的烷烃占优势。D2-1 的 L/H 为 0.25～3.38，主要的正构烷烃集中在 C14、C15、C18、C20 和 C25，烷烃主峰变化大，低分子量的烷烃占优势，在 0～2 cm 处 L/H 比率（0.25）较低时高分子量烷烃较多。站点 H5、T7、D2 和 D2-1 的主峰碳以低分子量为主不同于表层沉积物的特征。

　　以典型站点的污染严重的层的上下区间正构烷烃污染为例（图 5-8），基本上柱状沉

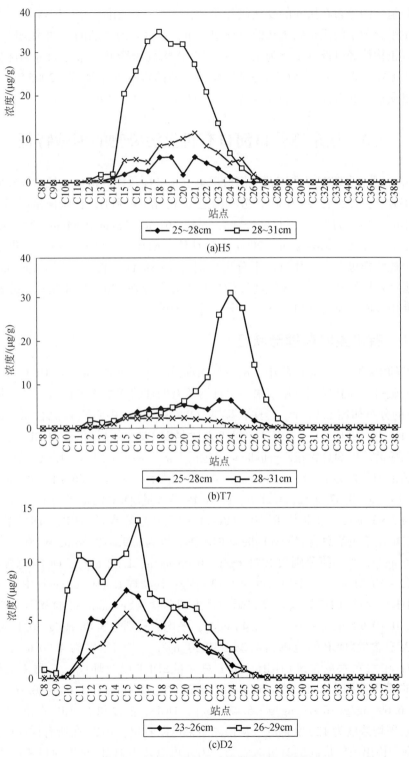

图 5-8　沉积物柱样中正构烷烃的组成图

积物中烷烃组分的分布在层间的变化趋势不大，峰型基本相同。站点 H5、T7 正构烷烃峰型分布以主组分为主的无奇偶优势的单峰型分布，显示人为活动的石油污染特征。浑河和太子河站点正构烷烃以低分子量为主。站点 D2 正构烷烃峰型分布是无奇偶优势的双峰型分布，正十五烷的含量异常高被认为是绿藻和褐藻的贡献（朱纯等，2005），这一站点具有陆源有机质输入和石油污染的复合特征（Volkman et al.，1992）。

5.3 辽东湾营口河口有机氯污染物的埋藏特征

2007 年 8 月枯水期在辽东湾营口河口采集了 4 个柱状样。这 4 个柱状样在同一片滩涂上（40°40′57″N，122°12′16.0″E），分别标记为 A、B、C 和 D。柱状样是用不锈钢的柱状采样器采集的（内径为 8cm），长度分别为 58cm、61cm、38cm 和 44cm。0~10cm 分 5 层，每层 2 cm，10 cm 之后每层 3 cm。2009 年 7 月枯水期在辽东湾营口河口采集了两个柱状样。这两个柱状样也在同一片滩涂上分别标记为 Ya 和 Yb，长度分别为 56 cm 和 55 cm。柱状样分层后每层样品装进预先清洗过的铝盒中并保存在 -20℃的冰箱里。分析之前，将样品取出并用冷冻干燥机（FD-1A，中国）进行干燥。

5.3.1 有机氯农药埋藏特征

在检测的 19 种有机氯农药中，o，p′-DDE、o，p′-DDD、o，p′-DDT、p，p′-DDT、α-硫丹、β-硫丹、异狄氏剂、甲氧氯在大辽河所有的柱状样中均未检出。各柱状沉积物样品中 OCPs 的分布如图 5-9 所示。柱状样 A（0~38 cm）中六六六总含量ΣHCH（包括 α-HCH、β-HCH、γ-HCH、δ-HCH）、DDT 总含量ΣDDT（包括 p，p′-DDE、p，p′-DDD）以及环戊二烯类杀虫剂总含量Σcyclodiene（包括七氯、环氧七氯 A、环氧七氯 B、狄氏剂、艾氏剂）的范围分别为 1.29~8.76 ng/g、0.25~2.04 ng/g 和 1.06~10.86 ng/g，平均值分别为 3.79 ng/g、0.87 ng/g、3.28 ng/g，OCPs 总含量ΣOCP 的范围为 4.31~21.23 ng/g，平均浓度为 7.93 ng/g；柱状样 B（0~62cm）中六六六总含量ΣHCH、DDT 总含量ΣDDT 以及环戊二烯类杀虫剂总含量Σcyclodiene 的范围分别为 0.92~8.36 ng/g、0~1.87 ng/g 和 0.29~3.06 ng/g，平均值分别为 1.71 ng/g、0.05 ng/g、1.52 ng/g，OCPs 总含量ΣOCP 的范围为 1.22~10.61 ng/g，平均浓度为 4.72 ng/g；柱状样 C（0~61cm）中六六六总含量ΣHCH、DDT 总含量ΣDDT 以及环戊二烯类杀虫剂总含量Σcyclodiene 的范围分别为 1.00~9.39 ng/g、0~0.98 ng/g 和 0.22~2.43 ng/g，平均值分别为 3.88 ng/g、0.15 ng/g、0.87 ng/g，OCPs 总含量ΣOCP 的范围为 1.23~10.31 ng/g，平均浓度为 4.90 ng/g；柱状样 D（0~44 cm）中六六六总含量ΣHCH、DDT 总含量ΣDDT 以及环戊二烯类杀虫剂总含量Σcyclodiene 的范围分别为 2.61~20.54 ng/g、0.21~2.42 ng/g 和 1.66~10.16 ng/g，平均值分别为 6.69 ng/g、0.67 ng/g、5.43 ng/g，OCPs 总含量ΣOCP 的范围为 5.49~30.36 ng/g，平均浓度为 12.79 ng/g。从检测结果可以看出：HCH 在所有样品中均有检出，是检出频率和检出浓度最高的有机氯农药，因此可以认为 HCH 是该河口表层水中的主要有机氯农药污染物。

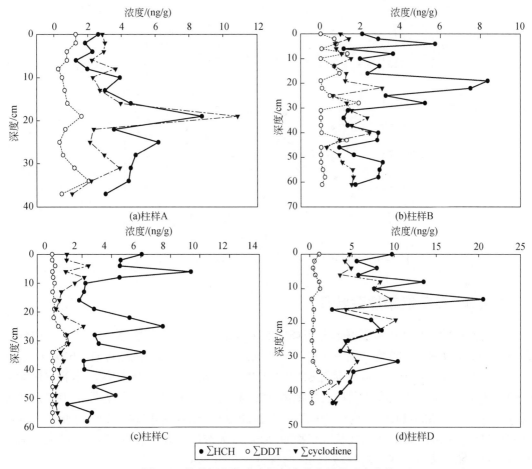

图 5-9　柱状沉积物中有机氯农药含量的垂直变化

　　图 5-9 表示出不同柱状沉积物和不同深度对应的六六六、DDT 和环戊二烯类杀虫剂含量的变化趋势。对于六六六而言，柱状沉积物 A 和 B 具有相似的变化趋势，均在 20 cm 深度附近出现一个浓度峰值，柱状沉积物 C 和 D 则都在 10cm 深度附近出现一个浓度峰值，显示有较高的六六六输入；环戊二烯类杀虫剂含量的变化趋势与六六六类似，而柱状沉积物中 DDT 含量的变化趋势则与六六六和环戊二烯类杀虫剂有一定的区别，从图 5-9 可以看出，DDT 的浓度较小，变化也不明显，对柱状沉积物 A 而言有两个浓度峰值，分别出现在 20 cm 和 35 cm 附近，柱状沉积物 C 和 D 的 DDT 浓度峰值分别出现在 30 cm 和 40 cm 附近，柱状沉积物 B 中 DDT 浓度变化不大。

　　与表层沉积物的研究结果相同，柱状沉积物中有机氯农药的浓度与 TOC 的相关性不高。除柱状样 C 中 OCPs 与 TOC 具有较高的相关性外（$r=0.55$，$P<0.05$，$n=22$）外，其余柱状样中 OCPs 与 TOC 的相关系数 r 均小于 0.25，该结果表明柱状沉积物中 OCPs 的浓度与除 TOC 外的其他因素也有关（图 5-10）。

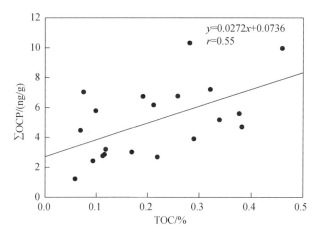

图 5-10　柱状沉积物 C 中 TOC 含量对 OCPs 含量的影响

5.3.2　多氯联苯埋藏特征

大辽河柱状沉积物中多氯联苯分布如图 5-11 所示。柱状沉积物 A、B、C、D 中整个剖面ΣPCBs（39 种）的浓度分别为 0.86 ~ 6.31 ng/g、0.25 ~ 4.78 ng/g、0.71 ~ 6.00 ng/g 和 0.21 ~ 4.22 ng/g。该研究区域柱状沉积物中 PCBs 含量高于青岛近海柱状沉积物（0.30 ~ 0.60 ng/g），但低于中国南四湖柱状沉积物（7.84 ~ 42.8 ng/g）（李红莉等，2007）和英国 Mersey 河口（36 ~ 1409 ng/g）（Vane et al.，2007）。Sivey and Lee（2007）报道了美国加利福尼亚南部的 Hartwell 湖柱状沉积物的 PCBs 最大浓度为几十微克/克，可见大辽河柱状沉积物远低于发达国家一些区域 PCBs 的含量。

不同柱状沉积物中多氯联苯表现出相同的随深度变化的趋势，每个柱状沉积物中的 PCBs 从 20 cm 深度到表层都显现出较快的增长趋势，也就是说，从 20cm 对应的年代开始，该区域开始大量使用含有 PCBs 的原料或物质，从我国工业发展来看，自改革开放以来，我国经济快速增长，制造了大量的电子产品，各种包括造纸、化工等各种含有 PCBs 来源的工业大量出现，大量变压器油存在管理不善，城市生活污水和工业废水大量排入河流和湖泊，大辽河柱状沉积物中 PCBs 的增长与中国经济的快速发展是一致的。此外，我国自 20 世纪 80 年代后期以来开始了大规模的土地利用过程，土壤和植被中的 PCBs 不断转入河流，因此，大辽河柱状沉积物中 PCBs 从 20 cm 深度到表层显现出较快的增长趋势也可能与土壤和植被的输入有关。

图 5-12 给出了不同柱状沉积物中各 PCBs 同系物的相对百分组成。从图中可以明显看出，沉积柱主要是以 5 ~ 6 氯和 7 ~ 10 氯为主要部分，3 ~ 4 氯的百分含量很小。研究表明 PCBs 主要来源于 PCBs 制品（如变压器油等）、焚化炉和有机氯氯化的工艺过程，如造纸漂白和油墨工艺等。一般造纸漂白和焚化炉等排放的 PCBs 以低氯为主，变压器油以 5 ~ 6 氯为主（李灵军等，1993）。又有研究表明高氯代 PCBs 主要来源于工业排放和城市废水的排放（Hong et al.，2005），且高氯代多氯联苯主要来源于近源排放（Ashley and Baker，

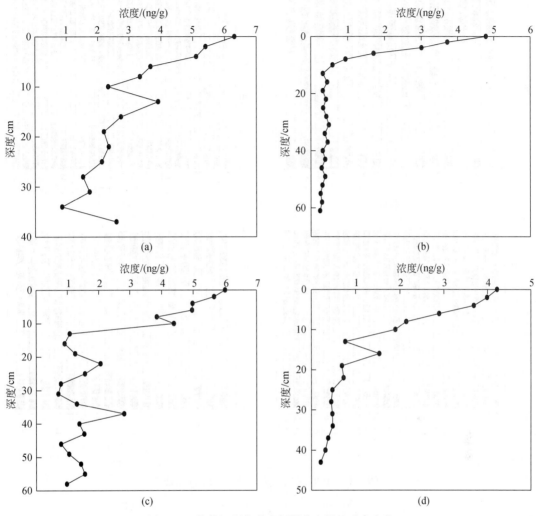

图 5-11　柱状沉积物中多氯联苯含量的垂直变化

1999)。因此，该水域柱状沉积物中多氯联苯主要来源于变压器油、油漆、工业废水和生活污水的混合污染。该研究结果与辽东湾营口河口表层沉积物中多氯联苯的来源一致。

　　大辽河柱状沉积物中 PCBs 含量的变化与沉积物中 TOC 含量变化的关系如图 5-13 所示，可以看到，柱状沉积物 A 的 TOC 显著地影响了 PCBs 的分布（$r=0.56$，$P<0.05$），极好的相关性同样出现在沉积物 B（$r=0.84$，$P<0.0001$）、沉积物 C（$r=0.62$，$P<0.01$）以及沉积物 D（$r=0.69$，$P<0.01$），因此可以认为沉积物的 TOC 是影响其 PCBs 分布的主要因素。

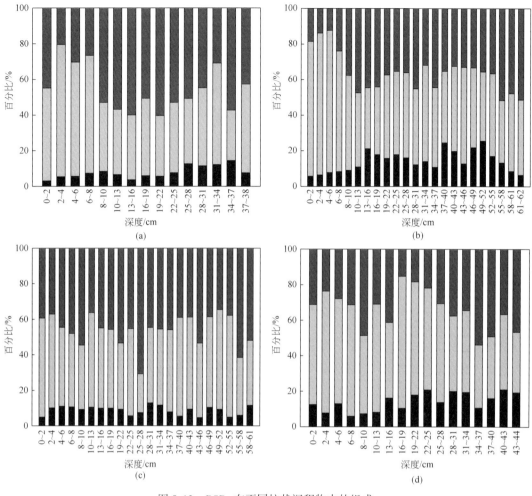

图 5-12 PCBs 在不同柱状沉积物中的组成

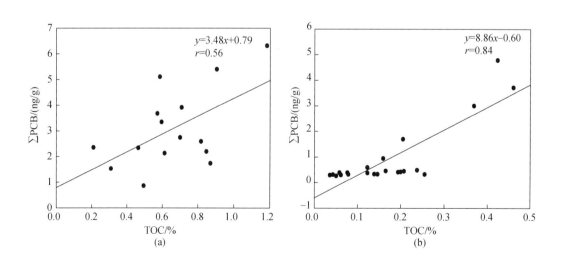

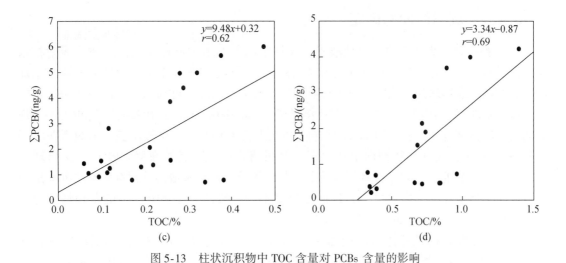

图 5-13　柱状沉积物中 TOC 含量对 PCBs 含量的影响

5.4　辽东湾营口河口多环芳烃的污染沉积记录

柱状沉积物的污染状况可以用来追溯排放到环境中的污染物的变化、能源的使用和经济发展的关系。河口沉积物柱状样的污染状况可以用来研究河口区域人为活动对环境的影响。PAHs 作为持久性有机污染物在环境中是普遍存在的。由于 PAHs 在环境中普遍存在，对生物具有较强的毒性、致癌性和致突变性，越来越多的研究集中在 PAHs 的环境行为上。PAHs 主要来源于化石燃料的不完全燃烧，因此它们在环境中的排放与人类活动息息相关。沉积物的沉积研究显示 PAHs 在柱状样中浓度的变化与能源消耗和工业化之间有很好的相关度（Lima et al.，2003）。PAHs 进入环境主要有两种途径，一种是煤、化石燃料和木材等的不完全燃烧（高热来源），另一种是大气沉降、石油泄露以及污水排放过程中进入环境的各种石油源（石油源）。沉积物中柱状样中 PAHs 的轻重组分的比例、特定 PAHs 之间的比例可以用于源解析（Lipiatou and Saliot，1991）。另外，主成分分析（PCA）作为一种降维的统计方法，可以将原来众多具有一定相关性，重新组合成一组新的互相无关的综合指标来代替原来的指标（Simpson et al.，1996）。主成分分析也可以用于 PAHs 的源解析。

大辽河流域的 3 个主要的支流浑河、太子河和大辽河是中国东北地区重要的工业基地，有以沈阳为中心的包括本溪、辽阳、鞍山、营口、铁岭和盘锦的中部城市群。改革开放以来，该区域经济的快速发展对辽东湾营口河口及其周边区域造成了严重污染。不过还很少有报道辽东湾营口河口柱状样 PAHs 污染的数据。由于柱状样的研究可以提供过去污染输入的记录，所以有必要在辽东湾营口河口研究沉积物柱状样中开展 PAHs 的历史污染特征的研究。

5.4.1　沉积时间的确定

^{137}Cs 是一种人为产生的放射性核素。大气中的 ^{137}Cs 主要随降水进入水体，吸附在水中悬浮微粒上，随悬浮物一起沉降到水底沉积物上，并逐年累积下来。1963 ~ 1964 年全球散落高峰期在北半球的沉积物中成为重要的计年标志。因此，可利用柱状沉积物中产生的一个可辨别的 ^{137}Cs 沉降峰，作为一个计年时标（van Metre et al.，1997）。自 1963 年大规模的大气层核试验停止后，20 世纪 70 年代初又进行了几次大气层核试验，因两者在时间上相隔约 10 年，在沉积物剖面上产生了一个可辨别的 ^{37}Cs 沉降峰值。1986 年又出现一次 ^{137}Cs 沉降峰，它是切尔诺贝利核事故的产物。因此，核试验散落核素有明确的沉降量的时序分布，反映在沉积物中的 ^{137}Cs 剖面也有基本的一致性。可利用 ^{137}Cs 的蓄积峰位置来计算沉积物沉积时间（Lima et al.，2003）。

本书采用配备高纯锗探头的能谱仪（BE5030，CANBERRA）测定柱状样 A 和 B 的 ^{137}Cs 活性。^{137}Cs 浓度根据 662keV 谱峰面积直接求算。^{137}Cs 的最低检测值为 0.2 pCi/g。

柱状样 A 和 B 的 ^{137}Cs 活性的峰值都在 30cm 左右，对应 1963 年的计年坐标。利用这一计年坐标和采样的 2007 年，可以计算出平均沉积速率。利用这一沉积速率可以推算出每一层代表的年份。通过计算得到，两个柱状样的沉积速率约为 0.67cm/a。这两个柱状样显示了另外的沉积峰值，A 柱的峰值通过沉积速率推算，对应的为 1975 年的大气沉降峰，B 柱的峰值对应的是 1986 年的切尔诺贝利核事故的泄漏（图 5-14）。

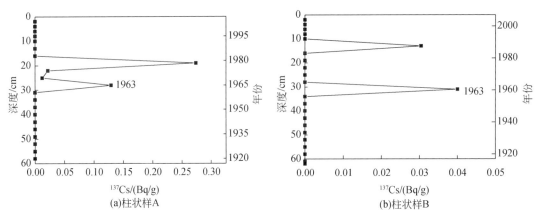

图 5-14　柱状样 A 和 B 的 ^{137}Cs 浓度和沉积物深度对应的大致年份

5.4.2　柱状样表层的多环芳烃浓度

柱状样表层沉积物（0 ~ 2 cm）可以代表当前沉积物的污染状况。A、B、C 和 D 4 个沉积物的表层沉积物的浓度为 1908.12 ~ 3322.50ng/g。4 个柱状样表层沉积物的浓度比之前监测的辽东湾营口河口的表层沉积物的浓度要高，不过接近于大辽河相同区域的表层沉积物的浓度（Men et al.，2009）。比较起来，柱状样的采样点接近于大辽河，而之前测定的辽东湾营口河口的表层沉积物离大辽河比较远。这说明 PAHs 从河口的中心到边界存在稀释作用。2009 年 7 月采集到的两个柱状样 Ya、Yb 的表层沉积物的浓度分别为 285.76ng/g 和 123.72ng/g，相对于 A、B、C 和 D 4 个沉积物的表层沉积物的浓度要低很多。Ya 和 Yb 距河口的距离比 A、B、C 和 D 4 个柱状样要近些，受到海水的稀释作用，因此 Ya 和 Yb 表层沉积物的浓度要比 A、B、C 和 D 4 个柱状样表层沉积物的浓度要低。

5.4.3　总多环芳烃和 TOC 浓度的垂直分布

A、B、C 和 D 4 个柱状样的 PAHs 和 TOC 浓度随深度的变化如图 5-15 所示。A 和 B 的 TOC 的浓度（<0.5%）要比 C 和 D 的低（>0.5%）。总 PAHs 的浓度和 TOC 没有明显的相关关系，但是 A 和 B 的 PAHs 浓度也比 C 和 D 的低，这点与 4 个柱状样的 TOC 相同。这说明虽然辽东湾营口河口中 PAHs 的浓度受到 TOC 的影响，但 TOC 不是影响 PAHs 在沉

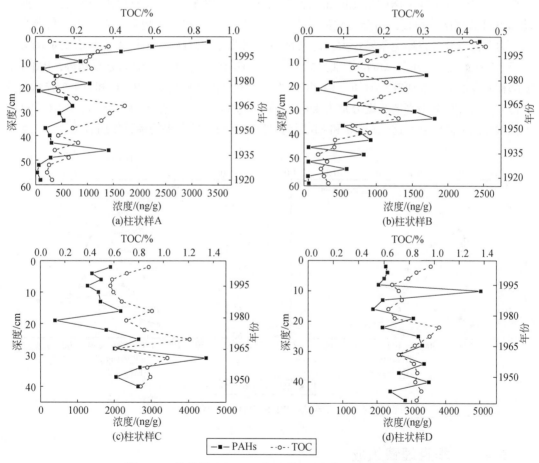

图 5-15　柱状样 A、B、C 和 D 的 PAHs 和 TOC 垂直分布

积物分配过程的单一因素。图 5-15 显示，1935 年以前工业化生产还未开始，PAHs 的浓度较低（<850 ng/g）。这段时期 PAHs 主要来源于木柴的燃烧和自然森林大火。而 1965～1975 年总 PAHs 的浓度有所降低，由于历史原因，当时排放入环境中的 PAHs 浓度比较低。

19 世纪 80 年代 PAHs 的浓度有一个比较大的增长，反映这段时间中国经济和城市化的快速发展，这与中国的改革开放密切相关。19 世纪末和 20 世纪初这段时间 PAHs 的浓度快速增长，显示这段时期辽东湾营口河口相关区域工业化和城市化的快速推进。尤其是柱状样 A 和 B 的表层沉积物的浓度达到 3322.50ng/g 和 2246.68 ng/g，要比工业前 PAHs 的浓度高出很多。

2009 年 7 月采集的两个柱状样 Ya、Yb 的 PAHs 和 TOC 浓度随深度的变化如图 5-16 所示。Ya 和 Yb 的整体污染相对 A、B、C 和 D 4 个柱状样要小得多，Ya 和 Yb 所处位置距离河口较远，除船舶污染之外，其他城市污染很少，污染相对较小。Ya 的 TOC 浓度整体上要比 Yb 的 TOC 浓度大，而且 Ya 的 PAHs 的浓度整体上也比 Yb 的高，因此，PAHs 的分布还是受到沉积物 TOC 的影响。不过 PAHs 浓度与 TOC 没有明显的相关关系。这两个柱状样的 PAHs 的浓度随深度变化的曲线各不相同。由于采样点距离营口港口较近，工业活动和港口活动比较频繁，污染变化波动大，因此两个柱状样虽然地理位置接近，但各自的水动力条件以及沉积环境差异较大，污染物的变化没有规律性。Ya 和 A 点具有类似的分布趋势，PAHs 浓度随柱芯深度的增加呈降低趋势。Yb 和 D 点具有类似的分布趋势，PAHs 浓度随柱芯深度的增加而螺旋增加。Ya 和 Yb 两个柱状样的浓度比 A、B、C 和 D 4 个柱状样要低得多。Ya 和 Yb 最高的浓度分别为 436.90 ng/g 和 361.62 ng/g，远远小于 A、B、C 和 D 4 个柱状样的最高浓度，这也跟 Ya 和 Yb 距离河口较远而受到海水的稀释作用有关。

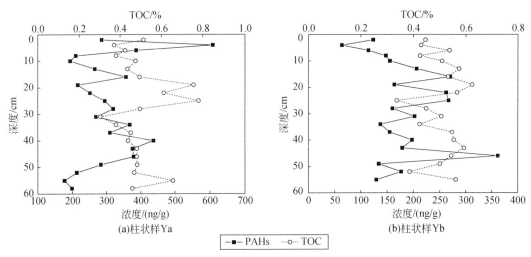

图 5-16　柱状样 Ya、Yb 的 PAHs 和 TOC 垂直分布

5.4.4　垂直埋藏组成

辽东湾营口河口柱状沉积物 A、B、C 和 D 中 PAHs 不同组分浓度随深度变化如图 5-17 所示。从图中可以看出 C 和 D 两个柱状样 3 环的 PAHs 最丰富。柱状样 A 和 B 在 1980～1990 年和工业化时代开始之前的时期是 2-环、3-环的最丰富。柱状样不同组分的浓度变化说明柱状样 A、B、C 和 D 中 PAHs 主要来自石油排放和化石燃料的不完全燃烧。

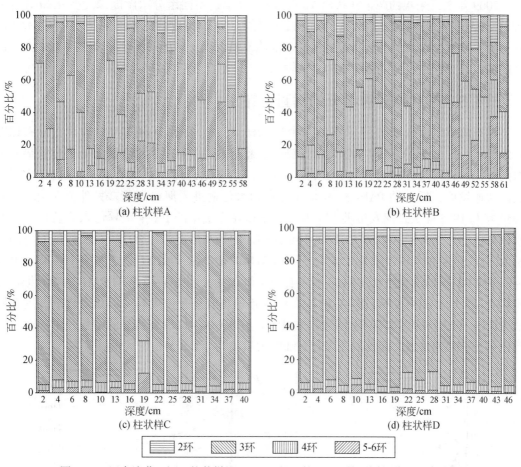

图 5-17　辽东湾营口河口柱状样 A、B、C 和 D 的 PAHs 的不同组分的垂直分布

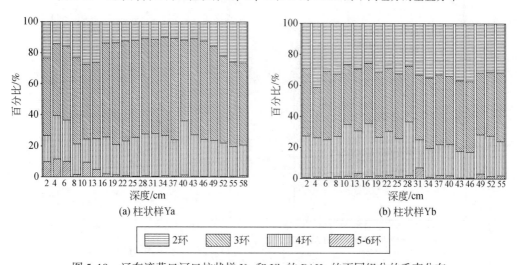

图 5-18　辽东湾营口河口柱状样 Ya 和 Yb 的 PAHs 的不同组分的垂直分布

2009 年 7 月采集的两个柱状样 Ya 和 Yb 中 PAHs 不同组分浓度随深度变化如图 5-18 所示。PAHs 组成 3 环的最丰富，4 环和 2 环次之。这表明高温裂解和石油产品通过大气沉降、废水排放、石油加工泄漏等过程进入水体不断沉积。二环萘比较丰富表明近期人类活动的输入，尤其是石油类污染物的直接输入。

5.4.5 柱状样轻重组分的垂直分布

辽东湾营口河口 2007 年采集的 4 个柱状样 A、B、C 和 D 轻重组分的垂直分布如图 5-19所示。2，3 环的 PAHs 随深度的污染变化趋势与总 PAHs 随深度的污染变化趋势有类似的规律。轻重组分都在 1935 年、1960 年和 1980 年附近都有一个峰值。这些时期中国的经济快速发展，低环的 PAHs 经过大气沉降和水传输进入河口环境。另外，在 1935 年、1953 年和 1975 年大辽河发生洪水，洪水将累积在土壤中的 PAHs 带入辽东湾营口河口的水体环境中。柱状样 A 和 B 中 4～6 环的 PAHs 的最高浓度都在表层，最高浓度对应的年份为 2005 年左右。柱状样 D 中 4～6 环的 PAHs 的最高浓度在 20 世纪 90 年代，而 C 中 4～6 环的 PAHs 的最高浓度在 1960 年左右。B 和 C 柱状样中 4～6 环的 PAHs 在 20 世纪 50 年代有一个明显的浓度峰，而 A 和 D 在相应年份也有一个浓度峰，但相对较弱。这个峰值可能与 1953 年的洪水有关。高组分的 PAHs 在 1990 年以后有明显的增长，中国改革开放以后经济快速发展，能源以及煤和石油的大量消耗导致 PAHs 的大量排放。

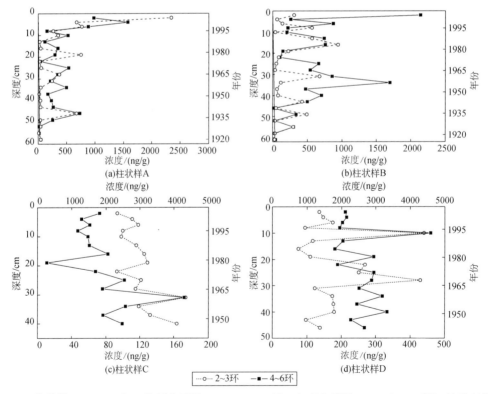

图 5-19 柱状样 A、B、C 和 D 的低分子量 PAHs（2～3 环）和高分子量 PAHs（4～6 环）的垂直分布

　　Ya 和 Yb 轻重组分的 PAHs 的垂直分布趋势与总 PAHs 的垂直分布趋势类似（图 5-20）。Ya 2~3 环和 4~6 环的浓度随深度有衰减的趋势，最大值都在 2~4cm，并在 13~16cm 有一个明显的浓度峰。Yb 柱状样 2~3 环和 4~6 环有 3 个峰值，分别在 13~16 cm、22~25 cm 和 43~46 cm 处。

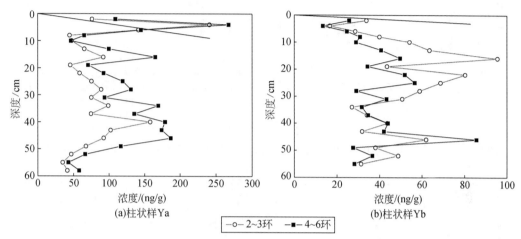

图 5-20　柱状样 Ya 和 Yb 的低分子量 PAHs（2~3 环）和高分子量 PAHs（4~6 环）的垂直分布

5.4.6　多环芳烃的来源分析

　　PAHs 主要来自于人为过程化石燃料的燃烧热解和石油类产品的排放。PAHs 的轻重组分的比例、特定 PAHs 之间的比例可以用来评价污染物的可能来源（Yunker et al.，2002）。为了研究辽东湾营口河口柱状样 PAHs 的来源，Phen/Ant 和 Fl/Pyr、InP/（InP + BgP）和 Fl/（Fl + Pyr）的比例关系被用于源解析。菲/蒽（Phen/Ant）小于 10 时是燃烧过程特征，大于 10 时是以石油或者成岩输入为主（Baumard et al.，1998）；Fl/Fl+Py 小于 0.4 来源于石油污染，大于 0.5 则主要源于木柴、煤燃烧，在 0.4~0.5 则表示石油及其精炼产品的燃烧来源，IcdP/IcdP + BghiP 小于 0.2 表明主要是石油排放污染，大于 0.5 则主要是木柴、煤燃烧污染，在此之间为石化燃料燃烧污染（Luo et al.，2004）。在本书研究过程中 Phen/Ant 和 Fl/Pyr、InP/（InP + BgP）和 Fl/（Fl + Pyr）的比例关系被用来更好地理解辽东湾营口河口 PAHs 的来源。根据图 5-21 可以看出辽东湾营口河口 A、B、C 和 D 的 PAHs 的来源为混合源，这与前面表层沉积物中 PAHs 的来源一致。

　　图 5-22 显示的是柱状样 Ya 和 Yb 的 Phen/Ant 和 Fl/Pyr、InP/（InP + BgP）和 Fl/（Fl + Pyr）的比例关系。根据 Phen/Ant 和 Fl/Pyr 的比例关系可以看出，Ya 和 Yb 的 PAHs 输入以石油和热解混合源为主，而 InP/（InP + BgP）和 Fl/（Fl + Pyr）的比例关系进一步证实了这一输入特征。

　　此外，主成分分析也被用于沉积物污染源的解析。A、B、C 和 D 4 个柱状样的前两个主成分的贡献率都超过 70%。柱状样 A 的第一主成分有 47% 的贡献率，Ace、Phe、Ant、Fl、BaA、Chr、BaP 和 BkF 都对第一主成分贡献很大（包括 2 个 3 环、4 个 4 环和 2 个 5

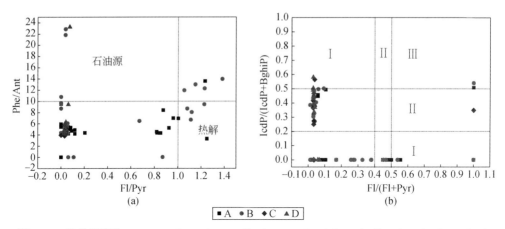

图 5-21 柱状沉积物 A、B、C 和 D Phe/Ant 和 Fl/Pyr、Fl/（Fl+Pyr）和 IcdP/（IcdP+BghiP）

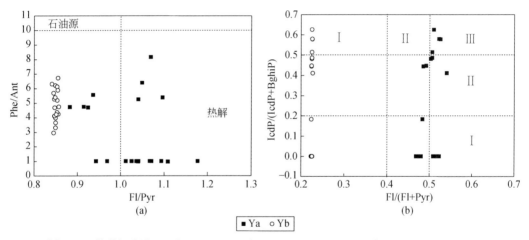

图 5-22 柱状沉积物 Ya 和 Yb Phe/Ant 和 Fl/Pyr、Fl/（Fl+Pyr）和 IcdP/（IcdP+BghiP）

环的 PAHs），这表明柱状样 A 的 PAHs 主要来自于石油类废水的排放和石油的高温热解。柱状样 A 的第一主成分在 0 ~ 6cm 都有比较高的载荷，这反映了 1998 ~ 2007 年这段期间 PAHs 的输入水环境的可能性。柱状样 B 的第一主成分有 55% 的贡献率，3 环、4 环和 5 环的 PAHs 都对第一主成分贡献很大，显示出柱状样 B 的 PAHs 主要来源于石油类的排放（3 环）和高温热解（4 环和 5 环）。柱状样 C 的第一主成分有 63% 的贡献率，除了 Nap、Ac 和 DahA 之外，其他的 PAHs 都有高的贡献，这说明柱状样 C 的 PAHs 是混合源。柱状样 D 的主成分分析结果与 C 类似，显示柱状样 D 的 PAHs 也是混合源。主成分分析结果分析 PAHs 的来源与 PAHs 轻重组分的比例关系所得到的结果是一致的（图 5-23）。

柱状样 Ya 和 Yb 的主成分分析的载荷图如图 5-24 所示。柱状样 Ya 和 Yb 的前两个主成分的贡献率都超过 78%。柱状样 Ya 的第一主成分的贡献率为 42%，Ac、Flu、Phe、Chr、Ace、BbF、BghiP 和 Nap 上有高的贡献，说明柱状样 Ya 以石油和热解混合源为主。另外，TOC 与 PAHs 相距较远，说明 TOC 对 PAHs 的分布影响不大。柱状样 Yb 的第一主成分的贡献率为73%，除了TOC和Nap的贡献较小外，其他PAHs的贡献率都比较大，从主成分分析的结果可以看出PAHs的污染是混合源，这也与PAHs轻重组分的比例关系分析所得到PAHs的来源的结果是一致的。

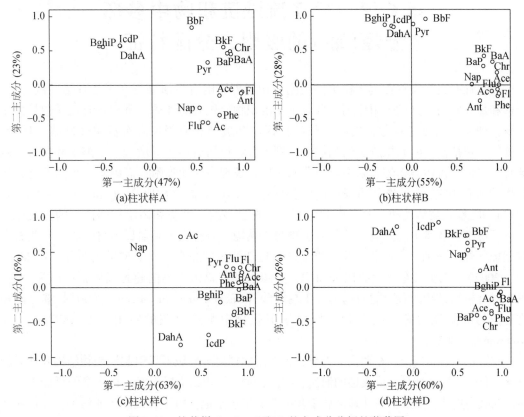

图 5-23　柱状样 A、B、C 和 D 的主成分分析的载荷图

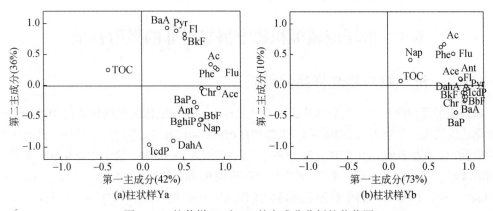

图 5-24　柱状样 Ya 和 Yb 的主成分分析的载荷图

第6章 松辽流域沉积物中多环芳烃(菲)的吸附、分配特征

疏水性有机污染物在沉积物中的吸附作用强烈影响有机污染物在天然环境中的分布、迁移和最终归宿。这种吸附作用主要取决于沉积物有机质的性质。沉积物有机质包括两个区域:橡胶态或无定型态有机质(软碳)区域和玻璃态或凝聚态有机质(硬碳)区域。软碳区域包括富里酸和橡胶态的胡敏酸,硬碳区域包括玻璃态胡敏酸、干酪根和黑炭。软碳对疏水性有机污染物的吸附主要是分配作用,表现为线性吸附;而硬碳对疏水性有机污染物的吸附包括分配作用和表面吸附作用,表现为非线性吸附(Huang and Weber,1997)。随着人类活动和工业污染的加剧,越来越多的由燃烧和高温加热产生的黑炭进入天然环境中。环境中的黑炭主要是由生物物质燃烧(森林火灾和居民木材燃烧)和化石燃料燃烧(煤、石油、交通和工业)形成的,包括烟灰型黑炭和木炭型黑炭两种(Reddy et al.,2002)。黑炭具有很大的比表面积,是疏水性有机污染物的超强吸附剂。研究显示,黑炭对有机污染物的吸附能力远远大于胡敏酸(Bucheli and Gustafsson,2000)。港口沉积物对芘的吸附能力和非线性程度取决于沉积物中黑炭对芘的吸附(Accardi-Dey and Gschwend,2002)。

我国水系分布广泛,东西南北差异很大,考虑到由于地域差异引起沉积物结构和性质的不同,我国不同区域具有代表性的河流、湖泊、水库沉积物中黑炭对有机污染物可能表现出不同的吸附规律。另外,东北地区属于我国的老工业基地,由于长期的工业污染,使得松辽流域沉积物有机质中黑炭含量可能较其他水系高。针对松辽流域的污染特点,研究该地区沉积物中黑炭(BC)对疏水性有机污染物的吸附作用对评价该区域有机污染具有重要意义。

6.1 松辽流域沉积物中黑炭对菲的吸附特征

6.1.1 沉积物和黑炭样品的性质

松辽流域沉积物和其中黑炭样品的性质见表6-1。10种原始沉积物样品的TOC和BC含量变化范围较大,分别为0.093%~4.39%和0.055%~0.76%。除S_{13}样品外,其他沉积物样品中BC含量占TOC的9.13%~38.50%,其平均值为21.60%。这个数值与原有文献中报道的值接近。已有研究表明,新英格兰港口沉积物中BC占TOC的3%~13%(Gustafsson and Gschwend,1998),法国湖泊沉积物中BC占TOC的5%~39%(Lim and Cachier,1996),海洋沉积物中BC占TOC的15%~30%(Middelburg et al.,1999),中国土壤/沉积物中BC占TOC的18.30%~41%(Song et al.,2002)。然而,S_{13}沉积物样品中BC占TOC

表 6-1　松辽流域沉积物和黑炭的主要性质

站点	河流	名称	经纬度	沉积物							黑炭		
				TOC/%	BC/%	BC/TOC/%	TOC/TON /(mol/mol)	SSA/(m²/g)	∑PAHs /(ng/g)*	Phen /(ng/g)*	C	(C/N) /%	SSA /(m²/g)
H_{01}	浑河	北杂木	41°59.637'N,124°27.621'E**	4.39±0.16**	0.40±0.049	9.13	23.50	—	1417.12	38.87	0.42	15.90	—
H_3		浑河大桥	41°42.658'N,123°18.281'E	3.14±0.14	0.30±0.043	9.51	22.90	4.62	842.65	10.33	0.31	13.70	28.60
D_3	大辽河	营口渡口	40°40.987'N,122°12.201'E	0.57±0.004	0.21±0.043	37.40	22.80	7.88	953.88	12.33	0.14	26.50	24.60
T_4		峨嵋村	41°15.085'N,123°15.723'E	3.79±0.14	0.54±0.048	14.30	25.60	—	1892.84	67.87	0.56	18.20	—
T_5	太子河	下王家	41°20.559'N,123°08.412'E	0.94±0.057	0.32±0.052	33.50	21.50	—	973.34	19.16	0.33	34.60	—
T_6		沙河大桥	41°21.369'N,122°51.936'E	0.77±0.085	0.13±0.009	16.80	19.80	3.52	501.33	9.54	0.14	24.50	14.60
S_2		七家子	43°55.512'N,126°30.253'E	3.44±0.40	0.76±0.092	22.10	19.60	3.69	3215.72	108.09	0.74	32.10	19.60
S_{10}	松花江	肇源	45°29.439'N,124°59.510'E	1.10±0.055	0.15±0.04	13.20	20.10	9.49	52.85	1.28	0.15	18.40	17.10
S_{11}		三站	45°31.012'N,125°41.645'E	0.16±0.003	0.06±0.008	38.50	21.70	—	23.61	1.32	0.058	12.70	—
S_{13}		松花江大桥	45°45.430'N,126°35.035'E	0.093±0.016	0.055±0.009	59.50	15.40	1.21	43.41	1.08	0.049	10.30	7.12

*引自 Guo et al.,2007；**标准偏差,$n=3$；—表示未测定

的 59.50%，远远大于文献中报道的值。这主要是因为 S_{13} 样品位于松花江下游，位于上游的重油加工厂排放的含碳污水排放入松花江中，从而导致沉积物中黑炭含量增加。沉积物样品在 375℃下燃烧去除有机质后，得到的黑炭样品的 BET 比表面积较沉积物增加了 5.91 ~ 24 m^2/g。

沉积物中总 PAHs 和菲的浓度分别为 23.61 ~ 3215.7 ng/g 和 1.08 ~ 108.10 ng/g。图 6-1 为沉积物中 PAHs 浓度与 TOC 和 BC 含量的关系。沉积物中总 PAHs 浓度与 BC 含量具有很好的正相关关系（$R^2 = 0.959$，$P < 0.0001$），而与 TOC 含量的相关性不明显（$R^2 = 0.529$，$P > 0.01$）。这说明沉积物中 PAHs 的分布主要取决于沉积物中 BC 含量而不是 TOC 含量。另外，菲是一种典型的 PAHs，它在沉积物中的浓度与 BC 含量存在很好的正相关关系（$R^2 = 0.925$，$P < 0.0001$），而与 TOC 含量的相关性不明显（$R^2 = 0.495$，$P > 0.01$）。这表明黑炭在沉积物对菲的吸附过程中起着非常重要的作用。

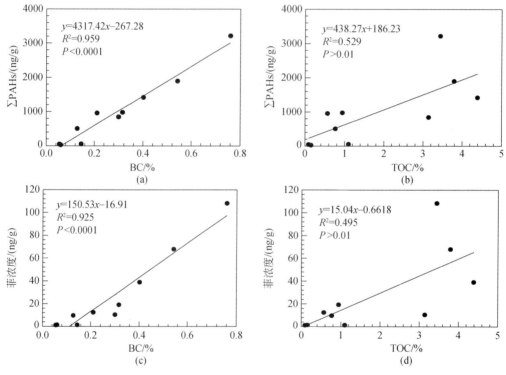

图 6-1 沉积物中总 PAHs 和菲浓度与 TOC 和 BC 含量的关系

6.1.2 沉积物和黑炭对菲的吸附等温线

沉积物和其中黑炭样品对菲的吸附等温线及 Freundlich 拟合参数如图 6-2 和表 6-2 所示。20 个样品对菲的吸附等温线均为非线性，并且很好地拟合了 Freundlich 方程（$R^2 > 0.980$）。原始沉积物样品的吸附非线性参数 n 值为 0.548 ~ 0.746，这与文献中报道的中国广州土壤/沉积物样品的 n 值（0.586 ~ 0.784）接近（Xiao et al.，2004）。然而，本书研

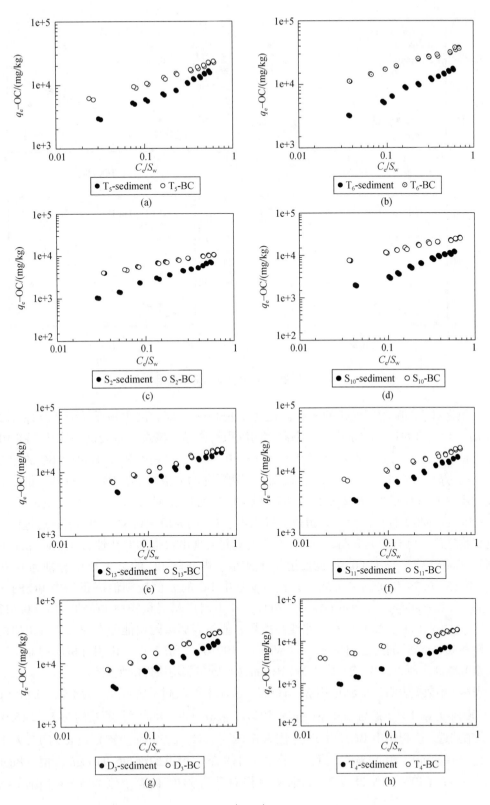

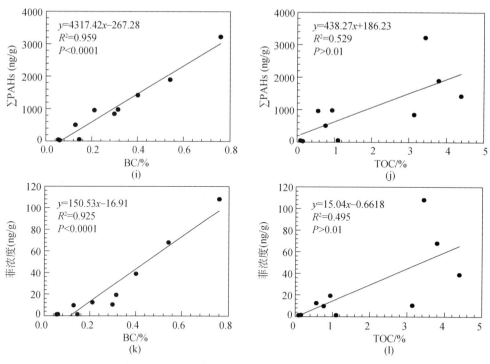

图 6-2　松辽流域沉积物和黑炭对菲的吸附等温线

究中沉积物对菲的吸附等温线的非线性程度较 USEPA 土壤和沉积物样品的非线性程度强（Huang et al.，1997），这是由于本书研究的沉积物样品中黑炭含量较高的缘故。在 10 种原始沉积物样品中，S_{13} 样品的非线性最强（$n = 0.548$），这是因为 S_{13} 样品中 BC 的相对含量最高的缘故（BC/TOC = 59.5%）。原始沉积物对菲的 n 值与 BC/TOC 含量具有很好的负相关关系（$R^2 = 0.687$，$P < 0.01$），说明黑炭在沉积物对菲吸附非线性中的重要性（图 6-3）。这种相关性以前没有报道过。沉积物中 BC 的 n 值为 0.342～0.505，远远低于原始沉积物样品。已有研究表明，纯 BC 对菲的吸附表现出很强的非线性（Nguyen and Ball，2006）。Cornelissen 等（2005）也报道了干酪根、煤灰和 BC 的 n 值范围分别为 0.39～0.76、0.55～0.79 和 0.24～0.58。并且，本书中 BC 的 n 值较湖泊沉积物中 BC 的 n 值（0.540）（Cornelissen and Gustafsson，2004）和中国广州沉积物中 BC 的 n 值（0.512～0.722）（Xiao et al.，2004）小。非线性指数 n 值与表面吸附位能分布和天然有机质的非均质性和成熟度密切相关（Huang and Weber，1997）。n 值越小，说明有机质的非均质性和成熟度越高。所以，BC 较原始沉积物样品含有更多非均质性的吸附位。

表 6-2 中数据表明，原始沉积物的有机碳（OC）标化吸附系数 $\log K_{FOC}$ 为 4.97～5.81 [μg/（kg·OC）]/（μg/L）^{n}，这与 Cornelissen 等（2004）报道的芬兰和荷兰沉积物的 $\log K_{FOC}$（5.03～5.40）值接近。沉积物中 BC 的 $\log K_{FOC}$ 值为 6.02～6.42 [μg/（kg·OC）]/（μg/L）^{n}，大于本书研究中原始沉积物的 $\log K_{FOC}$ 值，并且也大于文献中报道的纯 BC 的 $\log K_{FOC}$ 值。Bucheli 和 Gustafsson（2000）曾报道 NIST 烟灰标样对菲吸附的 $\log K_{FOC}$ 值为 5.68 [μg/（kg·

OC）]/（μg/L）^{n}。也有研究显示，煤、木炭和烟灰对菲的吸附参数 $\log K_{FOC}$ 值分别为 5.12 [μg/（kg·OC）]/（μg/L）^{n}、5.57 [μg/（kg·OC）]/（μg/L）^{n} 和 4.34~5.41 [μg/（kg·OC）]/（μg/L）^{n}（Kleineidam et al.，2002；Jonker and Koelmans，2002）。另外，本书中 BC 样品的 $\log K_{FOC}$ 值也大于 Cornelissen 和 Gustafsson（2004）报道的在 375℃ 下燃烧过的沉积物的 $\log K_{FOC}$ 值（5.62）。对于单一吸附剂–吸附质体系，由于吸附等温线的非线性，特定浓度下的有机碳标化吸附系数 K_{oc} 值随着浓度 C_e 的增大而减小。原始沉积物的 K_{oc} 值在 $C_e=0.05\ S_w$ 下为 18 783~85 737 mL/g，在 $C_e=0.5\ S_w$ 下为 7942~30 295 mL/g。K_{oc} 值的差异说明 SOM 的结构和化学性质的不同会影响它对菲的吸附能力。在给定 C_e 浓度下，BC 的 K_{oc} 值均大于原始沉积物的 K_{oc} 值，表明 BC 的吸附能力比原始沉积物要强。在 $C_e=0.05S_w$ 下，BC 的 K_{oc} 值为 70 756~199 417 mL/g，这大于 Xiao 等（2004）报道的中国广州沉积物中 BC 的 K_{oc} 值（21 783~33 303 mL/g），而小于 Ran 等（2007）中国土壤中 BC 的 K_{oc} 值（120 000~583 000 mL/g）。这说明不同来源的 BC 由于形成条件不同表现出不同的吸附行为。

表 6-2　松辽流域沉积物和黑炭对菲的 Freundlich 拟合参数

吸附剂		n	R^2	$\log K_{FOC}^{b}$	N^c	$K_{oc}/$（mL/g）		
						$C_e=0.05\ S_w$	$C_e=0.1\ S_w$	$C_e=0.5\ S_w$
原始沉积物	H_{01}	0.713 ± 0.020^a	0.995	5.00 ± 0.021	20	25 044	20 526	12 933
	H_3	0.626 ± 0.015	0.984	4.97 ± 0.033	30	18 783	14 495	7 942
	D_3	0.579 ± 0.014	0.991	5.67 ± 0.050	30	69 790	52 130	26 478
	T_4	0.687 ± 0.010	0.994	5.02 ± 0.054	20	23 626	19 018	11 492
	T_5	0.589 ± 0.013	0.986	5.57 ± 0.035	30	57 397	43 168	22 279
	T_6	0.608 ± 0.014	0.991	5.55 ± 0.042	30	59 775	45 537	24 211
	S_2	0.639 ± 0.016	0.992	5.08 ± 0.037	30	23 058	17 947	10 030
	S_{10}	0.746 ± 0.023	0.984	5.02 ± 0.043	30	30 103	25 243	16 773
	S_{11}	0.568 ± 0.016	0.990	5.62 ± 0.019	30	60 151	44 586	22 246
	S_{13}	0.548 ± 0.017	0.989	5.81 ± 0.029	30	85 737	62 685	30 295
黑炭	H_{01}	0.505 ± 0.005	0.989	6.04 ± 0.038	20	126 545	90 416	41 423
	H_3	0.342 ± 0.006	0.991	6.30 ± 0.040	30	117 982	74 756	25 913
	D_3	0.472 ± 0.007	0.996	6.16 ± 0.050	30	143 615	99 599	42 579
	T_4	0.442 ± 0.006	0.988	6.02 ± 0.027	20	91 625	62 235	25 352
	T_5	0.424 ± 0.010	0.989	6.17 ± 0.032	30	119 124	79 911	31 623
	T_6	0.403 ± 0.010	0.991	6.42 ± 0.036	30	199 417	131 858	50 461
	S_2	0.348 ± 0.006	0.993	6.07 ± 0.027	30	70 756	45 029	15 767
	S_{10}	0.414 ± 0.011	0.988	6.24 ± 0.029	30	136 366	90 845	35 375
	S_{11}	0.376 ± 0.004	0.988	6.28 ± 0.034	20	127 906	82 994	30 401
	S_{13}	0.419 ± 0.009	0.993	6.15 ± 0.018	30	113 203	75 697	30 734

注：a 为标准偏差；b 中 $K_{FOC}=K_F/f_{OC}$，K_F 为 Freundlich 吸附系数，f_{OC} 为有机碳含量；c 为数据点

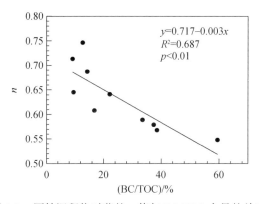

图 6-3　原始沉积物对菲的 n 值与 BC/TOC 含量的关系

6.1.3　黑炭对菲总吸附的贡献

沉积物中 BC 对菲总吸附的贡献率（δ）（图 6-4）可以用下式计算：

$$\delta = (K_{FBC} C_e^{n,\ bc} / K_{FOC} C_e^{n,\ oc}) BC/TOC \tag{6-1}$$

式中，K_{FBC} 表示黑炭标化的 K_F 值；K_{FOC}、n 和 BC/TOC 值见表 6-1 和表 6-2。

从图 6-4 可以看出，BC 对总吸附的贡献率随着浓度的增大而减小，这是吸附等温线的非线性所致的。对 D_3、S_{11} 和 S_{13} 样品，在整个浓度范围内，BC 对总吸附的贡献在 50% 以上。对于其他 7 种沉积物样品，在 $C_e = 0.05\ S_w$ 下，BC 占总吸附的 50% ~ 70%。在 10 种沉积物样品中，S_{13} 样品的 BC 对总吸附的贡献率最大，最高可大于 90%，这是因为 S_{13} 的 BC 相对含量最高（BC/TOC = 59.50%）的缘故。以上结果表明，BC 在沉积物对菲的总吸附中起非常重要作用。

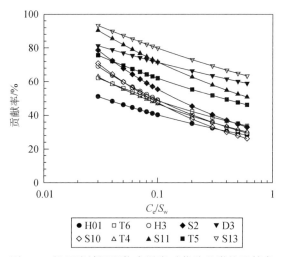

图 6-4　松辽流域沉积物中黑炭对菲总吸附的贡献率

从松辽流域 10 种沉积物中通过"CTO-375"方法提取 BC 样品，并测定了原始沉积物和 BC 对菲的吸附等温线。结果表明，松辽流域沉积物中 BC 占 TOC 的 9.13% ~ 59.5%，说明 BC 是该区域沉积物有机质的重要组成部分。原始沉积物和 BC 对菲的吸附等温线均为非线性的。原始沉积物的 n 值范围为 0.568 ~ 0.746，并且 n 值与 BC/TOC 含量具有很好的负相关关系（$R^2 = 0.687$，$P<0.01$），说明 BC 在沉积物对菲的非线性吸附中的重要性。与原始沉积物相比，BC 对菲的吸附表现出更强的非线性，n 值范围为 0.342 ~ 0.505，说明 BC 具有更高的非均质性和成熟度。原始沉积物和 BC 对菲的 $\log K_{FOC}$ 值分别为 4.97 ~ 5.81 $[\mu g/(kg \cdot OC)]/(\mu g/L)^n$ 和 6.02 ~ 6.42 $[\mu g/(kg \cdot OC)]/(\mu g/L)^n$。无论 C_e 在低或高浓度下，BC 对菲的吸附能力都大于原始沉积物。在 $C_e = 0.05 S_w$ 下，BC 对菲总吸附的贡献率为 50% ~ 87.3%。10 种沉积物中，S_{13} 样品的 BC 对总吸附的贡献率最高，这是 S_{13} 的 BC/TOC 含量高所导致。以上结果表明，松辽流域由于长期的工业污染使得该区域沉积物中 BC 含量较高。沉积物有机质中的 BC 对疏水性有机污染物（HOCs）具有很高的吸附量，从而在很大程度上影响有机污染物在沉积物中的迁移和最终归宿。

6.2 中国典型水系沉积物中黑炭对菲的吸附特征

6.2.1 沉积物和黑炭样品的性质

中国不同区域沉积物和其中黑炭的主要理化性质见表 6-3。由于地域差异，7 种典型水系沉积物的性质差别很大，pH、CEC、TOC 和 BC 含量的变化范围分别为 5.56 ~ 8.73、5.94 ~ 24.3 cmol/kg、0.25% ~ 3.14% 和 0.063% ~ 0.49%。BC 占 TOC 的 8.57% ~ 27.60%，平均值为 20%，该值略小于松辽流域沉积物的 BC 相对含量。在 7 种沉积物中，黄河、长江和珠江沉积物中 BC 的相对含量较高，均在 25% 以上，而渭河沉积物中 BC 的相对含量最低。黑炭样品中 C 的相对含量为 71.10% ~ 82.30%，远远大于原始沉积物的 C 含量。原始沉积物和黑炭样品的比表面积分别为 3.33 ~ 18.8 m²/g 和 5.46 ~ 27.90 m²/g，其中太湖沉积物和黑炭的比表面积最大。原始沉积物在 375℃ 下燃烧后，比表面积增加了 2.13 ~ 10.10 m²/g，从而可能使样品对有机污染物的吸附能力增大。

6.2.2 沉积物和黑炭对菲的吸附等温线

中国典型水系沉积物和其中的黑炭对菲的吸附等温线如图 6-5 所示。14 个样品对菲的吸附等温线均表现出非线性，Freundlich 方程对吸附数据具有很好的拟合效果，拟合参数见表 6-4。7 种原始沉积物的 n 值为 0.622 ~ 0.884，该值与前面报道的松辽流域沉积物的 n 值接近。黑炭的 n' 值为 0.476 ~ 0.610，远小于原始沉积物的 n 值，这与 Xiao 等（2004）报道的黑炭的 n 值接近。7 种沉积物的黑炭中，浏阳河的黑炭对菲的吸附表现出最强的非线性。与松辽流域沉积物中黑炭对菲吸附的 n 值（0.342 ~ 0.505）比较，中国其他区域典型水系沉积物中黑炭对菲的 n 值较大，说明松辽流域沉积物中黑炭较其他地区黑炭的非均质性更强。

表 6-3　中国典型水系沉积物和黑炭的主要性质

站点	经纬度	沉积物								黑炭		
		pH	CEC /(cmol/kg)	TOC /%	BC /%	TON /%	TOC/TON /(mol/mol)	BC/TOC/%	SSA/(m²/g)	C/%	C/N /(mol/mol)	SSA /(m²/g)
怀柔水库	40°18′52″N,116°36′52″E	8.73	10.20	0.538±0.138	0.090±0.011	0.013±0.004	49.10	16.70	4.56	75.00	18.00	14.70
黄河	34°28′16″N,113°14′42″E	8.68	7.92	0.254±0.038	0.070±0.003	0.012±0.005	25.80	27.60	3.76	77.80	31.60	8.33
渭河	34°22′36″N,107°08′27″E	8.35	5.94	0.653±0.034	0.054±0.004	0.017±0.006	45.00	8.57	3.33	82.30	29.00	5.46
太湖	31°41′15″N,120°18′75″E	5.56	24.30	3.141±0.075	0.483±0.022	0.225±0.035	16.30	15.40	18.80	78.70	17.60	27.90
长江	30°19′51″N,114°06′50″E	7.39	13.70	0.944±0.042	0.254±0.004	0.039±0.003	28.50	26.90	7.22	74.50	20.30	16.10
浏阳河	28°10′37″N,113°04′46″E	5.63	11.00	1.128±0.031	0.223±0.034	0.078±0.022	16.90	19.80	13.10	71.10	10.90	18.50
珠江	23°06′30″N, 113°18′30″E	7.41	15.50	1.948±0.079	0.494±0.025	0.062±0.015	36.60	25.40	10.70	75.50	33.00	15.40

数据表明（表6-4），7种原始沉积物的$\log K_{FOC}$为$4.67 \sim 5.27$ $[\mu g/(kg \cdot OC)]/(\mu g/L)^n$，这与松辽流域沉积物的$\log K_{FOC}$值接近。沉积物中黑炭的$\log K_{FOC}$值为$5.55 \sim 6.02$ $[\mu g/(kg \cdot OC)]/(\mu g/L)^n$，该值与文献中报道的纯黑炭的$\log K_{FOC}$值接近（Bucheli and Gustafsson, 2000），但是小于松辽流域沉积物中黑炭的$\log K_{FOC}$值（$6.02 \sim 6.42$）。由于n值的差异，$\log K_{FOC}$的单位不同，所以不能仅仅从比较$\log K_{FOC}$值的大小来比较吸附剂的吸附能力。所以表6-4中列出了给定浓度下的有机碳标化吸附系数K_{oc}的值。K_{oc}值随着浓度C_e的增大而减小，这是吸附等温线的非线性所致。在$C_e = 0.05\,S_w$下，原始沉积物的K_{oc}值为$19\,492 \sim 33\,029$ mL/g，平均值为$26\,191$ mL/g。无论C_e是在高或低浓度下，黑炭的K_{oc}值均大于原始沉积物的K_{oc}值，说明黑炭对菲的吸附能力更强。黑炭的K_{oc}值在$C_e = 0.05\,S_w$下为$59\,555 \sim 125\,271$ mL/g，在$C_e = 0.50\,S_w$下为$23\,170 \sim 42\,496$ mL/g，该值小于Nguyen等（2004）报道的烟灰的K_{oc}值（$500\,000 \sim 1\,000\,000$ mL/g），并且与松辽流域沉积物中黑炭的K_{oc}值也存在差异。低浓度下，7种沉积物的黑炭对菲的吸附能力的大小顺序为：太湖>渭河>怀柔水库>浏阳河>珠江>长江>黄河。由于不同区域污染水平和黑炭形成条件的差异，仅用纯黑炭对有机污染物的吸附参数不能准确地预测特定区域沉积物中黑炭对有机污染物的吸附行为。

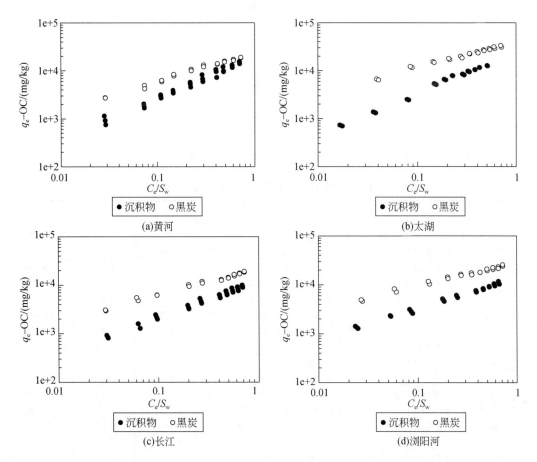

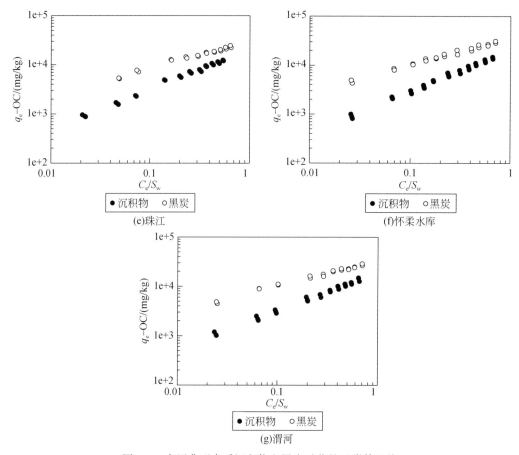

图 6-5　中国典型水系沉积物和黑炭对菲的吸附等温线

表 6-4　中国典型水系沉积物和黑炭对菲的 Freundlich 拟合参数

吸附剂		n	R^2	$f_{oc}/\%$	$\log K_{FOC}$	样点数	$K_{oc}/$ （mL/g）		
							$C_e = 0.05\ S_w$	$C_e = 0.10\ S_w$	$C_e = 0.50\ S_w$
沉积物	怀柔水库	0.850±0.018	0.990	0.538	4.76±0.035	33	24 661	22 218	17 439
	黄河	0.876±0.020	0.981	0.254	4.67±0.025	30	22 175	20 347	16 663
	渭河	0.783±0.012	0.989	0.653	4.93±0.021	30	28 133	24 203	17 065
	太湖	0.884±0.010	0.992	3.141	4.76±0.037	33	28 113	25 932	21 499
	长江	0.757±0.023	0.985	0.944	4.81±0.034	30	19 492	16 473	11 144
	浏阳河	0.622±0.014	0.992	1.128	5.27±0.042	30	33 029	25 412	13 826
	珠江	0.814±0.019	0.992	1.948	4.87±0.029	33	27 731	24 384	18 087
黑炭	怀柔水库	0.556±0.007	0.986	0.106	5.89±0.036	22	106 127	78 013	38 179
	黄河	0.610±0.011	0.988	0.081	5.55±0.050	20	59 555	45 448	24 262
	渭河	0.509±0.009	0.988	0.069	5.99±0.041	20	111 289	79 186	35 930
	太湖	0.531±0.011	0.984	0.598	6.01±0.039	22	125 271	90 473	42 496
	长江	0.541±0.008	0.988	0.313	5.71±0.030	20	66 670	48 501	23 170
	浏阳河	0.476±0.010	0.985	0.249	6.02±0.040	22	105 436	73 345	31 578
	珠江	0.547±0.008	0.980	0.566	5.83±0.048	20	89 567	65 431	31 561

6.2.3 黑炭对菲总吸附的贡献

图 6-6 为中国典型水系沉积物中黑炭对菲总吸附的贡献率。从图中可以看出，黑炭对菲在沉积物上的总吸附的贡献率随着浓度的升高而减小，这是吸附等温线的非线性所致。由于渭河沉积物有机质中黑炭相对含量最低（8.57%），该沉积物中黑炭对菲总吸附的贡献率最低，在整个浓度范围内小于 40%。对于其他沉积物样品，在 $C_e = 0.05 S_w$ 下，黑炭的贡献率为 63% ~ 92%。在 7 种典型水系沉积物中，长江、珠江和黄河沉积物中黑炭对菲总吸附的贡献率较高，最高可大于 80%，这是由于这些沉积物有机质中黑炭的相对含量较高的缘故。

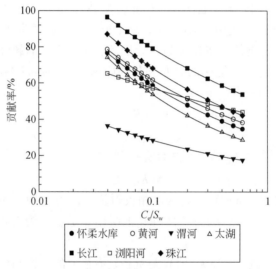

图 6-6　中国典型水系沉积物中黑炭对菲总吸附的贡献率

从上面的研究可知，中国典型水系沉积物中黑炭占 TOC 的 8.57% ~ 27.6%，平均值为 20%，该值略小于松辽流域沉积物的黑炭相对含量。原始沉积物和黑炭对菲的吸附等温线均为非线性，但是黑炭的 n 值（0.476 ~ 0.610）小于原始沉积物的 n 值（0.622 ~ 0.884）。并且在给定 C_e 下，黑炭的 K_{oc} 值大于原始沉积物的 K_{oc} 值，说明与原始沉积物相比，黑炭对菲的吸附非线性和吸附能力更强。与中国其他区域沉积物中的黑炭相比，松辽流域沉积物中的黑炭对菲的吸附表现出更强的非线性，说明该区域黑炭具有更多非均质性的吸附位。中国 7 种典型水系沉积物中黑炭的 $\log K_{FOC}$ 值为 5.55 ~ 6.02 $[\mu g/(kg \cdot OC)]/(\mu g/L)^n$，这略小于松辽流域沉积物中黑炭的 $\log K_{FOC}$ 值（6.02 ~ 6.42）。7 种沉积物的黑炭中，太湖的黑炭对菲的吸附能力最大，而黄河的黑炭对菲的吸附能力最小。在 7 种典型水系沉积物中，渭河沉积物中黑炭对菲总吸附的贡献率较低，这是由于该沉积物中黑炭相对含量低的缘故。而长江、珠江和黄河沉积物由于其黑炭相对含量较高（>25%），这 3 种沉积物的黑炭对总吸附的贡献率可高达 80%。说明沉积物有机质中黑炭所占的比例在很大程度上影响着黑炭对总吸附的贡献率。上述结论表明，不同来源的黑炭对有机污染物表现出不同的吸附规律，包括吸附的非线性和吸附能力，所以不能简单地用纯黑炭的吸附参数来预测特定区域的黑炭对有机污染物的吸附行为。

6.3 沉积物对菲的吸附非线性和吸附能力的预测模型

天然环境中的土壤/沉积物有机质支配着 HOCs 在环境中的迁移和归宿。沉积物有机质包括两个区域：橡胶态或无定型态有机质（软碳）区域和玻璃态或凝聚态有机质（硬碳）区域。软碳区域包括富里酸和橡胶态的胡敏酸，硬碳区域包括玻璃态胡敏酸、干酪根和黑炭（Huang and Weber，1997）。与胡敏酸相比，一些含碳物质如木炭、烟灰、煤和干酪根由于具有很大的比表面积，被认为是 HOCs 的超强吸附剂（Oh et al.，2008）。已有研究表明，凝聚态有机质包括干酪根、煤和黑炭占有机污染物总吸附的 90% 以上（Cornelissen et al.，2005）。此外，Lohmann 等（2005）报道海港沉积物中黑炭对 PAHs、PCBs 和 PCDDs 总吸附的贡献率在 80% 以上。因此，由于黑炭的超强吸附能力，它在很大程度上影响着有机污染物在环境中的分布和最终归宿。Freundlich 模型被广泛应用于描述土壤和沉积物对 HOCs 的吸附：

$$q_e = K_F \, C_e^n \tag{6-2}$$

$$q_e = f_{oc} K_{FOC} \, C_e^n \tag{6-3}$$

单一浓度下的吸附能力参数 K_{oc} 值由下式计算得到：

$$K_{oc} = K_{FOC} \, C_e^{n-1} \tag{6-4}$$

式中，C_e 为液相平衡浓度（mg/L）；q_e 为固相吸附量（μg/g）；K_F 为吸附能力参数［μg·kg^{-1}·OC^{-1}·（μg/L）$^{-n}$］；K_{FOC} 为有机碳标化的吸附系数；f_{oc} 为有机碳含量；n 为非线性指数。

HOCs 的吸附能力参数（n 和 K_{oc} 值）与沉积物有机质的结构和性质有关，如极性、芳香度、脂化度和 H/C 原子比，这些性质都取决于有机质的组分（胡敏酸和黑炭等）的结构。已有文献报道，n 值随着 H/C 原子比和脂化度的增大而增大（Trickovic et al.，2007），而随着芳香度和极性的增大而减小（Kang and Xing，2005）。另有研究表明，K_{oc} 值随着样品的芳香碳含量的增加而增大（Xu et al.，2006）。相反，Ran 等（2007）报道富含脂肪碳和高 H/C 原子比的有机质样品对菲的 K_{oc} 值更高。

以前的大量研究仅仅局限在对吸附参数和有机质性质的关系进行定性分析，关于通过有机质的性质预测 HOCs 吸附特征的研究未见报道。鉴于此，本章主要选择大辽河水系的一种沉积物样品（T$_3$），提取胡敏酸和黑炭，将胡敏酸和黑炭按照不同质量比例混合，得到人工合成的沉积物有机质样品。通过人工合成的沉积物有机质样品对菲的吸附实验，对吸附参数和有机质的性质进行定量分析，建立沉积物对菲的吸附参数的预测模型，以便更深入地探讨沉积物对 HOCs 的吸附规律。

6.3.1 人工合成沉积物有机质样品性质

1）元素组成

不同沉积物有机质样品的元素组成见表6-5。随着有机质样品中 BC/TOC 含量的增加，C 含量逐渐增加，为 50.80% ~ 78.20%；而 H、N、O 含量依次减小，分别为 5.50% ~ 3.44%、5.18% ~ 1.03%、35.20% ~ 13.70%。有机质样品的 H/C 和 O/C 原子比的范围分别为 0.53 ~ 1.29 和 0.13 ~ 0.52，这与文献中报道的数值接近（Song et al.，2002）。H/C 和 O/C 原子比的大小反映了有机质样品成熟度的高低。H/C 和 O/C 原子比越小，说明有机质样品的成熟度越高。另外，H/C 原子比越大，表明有机质样品具有高的脂化度（Kang and Xing，2005）。从表 6-5 可以看出，有机质样品的 H/C 和 O/C 原子比随着 BC/TOC含量的增加而减小。这说明有机质样品中黑炭含量越高，样品的成熟度越高。同时，有机质样品的极性也随着黑炭含量的升高而降低，表明样品中的极性基团逐渐减少。样品的灰分含量为 10.20% ~ 83.4%，其中 S9 样品的灰分含量最高，说明该样品中含有更多的矿物成分。

表6-5　沉积物有机质样品的元素组成

样品	BC/TOC/%	C/%	H/%	N/%	O/%	H/C[a]	O/C[a]	N+O/C[a]	灰分/%
S1	0	50.8	5.50	5.18	35.2	1.29	0.52	0.60	10.2
S2	2.88	51.7	5.46	5.10	34.8	1.28	0.51	0.59	18.1
S3	6.26	52.4	5.42	5.02	34.4	1.24	0.49	0.58	25.5
S4	15.1	53.8	5.17	4.65	32.3	1.17	0.46	0.53	38.8
S5	28.6	55.5	4.96	4.23	30.1	1.07	0.41	0.47	53.9
S6	38.4	59.3	4.93	4.00	29.2	1.00	0.37	0.43	62.5
S7	51.6	61.6	4.60	3.43	26.1	0.90	0.32	0.37	69.3
S8	70.6	67.0	4.20	2.62	21.9	0.75	0.24	0.28	76.8
S9	100	78.2	3.44	1.03	13.7	0.53	0.13	0.14	83.4

注：a 表示原子比

2）[13]C 固相核磁分析

沉积物有机质样品的[13]C 固相核磁分析结果如图 6-7 和表 6-6 所示。将 CPMAS ^{13}C-NMR 图谱按照化学位移分成 5 个部分：0 ~ 50 ppm[①] 为脂类碳，50 ~ 110 ppm 为烷氧基碳，110 ~ 165 ppm 为芳香族碳，165 ~ 190 ppm 为羧基碳，190 ~ 220 ppm 为羰基碳。其中 0 ~ 110 ppm 为脂肪碳区域，50 ~ 110 ppm 和 165 ~ 220 ppm 为极性碳区域，0 ~ 50 ppm 和 110 ~ 165 ppm 为非极性碳区域（Liang et al.，2006）。不同沉积物有机质样品中不同类型碳的分布差别较大。从图 6-7 中可以看出，S9 样品只在芳香碳区域有一个峰 123 ppm，而其他样品均在脂类碳区域有两个峰 23 ppm 和 30 ppm，在烷氧基碳区域有两个峰 55 ppm 和 72

①　1ppm＝1×10⁻⁶。

ppm，在芳香碳区域有一个峰 130 ppm，在羧基碳区域有一个峰 170 ppm。这说明 S9 样品的结构特征主要以芳香结构为主。表 6-6 中的数据表明，随着沉积物有机质样品中黑炭含量的增加，样品中脂肪碳的含量从 49.30% 减小到 23.10%，而芳香碳的含量从 33.60% 增大到 67.80%。有机质样品的脂化度为 0.34~1.47，大小顺序为：S1 > S2 > S3 > S4 > S5 > S6 >S7 >S8 >S9，这与 H/C 原子比减小的顺序一致。有机质样品中的羧基碳和羟基碳的含量分别为 9.10%~15.30% 和 0.03%~1.80%。以上结果表明，黑炭含量高的有机质样品含有更多的芳香结构。沉积物有机质样品（图 6-8）的极性参数 [（N+O）/C] 与 ^{13}C-NMR 谱图中不同类型碳的含量存在一定的关系。有机质样品的极性参数 [（N+O）/C] 和极性碳含量存在很好的正相关关系（$P<0.001$）。

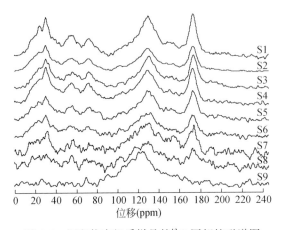

图 6-7　沉积物有机质样品的 ^{13}C 固相核磁谱图

表 6-6　CP/MAS ^{13}C NMR 谱图中各共振峰的相对含量

样品	脂类碳 0~50 ppm	烷氧基碳 50~110 ppm	芳香族碳 110~165 ppm	羧基碳 165~190 ppm	羰基碳 190~220 ppm	极性碳[a]	脂肪碳[b]	脂化度[c]
S1	28.50	20.80	33.60	15.30	1.80	37.90	49.30	1.47
S2	28.00	19.70	35.10	14.90	2.30	36.90	47.70	1.36
S3	26.10	20.80	36.00	14.40	2.70	37.90	46.90	1.30
S4	26.00	20.50	36.50	14.80	2.20	37.50	46.50	1.27
S5	25.00	20.10	39.40	12.80	2.70	35.60	45.10	1.15
S6	22.30	19.10	43.40	13.10	2.10	34.30	41.40	0.95
S7	16.70	19.30	50.50	13.10	0.40	32.80	36.00	0.71
S8	17.20	13.80	54.80	14.10	0.10	28.00	31.00	0.56
S9	8.57	14.50	67.80	9.10	0.03	23.60	23.10	0.34

注：极性碳[a] 为 50~110 ppm 和 165~220 ppm 区域；脂肪碳[b] 为 0~110 ppm 区域；脂化度[c] =（0~110 ppm）/（110~165 ppm）（Kang and Xing, 2005）

3）傅里叶红外光谱分析

沉积物有机质样品的傅里叶红外光谱分析可以为 ^{13}C 固相核磁分析提供有益的补充，

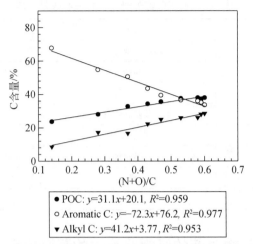

图 6-8　沉积物有机质样品的极性和极性碳、芳香碳、脂类碳含量的关系

可以定性地说明样品中官能团的差异，谱图如图 6-9 所示，谱带的解析见表 6-7。9 种沉积物有机质样品具有类似的结构组成，但是吸收峰的强度差别较大。不同有机质样品在 3400 cm^{-1} 处均有缔合羟基的 O-H 伸缩振动吸收。随着有机质样品中黑炭含量的增加，脂肪烃的 C-H 伸缩振动吸收峰（2925 cm^{-1}、2850 cm^{-1}）减弱，而芳香烃的 C=C 伸缩振动吸收峰（1640 cm^{-1}）增强。这说明有机质样品的黑炭含量越高，其脂肪结构减少，结构特征主要以芳香结构为主，这与样品的 ^{13}C 固相核磁分析结果一致。酮、羧酸及芳香脂中的 C=O 伸缩振动吸收峰（1725 cm^{-1}）、羧酸官能团的 C-O 伸缩振动和 O-H 变形振动吸收峰（1260 cm^{-1}）以及羟基的 O-H 变形振动吸收峰（1030 cm^{-1}）均随有机质样品中黑炭含量的增加而减弱。样品在 540~640 cm^{-1} 处的吸收峰代表矿物组分，其中 S1 样品在该处的吸收峰最弱，由于 S1 样品中灰分含量最低的缘故，这与元素组成特征分析结果一致。

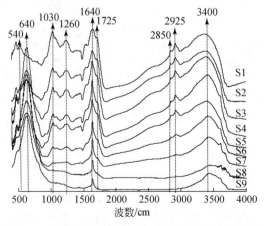

图 6-9　沉积物有机质样品的傅里叶红外光谱谱图

表 6-7 傅里叶红外光谱的特征吸收带归属

吸收带位置 /cm	官能团	谱带的归属
~3400	酚羟基或醇羟基	缔合羟基的 O-H 伸缩振动
~2930	脂肪烃	烃类的 C-H 不对称伸缩振动
~2850	脂肪烃	烃类的 C-H 对称伸缩振动
~1720	羧基和羰基	羧基和羰基的 C=O 伸缩振动
~1640	芳香基团	芳烃的 C=C 伸缩振动
~1400, 1460	脂肪烃	烷烃、支链烷烃的 C-H 变形振动
~1250	羧基	羧基的 C-O 伸缩振动和 O-H 变形振动
1000~1100	羟基	羟基的 O-H 变形振动

6.3.2 天然沉积物对菲的吸附非线性的预测模型

1) 菲的吸附非线性参数 n 值与沉积物有机质性质的关系

沉积物有机质样品对菲的吸附等温线如图 6-10 所示，Freundlich 方程对吸附数据的拟合效果很好，拟合参数见表 6-8。数据表明，随着有机质样品中黑炭相对含量的增加，菲的 n 值从 0.866 减小到 0.444。吸附非线性的增加是由有机质样品中黑炭对菲的吸附造成的。已有文献报道，木炭（$n=0.39\sim0.53$）、柴油烟灰（$n=0.41$）和己烷烟灰（$n=0.52$）对菲的吸附表现出很强的非线性（James et al.，2005；Nguyen et al.，2007）。吸附非线性参数 n 值与沉积物有机质的吸附位能的分布、玻璃态或凝聚态有机质含量以及有机质的成熟度有关。n 值越小，说明沉积物有机质的非均质性越强，含有的凝聚态结构越多，成熟度也越高。

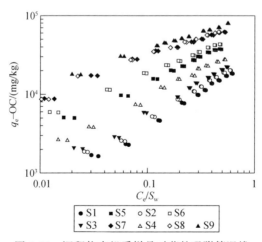

图 6-10 沉积物有机质样品对菲的吸附等温线

菲的吸附非线性参数 n 值和有机质样品性质的关系如图 6-11 所示。已有文献报道，n 值随着样品的 H/C 原子比和脂化度的增大而增大（Trickovic et al.，2007）。在本书中，n

值和 H/C 原子比和脂化度的关系分别符合指数方程：$n = 0.403 + 0.005\exp$（$3.467 \times H/C$）和 $n = 0.379 + 0.032\exp$（$1.892 \times$脂化度）[图 6-11（a）和图 6-11（b）]。另外，菲的吸附非线性程度随着有机质样品中芳香碳含量的增加而增大，两者的关系可以用指数方程 $n = 0.444 + 37.1\exp$（$-0.132 f_{芳香碳}$）来描述 [图 6-11（c）]。以上结果表明，菲吸附的非线性程度主要取决于样品中芳香碳的含量。

表 6-8　沉积物有机质样品对菲的吸附非线性参数 n 值

样品	BC/TOC/%	$n_{实验值}$	$n_{预测值}$	误差/%	R^2	N^b
S1	0	0.866 ± 0.009^a	0.864	0.23	0.992	20
S2	2.88	0.825 ± 0.007	0.829	0.48	0.989	20
S3	6.26	0.786 ± 0.010	0.791	0.64	0.989	20
S4	15.1	0.701 ± 0.009	0.708	1.00	0.993	20
S5	28.6	0.641 ± 0.008	0.614	4.21	0.993	20
S6	38.4	0.561 ± 0.005	0.565	0.71	0.998	20
S7	51.6	0.499 ± 0.006	0.517	3.61	0.985	20
S8	70.6	0.471 ± 0.004	0.473	0.42	0.992	20
S9	100	0.444 ± 0.004	0.438	1.35	0.994	22

注：a 为标准偏差；b 为数据点

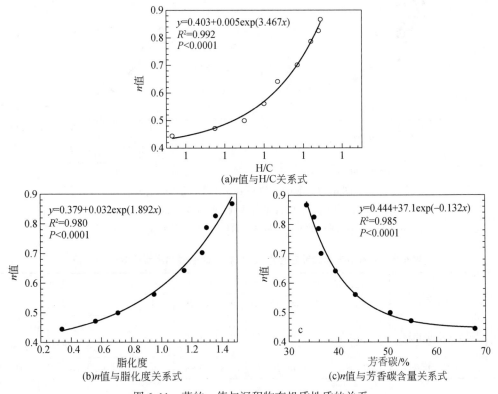

图 6-11　菲的 n 值与沉积物有机质性质的关系

2) 菲的吸附非线性的预测模型

为了更方便地通过有机质组成预测菲的吸附非线性，本书对 n 值与有机质中黑炭的相对含量的关系进行分析，结果如图 6-12（a）所示。随着有机质样品中黑炭相对含量的增加，菲的 n 值逐渐减小，两者的关系可以用指数模型：$n = 0.410 + 0.454\exp(-0.028$ BC/TOC)（$R^2 = 0.994$，$P < 0.0001$）来描述。通过检查文献中报道的 n 值是否落在该模型的 90% 置信区间内，来判断模型的实用性。表 6-9 列出了文献中报道的土壤/沉积物、胡敏酸和黑炭样品对菲吸附的 n 值，其范围分别为 $0.59 \sim 0.98$、$0.78 \sim 0.96$ 和 $0.39 \sim 0.60$。从图 6-12（a）可以看出，99 个数据点中，有 85% 的数据点落在该指数模型的 90% 置信区间内。这说明本书中得到的指数模型能够反映客观规律，可以用来预测天然沉积物对菲吸附的非线性参数 n 值。

通过对实验所得的 n 值和根据预测模型计算得到的 n 值进行比较来判断模型的准确度，分析结果如图 6-12（b）和表 6-8 所示。表 6-8 的数据表明，实验所得 n 值和预测所得 n 值之间的差别很小，误差小于 5%。同时，该模型对实验数据拟合效果很好，相关系数 $R^2 = 0.994$。总的来说，该指数模型对 n 值具有很好的预测结果，其准确度大于 95%。由于沉积物中的黑炭可以通过 375℃ 燃烧法定量，并且该方法可操作性很强，我们可以通过测定沉积物中黑炭的相对含量，根据前面得到的指数模型来预测沉积物对菲吸附的非线性参数。

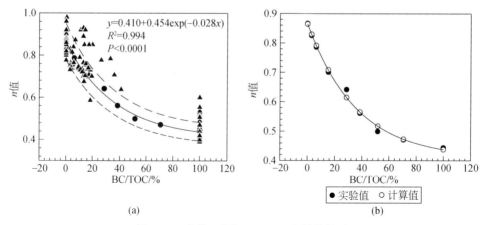

（a）　　　　　　　　　　　　　（b）

图 6-12　菲的 n 值与 BC/TOC 含量的关系

在图 6-12（a）中，实线代表拟合曲线；两条虚线之间的部分代表该模型的 90% 置信区间；
圆形点为实验所得 n 值；三角形点为表 6-9 中列出的文献中报道的 n 值

表 6-9　文献中报道的菲在土壤/沉积物、胡敏酸和黑炭中吸附的 n 值

	样品	黑炭定量方法	(BC/TOC) /%	n	N^*	参考文献
土壤和沉积物	珠江沉积物	CTO-375	$4.14 \sim 17.30$	$0.71 \sim 0.75$	5	Ran 等（2007）
	中国土壤/沉积物	化学法	$18.30 \sim 41.00$	$0.59 \sim 0.78$	4	Song 等（2002） Xiao 等（2004）
	芬兰和荷兰沉积物	CTO-375	$0.40 \sim 20.00$	$0.83 \sim 0.98$	6	Cornelissen 等（2004）

	样品	黑炭定量方法	(BC/TOC) /%	n	N^*	参考文献
土壤和沉积物	墨西哥海洋沉积物	化学法	13.10 ~ 26.40	0.68 ~ 0.78	5	Yu 等（2006）
	波士顿港湾沉积物	CTO-375	19.40	0.70	1	Lohmann 等（2005）
	EPA 土壤/沉积物	CTO-375	2.42 ~ 16.10	0.70 ~ 0.87	11	Accardi-dey 和 Gschwend（2003） Huang 等（1997）
	德国土壤	CTO-375	10.60 ~ 18.30	0.72 ~ 0.76	5	Yang 等（2008）
	中国土壤	CTO-375	5.50 ~ 17.30	0.74 ~ 0.92	7	Ran 等（2007） Liu 等（2008）
	中国黑土和红土	CTO-375	4.55 ~ 5.84	0.77 ~ 0.82	2	Luo 等（2008）
胡敏酸	中国泥炭土 HA	—	—	0.91	1	Wen 等（2007）
	马萨诸塞州土壤 HA	—	—	0.90 ~ 0.96	4	Kang 和 Xing（2005）
	中国和美国土壤 HA	—	—	0.78 ~ 0.87	6	Liang 等（2006）
	加拿大 HA	—	—	0.86 ~ 0.93	6	Xing（2001）
	爱尔兰沉积物 HA	—	—	0.90 ~ 0.92	2	Oren 和 Chefetz（2005）
	中国土壤 HA	—	—	0.80 ~ 0.92	12	Pan 等（2006）
	中国沉积物 HA	—	—	0.86 ~ 0.92	2	Sun 等（2008）
	中国砂壤土 HA	—	—	0.84	1	Chen 等（2007）
黑炭	烟灰	—	—	0.41 ~ 0.60	4	Nguyen 和 Ball（2006）
	木炭	—	—	0.39 ~ 0.53	6	James 等（2005） Nguyen 等（2007）
	纯黑炭	—	—	0.47	1	Xiao 等（2004）
	煤炭	—	—	0.42 ~ 0.47	3	Sun 和 Zhou（2008）
	湖泊沉积物中黑炭	—	—	0.54	1	Cornelissen 等（2005）
	土壤中黑炭	—	—	0.51 ~ 0.55	3	Ran 等（2007）
					99**	

＊为 n 值的数据点；＊＊为总数据点

6.3.3 天然沉积物对菲的吸附能力的预测模型

1）菲的吸附能力参数 K_{oc} 值与沉积物有机质性质的关系

菲的 K_{oc} 值与沉积物有机质性质的关系如图 6-13 所示。关于有机质中的脂肪碳还是芳香碳决定其对 HOCs 的吸附，目前还存在争议。例如，在油页岩和煤中发现的古老的、芳香碳含量高的有机质的 K_{oc} 值高于来源于表层土壤的年轻有机质（Grathwohl，1990）。另外，有研究表明，菲的 K_{oc} 值与有机质的芳香碳含量正相关，说明了芳香碳在吸附中的重要性（Xu et al.，2006）。相反，Kang 和 Xing（2005）曾报道土壤腐殖质的脂化度与菲的 K_{oc} 值具有正相关关系。

本书中，3 个浓度下的 $\log K_{oc}$ 值（$C_e = 0.05 S_w$、0.10S_w 和 0.50S_w）与有机质中芳香碳

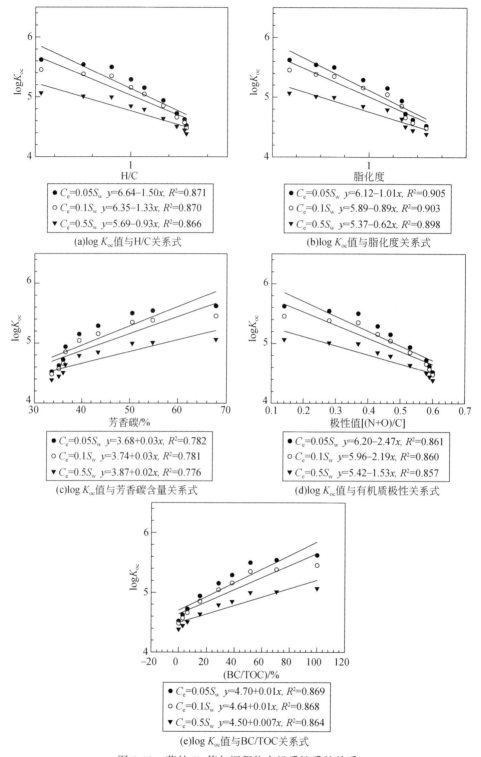

(a)log K_{oc}值与H/C关系式

C_e=0.05S_w y=6.64−1.50x, R^2=0.871
C_e=0.1S_w y=6.35−1.33x, R^2=0.870
C_e=0.5S_w y=5.69−0.93x, R^2=0.866

(b)log K_{oc}值与脂化度关系式

C_e=0.05S_w y=6.12−1.01x, R^2=0.905
C_e=0.1S_w y=5.89−0.89x, R^2=0.903
C_e=0.5S_w y=5.37−0.62x, R^2=0.898

(c)log K_{oc}值与芳香碳含量关系式

C_e=0.05S_w y=3.68+0.03x, R^2=0.782
C_e=0.1S_w y=3.74+0.03x, R^2=0.781
C_e=0.5S_w y=3.87+0.02x, R^2=0.776

(d)log K_{oc}值与有机质极性关系式

C_e=0.05S_w y=6.20−2.47x, R^2=0.861
C_e=0.1S_w y=5.96−2.19x, R^2=0.860
C_e=0.5S_w y=5.42−1.53x, R^2=0.857

(e)log K_{oc}值与BC/TOC关系式

C_e=0.05S_w y=4.70+0.01x, R^2=0.869
C_e=0.1S_w y=4.64+0.01x, R^2=0.868
C_e=0.5S_w y=4.50+0.007x, R^2=0.864

图 6-13 菲的 K_{oc} 值与沉积物有机质性质的关系

含量存在很好的正相关关系（$P<0.01$），揭示了芳香碳在菲吸附能力中的重要性。相反，菲的 $\log K_{oc}$ 值与有机质的 H/C 原子比和脂化度负相关（$P<0.001$）。另外，菲在不同浓度下的 $\log K_{oc}$ 值与有机质样品的极性存在正相关关系（$P<0.001$），这与文献中报道的结论是一致的（Chen et al.，1996）。因此，可以得出，具有高芳香碳含量或者低脂化度或者低 H/C 原子比的有机质样品对菲的吸附能力更强。此外，菲的 $\log K_{oc}$ 值与有机质中黑炭的相对含量显著正相关，表明黑炭在菲吸附中的支配作用。已有文献报道，土壤/沉积物对 HOCs 的吸附特征不是总能用线性吸收模型（$K_d = f_{oc} K_{oc}$）来预测，该模型假设所有的有机质都是均匀的（Cornelissen et al.，2004）。由于有机质是非均质性的，这种吸附预测差异主要是由于有机质中黑炭存在的缘故。

2) 菲的吸附能力的预测模型

由于天然沉积物对 HOCs 的吸附作用包括软碳对 HOCs 的吸收作用和硬碳对 HOCs 的表面吸附作用两个过程，本书根据 Accardi-dey 和 Gschwend（2003）的双元理论，提出了简化的沉积物对菲的双元吸附模型：

$$f_{oc} K_{oc} = f_{HA} K_{HA} + f_{BC} K_{FBC} C_e^{\,n_{bc}-1} \tag{6-5}$$

$$K_{oc} = (1 - f_{BC}/f_{oc}) K_{HA} + f_{BC}/f_{oc} K_{FBC} C_e^{\,n_{bc}-1} \tag{6-6}$$

式中，K_{oc} 为沉积物对菲的吸附能力参数；f_{oc} 为沉积物的总有机碳含量；f_{BC} 为沉积物的黑炭含量；n_{bc} 和 K_{FBC} 为黑炭对菲吸附的 n 值和 K_{FOC} 值；K_{HA} 为胡敏酸对菲吸附的 K_{oc} 值。该模型假设胡敏酸代表软碳部分，黑炭代表硬碳部分。

通过比较实验所得 K_{oc} 值和模型预测 K_{oc} 值来判断双元模型的准确度，结果如图 6-14 所示。该双元模型的准确度与样品中黑炭的相对含量和菲的浓度都有关（表 6-10）。当样品的 BC/TOC<15.10% 时，低浓度（$C_e = 0.05 S_w$）的数据点比高浓度（$C_e = 0.50 S_w$）的数据点更分散，在 $C_e = 0.05 S_w$ 时，误差为 9.06% ~ 14.5%。当样品的 BC/TOC>15.10% 时，高浓度时预测 K_{oc} 值和实验 K_{oc} 值的误差（4.02% ~ 20.70%）大于低浓度的误差（2.49% ~ 18.3%）。但是，总的来说，双元模型预测得到的 K_{oc} 值与实验所得 K_{oc} 值一致性较好，误差

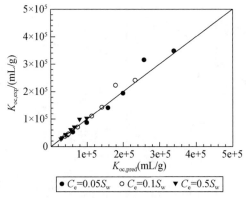

图 6-14　有机质样品对菲的实验 K_{oc} 值和双元模型预测 K_{oc} 值的关系

实线为 $y=x$ 直线

小于21%，说明该模型预测的准确度很高。因此，对于一个给定的区域，基于文献报道的 K_{HA}、K_{FBC}、n_{bc} 值和测定的 f_{BC} 和 f_{oc} 值，可以通过双元吸附模型来预测沉积物对菲的吸附能力参数 K_{oc} 值。

表 6-10　沉积物有机质样品对菲的吸附能力参数 K_{oc} 值

样品	f_{oc}/%	K_{FOC}	$K_{oc,实验值}$/（mL/g）			$K_{oc,预测值}$/（mL/g）		
			$C_e = 0.05S_w$	$C_e = 0.1S_w$	$C_e = 0.5S_w$	$C_e = 0.05S_w$	$C_e = 0.1S_w$	$C_e = 0.5S_w$
S1	45.70	28 619	33 144	30 204	24 345	—	—	—
S2	42.40	31 972	41 866	37 083	27 981	45 658	38 496	27 388
S3	39.00	35 823	52 722	45 454	32 210	60 355	48 233	30 962
S4	32.30	45 808	86 968	70 689	43 688	98 854	73 742	40 324
S5	25.60	62 309	141 589	110 398	61 949	157 506	112 603	54 587
S6	22.30	67 247	194 194	143 246	70 670	199 703	140 562	64 849
S7	18.90	90 767	315 613	223 018	99 576	257 740	179 016	78 962
S8	15.60	92 012	347 936	241 132	102 920	339 265	233 031	98 787
S9	12.20	101 959	418 031	284 339	116 201	—	—	—

6.3.4　模型的应用

为了进一步验证预测模型的适用性，将沉积物对菲的吸附非线性和吸附能力的预测模型应用于中国松辽流域沉积物中。选择 8 种具有代表性的沉积物，其 BC/TOC 含量为 8.77% ~ 59.5%。基于 f_{BC}、f_{oc}、K_{HA}、K_{FBC} 和 n_{bc} 值，采用指数模型：$n = 0.410 + 0.454\exp(-0.028\,BC/TOC)$ 和简化的双元吸附模型：$K_{oc} = (1 - f_{BC}/f_{oc})K_{HA} + f_{BC}/f_{oc}K_{FBC}C_e^{n_{bc}-1}$ 预测得到的 n 和 K_{oc} 值见表 6-11。通过比较实验所得 n 和 K_{oc} 值及预测的 n 和 K_{oc} 值，来判断模型预测的准确度，分析结果如图 6-15 所示。

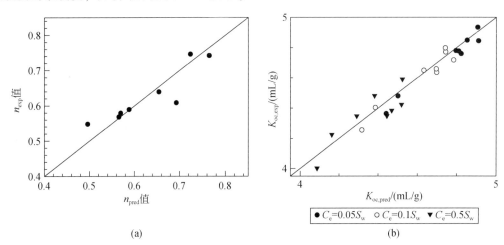

图 6-15　松辽流域沉积物对菲的实验所得 n 和 K_{oc} 值及模型预测的 n 值和 K_{oc} 值的关系

实线为 $y=x$ 直线

表6-11 松辽流域沉积物对菲的实验所得 n 和 K_{oc} 值及模型预测的 n 和 K_{oc} 值

样品	(BC/TOC)/%	n_{oc},实验值	n 预测值	误差/%	n_{bc}	K_{FBC}	$K_{oc,实验值}$/(mL/g) $C_e=0.05S_w$	$C_e=0.10S_w$	$C_e=0.50S_w$	$K_{oc,预测值}$/(mL/g) $C_e=0.05S_w$	$C_e=0.10S_w$	$C_e=0.50S_w$	误差/% $C_e=0.05S_w$	$C_e=0.10S_w$	$C_e=0.50S_w$
D₃ (大辽河水系)	37.40	0.579	0.569	1.67	0.472	38 093	69 790	52 130	26 478	81 320	60 915	33 198	16.50	16.80	24.90
T₃	8.77	0.742	0.765	3.12	0.444	101 959	70 433	58 899	38 885	71 287	55 477	33 438	1.21	5.81	14.00
T₅	33.50	0.589	0.588	0.22	0.424	27 365	57 397	43 168	22 279	66 497	49 908	27 991	15.90	15.60	25.00
T₆	16.80	0.608	0.693	14.0	0.403	43 043	59 775	45 537	24 211	64 721	49 688	29 650	8.27	9.11	21.70
T₃–HA	0	0.866	—	—	—	—	33 144	30 204	24 345	—	—	—	—	—	—
S₂ (松花江水系)	22.10	0.639	0.654	2.43	0.348	12 944	23 058	17 947	10 030	27 632	20 720	12 204	19.80	15.40	21.60
S₁₀	13.20	0.746	0.724	2.99	0.414	30 401	30 103	25 243	16 773	31 753	24 297	14 545	5.48	3.74	13.20
S₁₁	38.50	0.568	0.565	0.62	0.376	25 447	60 151	44 586	22 246	62 518	42 938	19 510	3.93	3.69	12.30
S₁₃	59.50	0.548	0.496	9.52	0.419	25 649	85 737	62 685	30 295	80 513	55 277	24 055	6.09	11.80	20.60
S₂–HA	0	0.901	—	—	—	—	13 539	12 641	10 779	—	—	—	—	—	—

表 6-11 和图 6-15 的数据表明，实验所得 n 值和预测的 n 值一致性很好，模型预测的准确度大于 85%。这充分说明了该指数预测模型的准确度和适用性。当菲的浓度 $C_e = 0.05S_w$ 时，K_{oc} 值预测的误差为 1.21% ~ 19.8%。当菲的浓度 $C_e = 0.50S_w$ 时，K_{oc} 值预测的误差增大到 12.3% ~ 25.0%。这说明模型预测的准确度与菲的浓度有关。但是，总的来说，简化的双元吸附模型对菲的 K_{oc} 值具有很好的预测效果，误差均小于 25%。因此，可以得到，沉积物对菲的吸附非线性参数 n 值和吸附能力参数 K_{oc} 值可以分别用前面提到的指数模型和简化的双元吸附模型来预测。

6.4 沉积物有机质的形成温度对菲吸附/解吸的影响

天然沉积物对菲的吸附/解吸特征主要取决于沉积物有机质。前面探讨了通过不同类型的沉积物有机质，包括胡敏酸和黑炭等，来预测菲的吸附特征。然而，由于天然沉积物中有机质的形成条件差别很大。例如，气候条件、燃烧条件、燃烧温度等，这些环境条件都会影响有机质的结构和性质，从而影响有机污染物在环境中的吸附/解吸规律，最终影响有机污染物在环境中的迁移和最终归宿。在有机质的形成过程中，频繁发生的森林火灾会影响沉积物中碳的埋藏。森林火灾的产生温度差别较大，如野外大火的产生温度为 280 ~ 500℃，草原大火的产生温度为 50 ~ 80℃，灌木丛大火的产生温度最高，为 700 ~ 1000℃。目前，有关不同温度形成的木炭对 HOCs 的吸附/解吸规律已有文献报道（James et al.，2005；Bornemann et al.，2007）。但是，有关天然沉积物有机质的形成温度对 HOCs 吸附/解吸的影响的研究较少。

选择大辽河水系的一种沉积物样品，按照实验方法得到不同温度形成的沉积物有机质样品，分析形成温度对有机质的结构和性质造成的差异，并通过不同温度形成的有机质样品对菲的吸附/解吸实验，探讨有机质的形成温度对菲的吸附非线性、吸附能力和解吸滞后性的影响。

6.4.1 不同燃烧温度形成的有机质样品的性质

1）元素组成

不同燃烧温度形成的沉积物有机质样品的元素组成见表 6-12。随着燃烧温度从 0℃ 升高到 400℃，有机质样品的 C 含量逐渐增大，为 61.80% ~ 84.60%，而 H、N、O 含量依次减小，分别为 5.69% ~ 2.26%、1.98% ~ 0.94%、17.50% ~ 12.80%。有机质样品的 H/C 和 O/C 原子比也随着形成温度的升高而减小。H/C 和 O/C 原子比的大小反映了有机质样品成熟度的高低。H/C 和 O/C 原子比越小，说明有机质样品的成熟度越高。因此，可以得到，高温下形成的有机质样品的成熟度高于低温下形成的有机质样品。此外，高 H/C 原子比值反映了有机质样品具有高的脂化度（Kang and Xing，2005）。T0 和 T175 样品的 H/C 原子比值较高，均大于 1，说明这两种样品中含有大量的原始有机残余物，如聚合体的 CH₂ 和脂肪酸、木质素和纤维素。而 T400 样品的 H/C 原子比值较低，为 0.32，说明该样品中含有更多的芳香结构。因此，可以得到，高温使有机质样品中的脂肪结构被燃烧掉，高温形成样品的结构特征以芳香结构为主。T375 样品为操作性定义的黑炭，它的 H/C 和 O/C 原子比值均较低，分别为 0.49 和 0.13，这与文献中报道的木炭的数值接近（Wang et al.，2006）。有机质样品的极性［(N+O)/C］随着形成温度的升高而减小，说明高温使样品中的极性基团被燃烧掉。样品的灰分含量为 52.90%~98.80%，并随着燃烧温度的升高而升高，这说明高温形成的样品含有更多的矿物成分。当燃烧温度升高到 500℃ 时，样品中的绝大部分有机质被燃烧掉，有机碳含量仅为 0.08%，绝大部分为矿物组分，有机质的结构也被破坏。

表 6-12　不同温度形成的沉积物有机质样品的元素组成

样品	f_{OC}/%	C/%	H/%	N/%	O/%	H/C*	O/C*	N+O/C*	灰分/%
T0	29.10	61.80	5.69	1.98	30.30	1.11	0.37	0.24	52.90
T175	24.20	64.90	5.55	1.61	27.20	1.03	0.31	0.21	62.70
T225	23.40	69.00	4.16	1.59	25.00	0.72	0.27	0.19	66.10
T275	20.60	71.50	3.92	1.49	22.50	0.66	0.24	0.18	71.20
T325	17.00	75.60	3.69	1.20	19.20	0.58	0.19	0.16	77.50
T375	12.20	81.30	3.33	1.07	14.30	0.49	0.13	0.14	85.00
T400	8.97	84.60	2.26	0.94	12.80	0.32	0.11	0.12	89.40
T500	0.08	—	—	—	—	—	—	—	98.80

*为原子比

2) ^{13}C 固相核磁分析

不同温度形成的沉积物有机质样品的 ^{13}C 固相核磁分析结果如图 6-16 和表 6-13 所示。不同温度形成的有机质样品中不同类型碳的分布差别较大。从图中可以看出，T0、T175、T225 和 T275 样品在脂类碳区域有两个峰——27 ppm 和 43 ppm，在烷氧基碳区域有两个峰——53 ppm 和 70 ppm，在芳香碳区域有一个峰——125 ppm，在羧基碳区域有一个峰

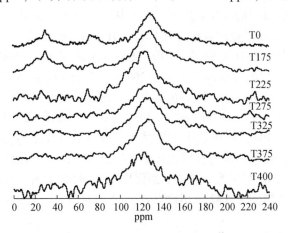

图 6-16　不同温度形成的沉积物有机质样品的 ^{13}C 固相核磁谱图

——170 ppm。而 T325、T375 和 T400 样品只在芳香碳区域有一个峰 123 ppm。这说明高温形成的有机质样品富含芳香碳，此结论与文献中关于不同温度形成的木炭结构的报道一致（Chen et al.，2008）。燃烧温度从 0℃升高到 400℃，有机质样品的脂肪碳含量从 40.40%降低到 13.60%，而芳香碳含量从 45.80%升高到 76.30%。此外，样品的脂化度随着形成温度的升高而减小，这与 H/C 原子比值的减小顺序一致。样品的羧基碳和羟基碳含量分别为 4.49% ~ 10.20% 和 0.03% ~ 4.51%。样品的极性碳含量随着形成温度的升高也存在降低趋势。因此，可以得到，低温形成有机质样品的结构特征以脂肪结构为主，而高温形成有机质样品的结构特征以芳香结构为主。以上结论与前面的元素组成分析结果是一致的。

表6-13　CP/MAS ^{13}C NMR 谱图中各共振峰的相对含量

样品	脂类碳 0 ~ 50ppm	烷氧基碳 50 ~ 110ppm	芳香族碳 110 ~ 165ppm	羧基碳 165 ~ 190ppm	羰基碳 190 ~ 220ppm	极性碳 a	脂肪碳 b	脂化度 c
T0	17.60	22.80	45.80	9.29	4.51	36.60	40.40	0.88
T175	15.30	18.90	52.00	10.20	3.60	32.70	34.20	0.66
T225	16.00	14.60	58.30	9.06	2.04	25.70	30.60	0.52
T275	10.90	17.60	60.40	7.57	3.57	28.70	28.50	0.47
T325	5.15	22.60	65.80	4.49	1.96	29.10	27.80	0.42
T375	8.57	14.50	67.80	9.10	0.03	23.60	23.10	0.34
T400	4.91	8.73	76.30	9.31	0.75	18.80	13.60	0.18

注：极性碳 a 为 50 ~ 110ppm 和 165 ~ 220ppm 区域；脂肪碳 b 为 0 ~ 110ppm 区域；脂化度 c =（0 ~ 110ppm）/（110 ~ 165 pm）

3）傅里叶红外光谱分析

有机质样品的傅里叶红外光谱分析可以为 ^{13}C 固相核磁分析提供有益的补充，可以定性地说明不同温度形成的有机质样品中官能团的差异，谱图如图 6-17 所示。有机质样品的特征吸收峰随着形成温度的变化而发生变化，从而揭示出样品结构的差别。不同温度形成的有机质样品在 3450 cm^{-1} 处均有缔合羟基的 O-H 伸缩振动吸收。2925 cm^{-1} 和 2850 cm^{-1} 处分别为甲基和亚甲基的 C-H 伸缩振动吸收（Santos and Duarte，1998）。1460 cm^{-1} 处为脂肪烃的 C-H 的变形振动吸收（Senesi et al.，2003）。在 1640 cm^{-1} 处存在芳香烃的 C=C 伸缩振动吸收（Niemeyer et al.，1992）。在 660 cm^{-1} 处的吸收峰代表样品中的矿物组分。样品的脂肪碳结构（2925 cm^{-1}、2850 cm^{-1} 和 1460 cm^{-1}）的强度随着形成温度的升高而减弱，当温度升高到 275℃时，彻底消失。样品芳香碳（1640 cm^{-1}）的强度明显高于脂肪碳。因此，可以得出，高温形成的有机质样品含脂肪碳少，而含更多的芳香碳结构，这与样品的 ^{13}C 固相核磁分析结果是一致的。当温度升高到 500℃时，样品中的大部分有机质被燃烧掉，其芳香碳结构的吸收峰（1640 cm^{-1}）变得非常弱，而矿物成分的吸收峰（660 cm^{-1}）显得较强。

4）扫描电镜分析

图 6-18 为不同温度形成的沉积物有机质样品的扫描电镜图。T0、T175、T225、T275

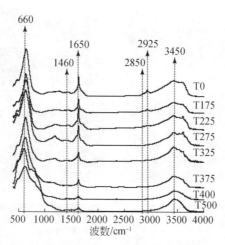

图6-17　不同温度形成的沉积物有机质样品的傅里叶红外光谱谱图

和T325样品的形态结构看不出明显的差别，都具有不规则形状和粗糙的表面，絮状和块状的有机质聚集在一起。而T375和T400样品具有明显的球状结构和孔状结构，这种独特的孔状结构使得样品具有较大的比表面积，从而使样品对有机污染物表现出很强的吸附能力。由于温度升高将有机质中的软碳部分燃烧掉，此时的有机质类型以硬碳为主。另外，T375样品的形态与Nguyen等（2004）报道的纯黑炭SRM 2975柴油烟灰的形态是相似的。当温度升高到500℃时，样品中的球状结构被破坏，出现杆状结构。

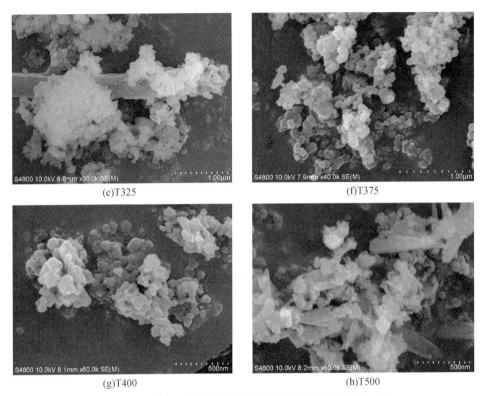

(e)T325   (f)T375

(g)T400   (h)T500

图 6-18　不同温度形成的沉积物有机质样品的扫描电镜图

6.4.2　有机质的形成温度对菲吸附/解吸特征的影响

1）有机质的形成温度对菲吸附特征的影响

图 6-19 为不同温度形成的沉积物有机质样品对菲的吸附/解吸等温线。利用 Freundlich 方程对实验数据进行了拟合，拟合效果很好，相关系数均大于 0.980，拟合参数见表 6-14。燃烧温度小于 500℃时，有机质形成温度的升高增加了菲的吸附非线性程度。当燃烧温度从 0℃升高到 400℃时，菲在沉积物有机质中的吸附非线性参数 n 值从 0.643 减小到 0.387。当燃烧温度升高到 500℃时，菲的线性程度反而增加，n 值增大到 0.706。这与有机质样品的结构有关，500℃的高温已经燃烧掉大部分有机质，样品的有机碳含量很低，同时也破坏了有机质的结构，此时，样品中的矿物成分对吸附的贡献增大，从而导致样品对菲的吸附非线性程度和吸附能力都降低。

菲的吸附能力参数 K_{oc} 值随着沉积物有机质形成温度的升高而增大。当燃烧温度从 0℃升高到 400℃时，菲的 K_{oc} 值（$C_e = 0.05$ mg/L）从 81 277 mL/g 增大到 814 266 mL/g，增加了近 10 倍。在 $C_e = 0.10$ mg/L 和 $C_e = 0.50$ mg/L 下，菲的 K_{oc} 值分别增到原来的 8.4 倍和 5.6 倍。这说明有机质形成温度的升高促进了菲的吸附。而在 500℃燃烧形成的有机质样品 T500 对菲在 $C_e = 0.05$ mg/L 下的 K_{oc} 值为 69 365 mL/g，远低于其他样品的 K_{oc} 值，表明 T500 样品对菲的吸附能力最弱，甚至小于 T0 样品。因此，可以得出，温度小于 500℃时，高温形成的有机

表 6-14 不同温度形成的沉积物有机质样品对菲吸附/解吸的 Freundlich 拟合参数

样品	吸附							解吸				
	n	R^2	N^a	K_{FOC}	$K_{oc}^c /(mL/g)$			n	K_{FOC}	N^a	R^2	HI^d
					$C_e=0.05$ mg·L^{-1}	$C_e=0.1$ mg·L^{-1}	$C_e=0.5$ mg·L^{-1}					
T0	0.643±0.005^b	0.998	20	27 893	81 277	63 460	35 725	0.365±0.004	22 488	12	0.986	0.57
T175	0.561±0.004	0.995	20	28 773	107 185	79 064	39 006	0.275±0.002	24 091	12	0.989	0.49
T225	0.521±0.005	0.985	20	29 423	12 356	88 652	41 009	0.219±0.003	24 406	12	0.980	0.42
T275	0.489±0.003	0.990	20	34 709	160 422	112 574	49 461	0.177±0.004	28 262	12	0.980	0.36
T325	0.460±0.006	0.989	20	63 429	319 777	219 933	92 225	0.143±0.003	49 653	12	0.981	0.31
T375	0.444±0.003	0.994	20	101 959	539 260	366 797	149 899	0.105±0.004	76 590	12	0.984	0.24
T400	0.387±0.004	0.993	20	129 788	814 266	532 396	198 503	0.074±0.002	90 357	12	0.984	0.19
T500	0.706±0.009	0.982	20	28 750	69 365	56 577	35 249	0.428±0.007	26 000	12	0.981	0.61

注：a 为数据点；b 为标准偏差；c K_{oc} 是单一浓度下的有机碳标化的分配系数 $K_{oc}=K_{FOC}\,C_e^{n-1}$；d HI 是解吸滞后指数

质样品对菲的非线性程度和吸附能力均大于低温形成的有机质样品。这种差异主要取决于有机质样品的结构和性质。

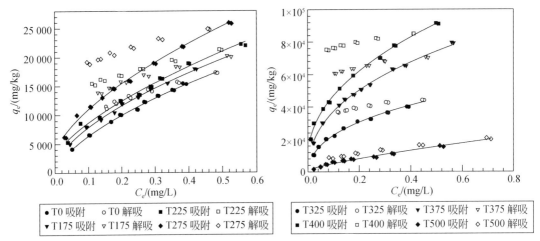

图 6-19　不同温度形成的沉积物有机质样品对菲的吸附/解吸等温线

2）有机质的形成温度对菲解吸滞后性的影响

沉积物有机质对菲的解吸滞后性可以用滞后指数（HI）来表示：

$$HI = n_{des}/n_{ads} \tag{6-7}$$

式中，n_{ads} 和 n_{des} 分别为吸附和解吸过程的非线性指数。滞后指数是吸附不可逆程度的量化指标。当 HI 接近 1 时，解吸速率和吸附速率接近，其吸附和解吸附等温线重合，说明吸附过程是可逆的；当 HI<1 时，解吸速率小于吸附速率，说明存在滞后作用，吸附过程是不可逆的。

不同温度形成的沉积物有机质样品对菲的解吸滞后指数见表 6-14。原始有机质样品 T0 对菲的解吸滞后指数 HI=0.57，说明吸附过程是完全不可逆的，并且不同形成温度强烈影响菲的解吸滞后性。温度小于 500℃时，有机质形成温度的升高增加了菲解吸的滞后性。当燃烧温度从 0℃升高到 400℃时，菲的滞后指数 HI 从 0.57 减小到 0.19。这说明菲更容易从低温形成的有机质样品表面解吸下来，进入到水相中。而高温形成的有机质样品由于其对菲的吸附能力和解吸滞后性都增加，从而不利于菲在环境中的迁移。当燃烧温度升高到 500℃时，滞后指数 HI 增加到 0.61，增加了菲的吸附可逆性。因此，可以得到，温度小于 500℃时，低温形成的有机质样品能够增加菲在沉积物中的迁移性，造成大面积的污染，菲也可以通过水体淋溶作用进入地下水，造成地下水的污染。然而，高温形成的有机质样品能够有效地将菲"固定"在沉积物上，成为污染物的聚集区。

3）菲的吸附/解吸参数与有机质样品性质的关系

图 6-20 为不同温度形成的沉积物有机质对菲的吸附/解吸参数与有机质性质的关系图。从图中可以看出，菲的吸附非线性因子 n 值与有机质样品的 H/C 原子比值和脂化度显著正相关（$P<0.0001$），而与芳香碳含量显著负相关（$P<0.0001$）。这表明有机质中的芳香碳含量越高，其对菲的吸附非线性越明显。在菲的 3 个不同浓度下，菲的吸附能力参

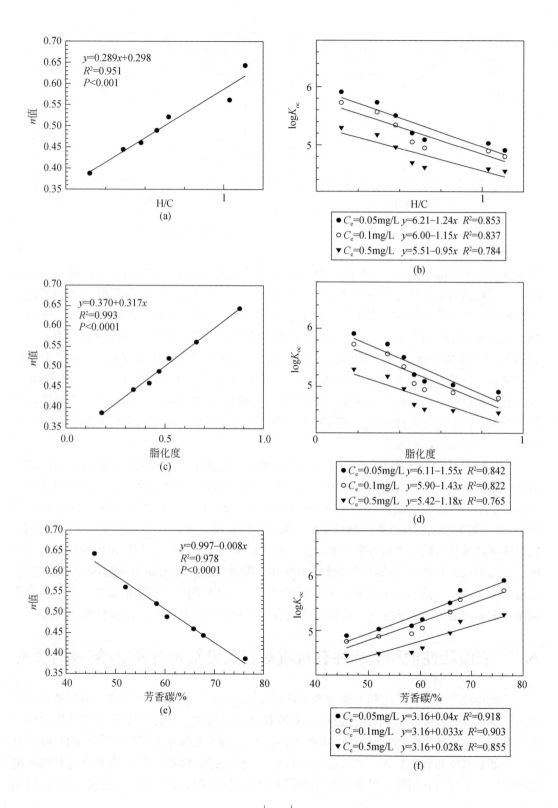

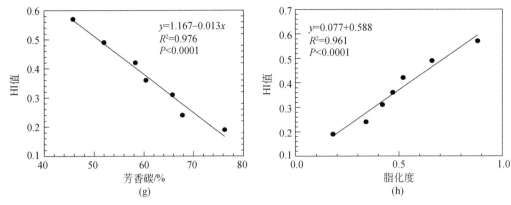

图 6-20 菲的吸附/解吸参数与有机质性质的关系

数 $\log K_{oc}$ 值与有机质样品的芳香碳含量存在很好的正相关关系（$P<0.01$），而与样品的 H/C 原子比值和脂化度也呈现显著的负相关关系（$P<0.01$）。这表明有机质中的芳香碳含量越高，其对菲的吸附能力越强。因此，可以得出，沉积物中富含芳香碳、低的 H/C 原子比值和脂化度的有机质对菲的吸附非线性和吸附能力都要强于沉积物中低芳香碳、高的 H/C 原子比值和脂化度的有机质。另外，菲的解吸滞后指数 HI 值与有机质中的芳香碳含量具有明显的负相关关系（$P<0.0001$），而与脂化度呈显著正相关关系（$P<0.0001$）。这表明有机质中的芳香碳含量越高，菲的解吸过程的滞后性越强，菲就越难从有机质表面解吸下来。以上结论充分揭示了沉积物有机质中的芳香结构支配菲的吸附非线性程度、吸附能力和解吸滞后性的大小。

不同温度形成的沉积物有机质样品的结构和性质差别很大。低温形成的有机质的结构特征以脂肪结构为主，而高温形成的有机质的结构特征以芳香结构为主，当燃烧温度升高到 500℃时，样品中的绝大部分有机质被燃烧掉，此时矿物为主要部分。当温度小于 500℃时，低温形成的有机质样品对菲的吸附非线性程度、吸附能力和解吸滞后性都较弱，此时菲更容易从有机质表面解吸下来，进入到水相中，从而有利于菲在环境中的迁移。然而，高温形成的有机质样品对菲的吸附非线性程度更明显，吸附能力和解吸滞后性更强，此时菲被"固定"在有机质表面，不容易解吸下来，可长期在沉积物中富集。以上结论有助于探索不同温度形成条件下，有机污染物在沉积物中的分布特征、迁移和最终归宿。

6.5　表面活性剂和溶解性有机质对菲在黑炭表面吸附/解吸的影响

人类排放的生活、医疗和工业污水中含有大量的表面活性剂和有机物，通过各种途径进入土壤/沉积物环境后，不仅会造成环境的有机复合污染，并且其中的表面活性剂对共存的有机污染物的吸附/解吸行为产生强烈的影响。同时土壤和沉积物中含有的溶解性有机质，如氨基酸和有机酸等，也会影响有机污染物的吸附/解吸特征，从而影响有机污染物的毒性、生物可利用性，以及在土壤和沉积物中的迁移和最终归宿。黑炭是土壤/沉积物有机质中"硬碳"的主要组成部分。黑炭对有机污染物的吸附能力是其他天然有机质吸附能力的 10 ~ 1000 倍（Accardi- Dey and Gschwend，2003；Cornelissen and Gustafsson，2004），黑炭在很大程度上影响着有机污染物在土壤/沉积物中的最终归宿（Cornelissen et al.，2005）。为此，有必要进一步研究表面活性剂和溶解性有机质对有机污染物在黑炭上吸附/解吸行为的影响。

表面活性剂是一类即使在很低浓度时也能显著降低界面张力的物质，其分子中同时具有亲水性基团和疏水性基团。表面活性剂的亲水基与水分子作用，使表面活性剂分子引入水相，而疏水基与水分子相排斥，与非极性或弱极性溶剂分子作用，使表面活性剂分子引入有机相。通常用亲水亲油平衡系数（hydrophile–lipophile balance number，HLB）来表示表面活性剂的亲水性。表面活性剂溶于水后，在溶液表面富集，当浓度达到和超过某值后，表面活性剂分子的疏水部分相互作用，在溶液中形成缔合物，这种缔合物称为胶束，胶束的中心形成了一个性质上不同于极性溶液的疏水假相。表面活性剂在溶液中形成胶束的最低浓度称为临界胶束浓度（critical micelle concentration，CMC）。表面活性剂对有机污染物在土壤/沉积物中吸附/解吸行为的影响主要包括两个方面：一方面，由于表面活性剂胶束和单体对有机物具有增溶作用，提高了有机污染物在水中的溶解度，从而降低了有机污染物在土壤/沉积物上的吸附量；另一方面，有机污染物可以分配到吸附在土壤/沉积物表面的表面活性剂分子中，从而增加了有机污染物的吸附量。

目前，有关表面活性剂对疏水性有机污染物在土壤/沉积物中吸附/解吸的影响报道较多。研究表明，直链烷基苯磺酸钠（LAS）能够抑制萘和菲在土壤表面的吸附，而低浓度的十六烷基三甲基溴化铵（CTAB）促进了萘和菲的吸附（Zhang et al.，2009）。CTAB 和十二烷基苯磺酸钠（SDBS）的存在都可以降低甲苯和莠去津在土壤和沉积物中的吸附（Tao et al.，2006）。非离子表面活性剂曲拉通 100（TX100）抑制了土壤对扑草净的吸附且促进了扑草净从土壤表面的解吸（Cao et al.，2008）。阴-非离子混合表面活性剂（SDS–TX100）较单一表面活性剂更利于菲从污染土壤中洗脱下来（Zhou and Zhu，2007）。而有关表面活性剂和溶解性有机质对疏水性有机污染物在黑炭表面吸附/解吸的影响尚未见报道。

鉴于此，本章选择了 3 种不同类型的表面活性剂：阳离子表面活性剂 CTAB、阴离子表面活性剂 SDBS 和非离子表面活性剂 TX100 和 3 种不同类型的溶解性有机质：小分子的氨基酸 L-苯丙氨酸、小分子有机酸柠檬酸和大分子的蛋白胨，探讨了它们对菲在黑炭表面吸附/解吸特征的影响。3 种表面活性剂的主要性质见表 6-15。

表6-15　3 种表面活性剂的主要性质

表面活性剂	分子式	分子量	CMC/（mg/L）	HLB	分子结构式
CTAB	$C_{19}H_{42}BrN$	364	335	15.8	

表面活性剂	分子式	分子量	CMC/（mg/L）	HLB	分子结构式
SDBS	$C_{18}H_{29}NaO_3S$	348	522	11.7	$CH_3(CH_2)_{10}CH_2--SO_2-ONa$
TX100	$C_8H_{17}C_6H_4O（OCH_2CH_2）_{9.5}H$	625	181	13.5	$C_8H_{17}--(OCH_2CH_2)_nOH$

6.5.1 表面活性剂对菲在黑炭表面吸附/解吸的影响

1）黑炭的表征

黑炭样品的傅里叶红外光谱（FTIR），^{13}C 固相核磁共振（NMR）和扫描电子显微镜（SEM）分析结果如图 6-21 所示。图 6-21（a）表明，黑炭样品在 3400 cm^{-1} 处出现了强而宽的缔合–OH 的伸缩振动。在 1640 cm^{-1} 处存在很强的芳香烃 C=C 骨架振动（Niemeyer et al.，1992），这代表了黑炭样品中的芳香基团。而黑炭样品中的脂肪基团（C–H）由于含量较低，在 2925 cm^{-1} 和 2850 cm^{-1} 处均未出现峰。在 1220 cm^{-1} 处有羧酸官能团的 C–O 伸缩振动和 O–H 变形振动。在 640 cm^{-1} 处的峰代表样品中残留的矿物组分。黑炭样品的 ^{13}C–NMR 谱图可分为 5 个结构带：脂肪碳（0~50 ppm）、烷氧基碳（50~110 ppm）、芳香碳（110~165 ppm）、羧基碳（165~190 ppm）和羰基碳（190~220 ppm）（Liang et al.，2006）。从图 6-21（b）可以看出，黑炭样品只在 125 ppm 处有一个强峰，说明样品具有很高的芳香碳含量（大约70%），该结果与 FTIR 光谱的分析结果是一致的。通过扫描电子显微镜对黑炭的形态进行了分析，结果表明，黑炭具有不规则形状、粗糙的表面和孔状结构，这主要是由于石油、煤炭和生物质的不完全燃烧形成的［图 6-21（c）和图 6-21（d）］。本书中黑炭样品的形态与 Nguyen 等（2004）报道的纯黑炭 SRM 2975 柴油烟灰的形态是相似的。黑炭的这种独特的孔状结构使得黑炭具有较大的比表面积，从而使黑炭对有机污染物表现出很强的吸附能力。

2）表面活性剂对菲吸附特征的影响

在 CTAB、SDBS 和 TX100 存在的情况下，菲在黑炭表面的吸附/解吸等温线如图 6-22 所示。Freundlich 方程对菲的吸附/解吸数据的拟合效果较好，拟合参数见表 6-16。CTAB、SDBS 和 TX100 的存在均增加了黑炭对菲吸附等温线的非线性程度。黑炭对菲的吸附机理主要是表面吸附和孔隙填充理论（James et al.，2005）。吸附非线性的增加表明吸附在黑炭上的表面活性剂增加了黑炭的非均质性和孔隙度。Nadeem 等（2008）曾报道用表面活性剂改性过的活性炭具有更大的比表面积、孔径和孔体积，使活性炭对有机污染物更具有亲和力，并可以给有机污染物提供更多的吸附位。不同类型的表面活性剂对菲在黑炭表面吸附/解吸的影响差别较大，这主要取决于它们的化学结构、临界胶束浓度和添加浓度。从图 6-22（a）可以看出，阳离子表面活性剂 CTAB 能够促进黑炭对菲的吸附，并且其吸附能力随着 CTAB 添加浓度的增大而增大。当 CTAB 的浓度从 0 mg/L 增加到 50mg/L、

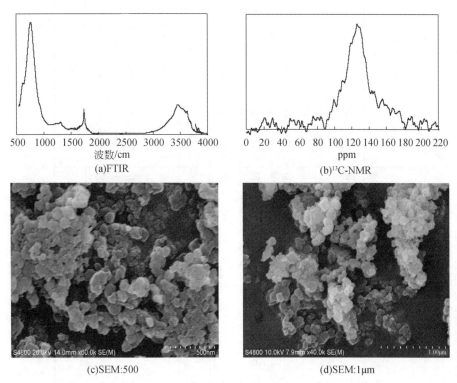

(a)FTIR

(b)¹³C-NMR

(c)SEM:500

(d)SEM:1μm

图 6-21　黑炭样品的表征

100mg/L 和 200mg/L 时，黑炭对菲的吸附能力参数 K_d 值（在 $C_e = 0.5$ mg/L 下）分别从 15 807mL/g 升高到 16 860mL/g、18 128mL/g 和 21 714mL/g。并且，K_d 值和 CTAB 浓度之间具有很好的正相关关系（$P < 0.01$）[图 6-23（a）]。与 CTAB 正好相反，阴离子表面活性剂 SDBS 的存在抑制了菲在黑炭表面的吸附 [图 6-22（b）]。当 SDBS 的浓度从 0 mg/L 增加到 50mg/L、100mg/L 和 200mg/L 时，K_d 值（在 $C_e = 0.50$ mg/L 下）分别从 15 807mL/g 降低到 14 146mL/g、13 378mL/g 和 11 867mL/g。K_d 值和 SDBS 浓度之间存在很好的负相关关系 [图 6-23（b）]，说明黑炭对菲的吸附能力随着 SDBS 添加浓度的增大而减小。与 CTAB 和 SDBS 不同，非离子表面活性剂 TX100 对黑炭吸附菲的影响主要取决于 TX100 的添加浓度 [图 6-22（c）]。在低 TX100 浓度（50 mg/L）下，TX100 能够促进菲在黑炭上的吸附，K_d 值（在 $C_e = 0.50$ mg/L 下）从 15 807mL/g 增大到 17 397 mL/g。随着 TX100 的浓度增加到 150mg/L 和 200 mg/L，TX100 对菲的吸附表现出抑制作用，K_d 值（在 $C_e = 0.5$ mg/L 下）分别降低到 14 065 mg/L 和 12 479 mg/L。

　　在菲、表面活性剂、黑炭和水共存的体系中，主要存在以下几种作用：①表面活性剂与菲在黑炭表面的竞争吸附作用；②表面活性剂在单体、胶束和半胶束（吸附在黑炭表面的单体）形态之间的平衡作用；③菲在表面活性剂单体和胶束中的分配作用（增溶作用）；④吸附在黑炭表面的半胶束对菲的吸附作用（Edwards et al., 1991；Jafvert, 1991）。黑炭对菲的吸附是这几种作用共同作用的结果。因此，CTAB、SDBS 和 TX100 对菲在黑炭表面吸附/解吸

表 6-16 CTAB,SDBS 和 TX100 存在下，菲在黑炭表面吸附/解吸的 Freundlich 拟合参数和滞后指数

表面活性剂	浓度/(mg/L)	吸附					K_d^c/(mL/g)		解吸					HI^d
		n	K_f	lgK_f	R^2	N^a	$C_e=0.10$ mg/L	$C_e=0.50$ mg/L	n	K_f	lgK_f	R^2	N^a	
对照	0	0.426 ± 0.006^b	10 618	4.03 ± 0.012	0.989	20	31 548	15 807	0.114 ± 0.002	8 048	3.91 ± 0.024	0.988	12	0.27
CTAB	50	0.360 ± 0.003	10 819	4.03 ± 0.009	0.985	20	36 433	16 860	0.067 ± 0.004	8 073	3.91 ± 0.022	0.982	12	0.19
	100	0.319 ± 0.006	11 307	4.05 ± 0.007	0.993	18	41 156	18 128	0.052 ± 0.001	8 332	3.92 ± 0.009	0.989	12	0.17
	200	0.340 ± 0.003	13 742	4.14 ± 0.011	0.996	20	48 065	21 714	0.028 ± 0.002	8 674	3.94 ± 0.020	0.981	12	0.08
TX100	50	0.347 ± 0.002	11 064	4.04 ± 0.030	0.989	20	38 188	17 397	0.074 ± 0.002	8 221	3.92 ± 0.041	0.988	12	0.21
	150	0.333 ± 0.003	8 859	3.95 ± 0.007	0.998	20	31 399	14 065	0.190 ± 0.002	8 105	3.91 ± 0.009	0.993	12	0.57
	200	0.309 ± 0.004	7 730	3.89 ± 0.032	0.995	20	28 674	12 479	0.203 ± 0.002	7 579	3.87 ± 0.009	0.992	12	0.66
SDBS	50	0.336 ± 0.005	8 928	3.95 ± 0.020	0.996	20	31 466	14 146	0.152 ± 0.002	7 922	3.90 ± 0.039	0.992	12	0.45
	100	0.303 ± 0.004	8 253	3.92 ± 0.030	0.993	20	30 964	13 378	0.178 ± 0.003	7 617	3.88 ± 0.018	0.991	12	0.59
	200	0.310 ± 0.004	7 356	3.86 ± 0.006	0.990	20	27 235	11 867	0.229 ± 0.005	7 047	3.84 ± 0.008	0.995	12	0.74

注：a 为数据点；b 为标准偏差；c 为不同浓度下的吸附能力参数，$K_d = K_f C_e^{n-1}$

的不同影响主要取决于表面活性剂在黑炭表面的吸附作用以及它们对菲的增溶作用。下面将详细介绍造成这种差异的原因。

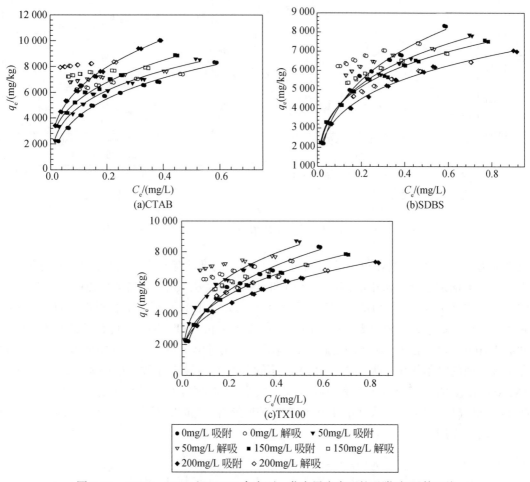

图 6-22　CTAB、SDBS 和 TX100 存在下，菲在黑炭表面的吸附/解吸等温线

3）表面活性剂在黑炭表面的吸附

图 6-24 为 CTAB、SDBS 和 TX100 在黑炭表面的吸附等温线。3 种不同类型表面活性剂在黑炭表面的吸附能力顺序为：CTAB > TX100 > SDBS。表面活性剂在含碳物质表面的吸附机理主要包括以下几种作用：离子交换、疏水键结合、氢键结合、离散力和静电吸引作用。CTAB 在黑炭表面的吸附量最高，这主要是因为 CTAB 分子中的亲水性基团 $[(CH_3)_3NR]^+$ 由于带正电荷，通过静电吸引作用更容易吸附在带负电荷的黑炭表面（Langley et al.，2006）。吸附在黑炭表面的 CTAB 可形成半胶束，更多的菲可以分配到半胶束中，从而使总吸附量增加。另外，在 CTAB 存在的情况下，菲在水中的溶解度变化不大。因此，由于 CTAB 在黑炭表面的吸附能力较强，而对菲的增溶作用很弱，CTAB 最终可以促进菲在黑炭表面的吸附。阴离子表面活性剂 SDBS 由于带负电荷，在黑炭表面吸附

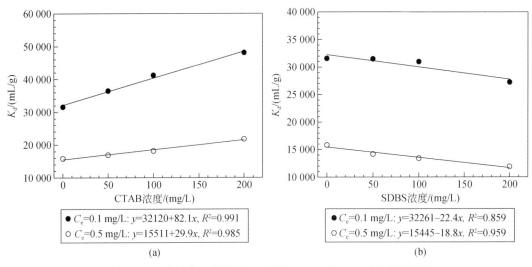

图 6-23　黑炭对菲的吸附参数 K_d 值与 CTAB 和 SDBS 浓度的关系

能力远远低于 CTAB。这使得分配到 SDBS 半胶束中的菲明显减少。同时，SDBS 的存在在很大程度上增加了菲在水中的溶解度。当 SDBS 的浓度从 10mg/L 增加到 200mg/L 时，菲的溶解度增高了近 3 倍。SDBS 对菲的强增溶作用以及 SDBS 分子与菲在黑炭表面的竞争吸附作用最终降低了菲在黑炭表面的吸附量。与 CTAB 和 SDBS 不同，低浓度非离子表面活性剂 TX100（<50mg/L）对菲的溶解度影响不大，此时黑炭对菲的吸附主要取决于 TX100 在黑炭表面的吸附作用。吸附态 TX100 对菲的分配作用最终导致菲的吸附量增加。随着 TX100 的浓度增加到 150mg/L 和 200 mg/L 时，菲的溶解度发生了明显变化，升高到原来的 2～3 倍（图 6-25）。高浓度 TX100 能够抑制菲在黑炭上的吸附主要是由于 TX100 对菲的这种强增溶作用。

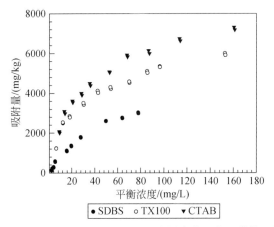

图 6-24　CTAB、SDBS 和 TX100 在黑炭表面的吸附等温线

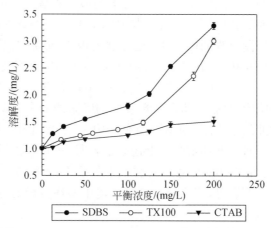

图 6-25　CTAB、SDBS 和 TX100 对菲的溶解度的影响

4）表面活性剂对菲解吸滞后性的影响

黑炭对菲的解吸滞后性可以用滞后指数（HI）来表示（Barriuso et al.，1994）。在 CTAB、SDBS 和 TX100 存在下，黑炭对菲的解吸滞后指数见表 6-16。滞后指数是吸附不可逆程度的量化指标。当 HI 接近 1 时，解吸速率和吸附速率接近，其吸附和解吸附等温线重合，说明吸附过程是可逆的；当 HI<1 时，解吸速率小于吸附速率，说明存在滞后作用，吸附过程是不可逆的（Pusino et al. 2004）。从表 6-16 可以看出，菲在黑炭表面的滞后指数 HI＝0.29，说明吸附是完全不可逆的，并且 CTAB、SDBS 和 TX100 的存在强烈影响了菲的解吸滞后性。CTAB 的存在在很大程度上增加了菲在黑炭表面解吸的滞后性。当 CTAB 的浓度从 0mg/L 增加到 50mg/L、100mg/L 和 200mg/L 时，滞后指数 HI 分别从 0.27 减小到 0.19、0.17 和 0.08。这说明随着溶液中 CTAB 浓度的增加，菲更难从黑炭表面解吸下来，这主要是由于菲可以分配到吸附态 CTAB 中。Parker 和 Bielefeldt（2003）也曾报道吸附态的表面活性剂较天然沉积物有机质对疏水性有机污染物的吸附能力更强，从而可以抑制有机污染物的解吸。然而，阴离子表面活性剂 SDBS 能够大大增加菲在黑炭表面的吸附可逆性，并且吸附可逆程度随着 SDBS 浓度的升高而升高。随着 SDBS 浓度的增加，滞后指数 HI 最高可升高到 0.74。这是因为 SDBS 对菲的增溶作用促使菲从黑炭相进入水相中。与 CTAB 和 SDBS 不同，低浓度 TX100（50 mg/L）能够抑制菲在黑炭表面的解吸，滞后指数 HI 从 0.27 降低到 0.21，而高浓度 TX100（150mg/L 和 200mg/L）能够促进菲的解吸，滞后指数升高到 0.57 和 0.66。如上所述，阳离子表面活性剂 CTAB 既可以提高菲在黑炭上的吸附也可以增加吸附的不可逆性，从而能够有效地将菲固定在黑炭表面，不利于菲在环境中的迁移。然而，阴离子表面活性剂 SDBS 和高浓度的非离子表面活性剂 TX100 可以将吸附态菲移动到水相中，从而增加了菲在环境中的迁移性。

阳离子表面活性剂 CTAB、阴离子表面活性剂 SDBS 和非离子表面活性剂 TX100 的存在都能够增加菲在黑炭表面吸附的非线性程度。但是，3 种表面活性剂对菲在黑炭表面的吸附能力和解吸滞后性的影响是不同的。CTAB 的存在可以促进菲在黑炭表面的吸附同时抑制了菲的解吸。这是由于带正电荷的 CTAB 更容易吸附在黑炭表面，更多的菲可以分配到吸附态 CTAB 中，从而导致吸附量增加。与 CTAB 相反，SDBS 的存在降低了菲在黑炭表面的吸附量并增加了吸附过程的可逆性。这主要是因为 SDBS 对菲的增溶作用促使菲从黑炭相进入水相。与 CTAB 和 SDBS 不同，TX100 对菲在黑炭表面吸附/解吸行为的影响取决于 TX100 的添加浓度。当 TX100 浓度较低时，TX100 对菲的溶解度没有明显的影响，吸附态 TX100 对菲的分配作用增加了菲在黑炭表面的吸附能力和解吸滞后性。随着 TX100 浓度的增加，TX100 对菲的增溶作用加剧，促使吸附在黑炭表面的菲迁移到水相中，从而抑制了菲的吸附，同时促进了菲的解吸。上述结果表明，CTAB 能够有效地将菲固定在黑炭表面，而 SDBS 和高浓度 TX100 的存在有利于菲在环境中的迁移。这个结论可以为预测在土壤/沉积物环境中，尤其是黑炭含量较高的环境中多环芳烃的分布、迁移和最终归宿提供必要的信息。

6.5.2 溶解性有机质对菲在黑炭表面吸附/解吸的影响

1）溶解性有机质对菲吸附特征的影响

在 L-苯丙氨酸、蛋白胨和柠檬酸存在的情况下，菲在黑炭表面的吸附/解吸等温线如图 6-26 所示。利用 Freundlich 方程对实验数据进行拟合，拟合效果很好，相关系数 R^2 均大于 0.960（$n=20$，$P<0.001$），拟合参数见表 6-17。数据表明，不同类型溶解性有机质的存在均增加了菲在黑炭中的吸附非线性程度，并且溶解性有机质的添加浓度越高，菲的吸附非线性程度越明显。当 L-苯丙氨酸、蛋白胨和柠檬酸的添加浓度分别为 500 mg/L、500 mg/L 和 100 mg/L 时，菲的吸附非线性参数 n 值分别从 0.330 减小到 0.258、0.278 和 0.259。菲吸附非线性的增加表明吸附在黑炭上的溶解性有机质增加了黑炭的非均质性和孔隙度，这与表面活性剂对菲吸附的影响结果是相似的。

从图 6-26（a）可以看出，小分子 L-苯丙氨酸的存在抑制了菲在黑炭表面的吸附，并且菲的吸附能力随着 L-苯丙氨酸添加浓度的增加而降低。当 L-苯丙氨酸的浓度从 0 mg/L 增加到 50 mg/L、100 mg/L 和 500 mg/L 时，黑炭对菲的吸附能力参数 K_d 值（在 $C_e=0.10$ mg/L 下）分别从 44 230mL/g 降低到 42 100mL/g、39 020mL/g 和 35 730 mL/g。与 L-苯丙氨酸相同，大分子蛋白胨的存在也能够降低黑炭对菲的吸附，并且菲的吸附能力随着蛋白胨添加浓度的增加而降低[图 6-26（b）]。但是，在相同添加浓度下，L-苯丙氨酸对菲吸附的抑制作用比蛋白胨更强。当 L-苯丙氨酸和蛋白胨的添加浓度都为 500 mg/L 时，菲在 $C_e=0.05$ mg/L 下的 K_d 值分别从 40 374 mL/g 减小到 59 759 mL/g 和 62 571 mL/g。与 L-苯丙氨酸和蛋白胨正好相反，柠檬酸的存在能够促进菲在黑炭上的吸附。当柠檬酸的浓度从 0 mg/L 增加到 50 mg/L 和 100 mg/L 时，菲的 K_d 值（在 $C_e=0.1$ mg/L 下）分别从 44 230 mL/g 升高到 52 114 mL/g 和 59 355 mL/g。溶解性有机质对菲吸附的影响主要取决于两个过程：溶解性有机质在黑炭表面的吸附作用能够增加菲的吸附，以及溶解性有机质对菲的增溶作用可以降低菲的吸附，溶解性有机质对吸附的影响是这两个过程共同作用的结果。

2）溶解性有机质在黑炭表面的吸附

图 6-27 为蛋白胨和柠檬酸在黑炭表面的吸附等温线。不同类型的溶解性有机质在黑

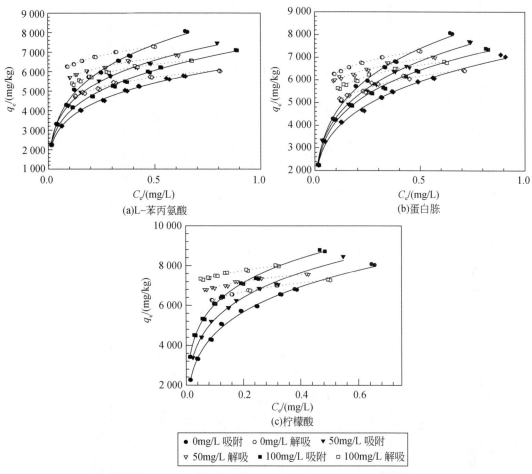

(a)L-苯丙氨酸 (b)蛋白胨 (c)柠檬酸

● 0mg/L 吸附 ○ 0mg/L 解吸 ▼ 50mg/L 吸附
▽ 50mg/L 解吸 ■ 100mg/L 吸附 □ 100mg/L 解吸

图 6-26 L-苯丙氨酸、蛋白胨和柠檬酸存在下，菲在黑炭表面的吸附/解吸等温线

炭表面的吸附能力顺序为：柠檬酸>蛋白胨>L-苯丙氨酸，其中 L-苯丙氨酸在黑炭表面没有吸附。由于柠檬酸在黑炭表面的吸附量最高，吸附在黑炭表面的柠檬酸，又可以吸附更多的菲，从而使菲的吸附量增加。同时，柠檬酸的存在对菲的增溶作用不明显（图 6-28），因此，柠檬酸的存在最终能够促进菲在黑炭表面的吸附。由于黑炭对 L-苯丙氨酸没有吸附，L-苯丙氨酸对菲吸附的影响主要取决于 L-苯丙氨酸对菲的增溶作用。当 L-苯丙氨酸的浓度从 0 mg/L 增加到 500 mg/L 时，菲在水中的溶解度升高到原来的 1.7 倍，这使得菲更容易从黑炭表面进入到水相中，从而减小了菲的吸附。

然而对于大分子的蛋白胨，其在黑炭表面的吸附量远远小于柠檬酸，这使得分配到吸附态蛋白胨中的菲明显减少，同时蛋白胨的存在在很大程度上增加了菲在水中的溶解度，当蛋白胨的浓度从 0 mg/L 增加到 500 mg/L 时，菲的溶解度升高到原来的 2 倍。蛋白胨对菲的强增溶作用以及蛋白胨分子与菲在黑炭表面的竞争吸附作用最终降低了菲在黑炭表面的吸附量。另外，与 L-苯丙氨酸相比，虽然蛋白胨对菲的增溶作用更强，但是由于蛋白胨在黑炭表面的吸附量大，这使得更多的菲分配到吸附态的蛋白胨中，增加了菲的吸附，因此，蛋白

表 6-17 L-苯丙氨酸、蛋白胨和柠檬酸存在下,菲在黑炭表面吸附/解吸的 Freundlich 拟合参数和滞后指数

溶解性有机质浓度/(mg/L)		吸附				K_d^c/(mL/g)			解吸				HI^d
		n	K_f	R^2	N^a	$C_e=0.05$ mg/L	$C_e=0.10$ mg/L	$C_e=0.50$ mg/L	n	K_f	R^2	N^a	
对照	0	0.330±0.005	9 456	0.992	20	70 374	44 230	15 046	0.091±0.003	7 747	0.996	12	0.28
L-苯丙氨酸	50	0.282±0.004	8 059	0.991	20	69 250	42 100	13 256	0.103±0.002	7 185	0.990	12	0.36
	100	0.275±0.004	7 350	0.992	20	64 496	39 020	12 149	0.118±0.003	6 914	0.989	12	0.43
	500	0.258±0.005	6472	0.998	18	59 759	35 730	10 824	0.135±0.005	6 269	0.990	12	0.52
蛋白胨	50	0.297±0.003	8 444	0.989	20	69 370	42 613	13 746	0.089±0.004	7 343	0.963	12	0.30
	100	0.292±0.003	7 923	0.987	20	66 072	40 447	12 943	0.111±0.005	7 180	0.984	12	0.38
	500	0.278±0.004	7 195	0.993	20	62 571	37 934	11 868	0.128±0.002	6 718	0.978	12	0.46
柠檬酸	50	0.281±0.005	9 953	0.992	20	85 782	52 114	16 383	0.063±0.003	7 990	0.965	12	0.23
	100	0.259±0.006	10 776	0.990	20	99 202	59 355	18 010	0.051±0.002	8 423	0.963	12	0.19

注:a 为数据点;b 为标准偏差;c 为不同浓度下的吸附能力参数,$K_d=K_fC_e^{n-1}$;d 为滞后指数

胨对菲吸附的抑制作用比 L–苯丙氨酸弱。

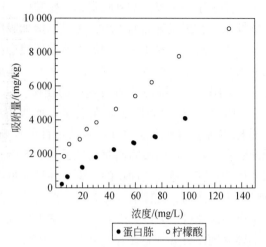

图 6-27　蛋白胨和柠檬酸在黑炭表面的吸附等温线

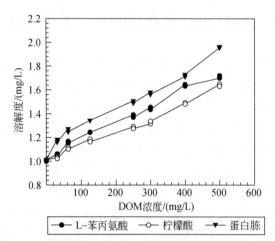

图 6-28　L–苯丙氨酸、蛋白胨和柠檬酸对菲的溶解度的影响

3）溶解性有机质对菲解吸滞后性的影响

黑炭对菲的解吸滞后指数 HI 值见表 6-17。菲在黑炭表面的滞后指数 HI＝0.28，说明吸附是完全不可逆的，L–苯丙氨酸、蛋白胨和柠檬酸的存在强烈影响了菲的解吸滞后性。L–苯丙氨酸的存在大大增加了菲在黑炭表面的吸附可逆性，当 L–苯丙氨酸的浓度从 0 mg/L 增加到 50 mg/L、100 mg/L 和 500 mg/L 时，滞后指数 HI 分别从 0.28 增加到 0.36、0.43 和 0.52。这是因为 L–苯丙氨酸对菲的增溶作用促使菲从黑炭相进入到水相中。与 L–苯丙氨酸相同，蛋白胨也可以减小菲解吸的滞后性，随着蛋白胨浓度的增加，滞后指数 HI 最高可升高到 0.46。但是在相同添加浓度下，L–苯丙氨酸比蛋白胨更利于菲从黑炭表面的解吸。与 L–苯丙氨酸和蛋白胨不同，柠檬酸的存在在很大程度上增加了菲在黑炭表面解吸的滞后性。当柠檬酸的浓度从 0 mg/L 增加到 50 mg/L 和 100 mg/L 时，滞后指

数 HI 分别从 0. 27 减小到 0. 23 和 0. 19。这说明随着溶液中柠檬酸浓度的增加，菲更难从黑炭表面解吸下来，这主要是由于菲可以分配到吸附态柠檬酸中。因此，可以得出，L-苯丙氨酸和蛋白胨不仅能够抑制菲在黑炭表面的吸附，还可以增加吸附的可逆性，使吸附态菲更容易从黑炭表面解吸下来，进入到水相中，增加了菲在环境中的迁移性。而柠檬酸的存在既可以促进菲在黑炭表面的吸附又可以增加解吸的滞后性，从而使菲更难从黑炭表面解吸下来，起到"固定"菲的作用，不利于菲在环境中的迁移。

不同类型溶解性有机质的存在都能够增加菲在黑炭表面吸附的非线性程度，但是，L-苯丙氨酸、蛋白胨和柠檬酸对菲的吸附能力和解吸滞后性的影响不同。L-苯丙氨酸和蛋白胨的存在均能够降低菲在黑炭表面的吸附同时促进了菲的解吸，促使菲更容易从黑炭相进入水相中，并随水体运动迁移，造成大面积的污染。并且与蛋白胨相比，L-苯丙氨酸更利于菲从黑炭表面解吸下来。然而，柠檬酸的存在可以促进菲在黑炭表面的吸附同时抑制了菲的解吸。这是由于更多的菲可以分配到吸附态柠檬酸中导致的。柠檬酸能够有效地将菲固定在黑炭表面，不容易随水迁移。这个结论可以为预测在土壤/沉积物环境中，尤其是黑炭含量较高的环境中多环芳烃的分布、迁移和最终归宿提供必要的信息。

6.6 大辽河营口河口多环芳烃的二次释放机理和特征

由于 PAHs 的疏水性，PAHs 进入水体之后可以很快的吸附在颗粒物表面，然后随着颗粒物沉降进入沉积物。因此，沉积物变成这些污染物的储藏库。在沉积物再悬浮期间，PAHs 会二次释放重新进入水介质中。在河口水环境中，波浪、风、潮汐、生物扰动以及挖掘、拖曳和水上交通等人类活动都能引起沉积物的再悬浮。沉积物的再悬浮可以使重金属和有机污染物二次释放进入上覆水中，成为水体的二次污染源。

前人对有机污染物经沉积物再悬浮过程二次释放进入水体的行为已经做了很多研究。先前的研究表明二次释放进入上覆水中的有机污染物的浓度与沉积物-水界面的剪切力、沉积物的物理化学性质以及有机污染物的分子结构有关（Alkhatib and Weigand，2002）。二次释放进入水体中的溶解态 PAHs 的浓度与 PAHs 的分子量和沉积物-水界面的剪切力有关（Feng et al.，2007）。另外，沉积物的组成也是影响 PAHs 的二次释放的一个重要因素（Yang et al.，2008）。辽东湾营口河口 PAHs 的二次释放从来没有研究过。本书选择 5 种不同分子量的 PAHs（表 6-29），包括萘（Nap）、菲（Phe）、芘（Pyr）、屈（Chr）和二苯蒽（DahA）作为目标污染物，模拟辽东湾营口河口沉积物中二次释放特征。

6.6.1 不同浓度的 PAHs 的二次释放特征

本实验采用的 5 种 PAHs（包括 Nap、Phe、Pyr、Chr 和 DahA）均是美国 EPA 推荐的优先污染物，购自百灵威公司。实验前处理用到的所有溶剂均为分析级别，购自北京化工厂，分析用到的所有试剂（甲醇、正己烷、二氯甲烷和乙酸乙酯）均为 HPLC 级别，购自 Fisher 公司。硅胶和氧化铝均为分析级别，购自北京化工厂。去离子水是用 Milli-Q 系统生产的。

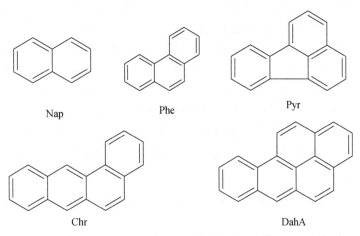

图 6-29　5 种 PAHs 的分子结构图

　　实验用沉积物样品采自辽东湾营口河口。2009 年 7 月使用 Van veen 抓斗式采样器分别采集沉积物样品。采集后的沉积物样品放置在干净的不锈钢小桶中，4℃下遮光保存。沉积物样品首先经 NaN$_3$ 处理（200 μg/g），之后往 2 kg 干重的沉积物样品中分别加入 1 mL、2 mL 和 4 mL 的 1000 mg/L 的 5 种 PAHs 的甲醇溶液（Nap、Phe、Pyr、Chr 和 DahA），配成 0.5 mg/kg，1 mg/kg 和 2 mg/kg 浓度 PAHs 的沉积物。用 PAHs 加标的 PAHs 的沉积物用不锈钢铲进行均质化，之后转移进预先用酸洗过的 2.5 L 的加盖玻璃广口瓶中，玻璃瓶中加满水后加盖用以防止 PAHs 的挥发。这些广口瓶在黑暗中保存 100 天以达到 PAHs 的吸附解吸的平衡。在这段期间，这些反应器中的加标沉积物用不锈钢铲进行均质化处理。

　　在辽东湾营口河口采集水样，采集后经 1.2 μm 醋酸纤维滤膜过滤后，-20℃下遮光保存直到进行再悬浮模拟实验。

　　本次实验用到的 PES 装置很多人在研究中都使用过（Tsai and Lick，1986；Feng et al.，2007）。将加标的沉积物置于有机玻璃桶中，高度为 10 cm，小心注入水 1.4 L，水深为 12.7 cm。将有机玻璃桶置于沉积物再悬浮模拟装置中，小心放下穿孔板，穿孔板距离沉积物–水界面的高度为 5.0 cm。开启电机，开始沉积物再悬浮模拟。再悬浮模拟剪应力选用国内外水体典型的剪应力范围为 0.2 N/m^2、0.3 N/m^2、0.4 N/m^2、0.5 N/m^2，其对应的电机转速分别为 375 r/min、500 r/min、600 r/min、750 r/min。当沉积物再悬浮过程达到稳定时（0.5 h）取样，取样点的位置距沉积物–水界面上方 3.0 cm 处。取样器为量筒，取样量为 150 mL，100 mL 用于 PAHs 浓度分析，50 mL 用于样品理化性质分析。取样后，重新注入模拟装置 150 mL 水样以维持水样体积。样品取出后，立即用孔径为 1.2 μm GF/C 的微孔玻璃硝酸纤维滤膜过滤，分别收集再悬浮颗粒物和水样。测定再悬浮颗粒物的重量和 PAHs 的浓度，测定水中 PAHs 的浓度和溶解性有机碳的含量。

1. 沉积物和水中 PAHs 的初始浓度及加标沉积物中 PAHs 的浓度

　　本次实验所用到的沉积物中 PAHs 的初始浓度和加标后的 PAHs 的浓度值见表 6-18。

沉积物加标反应后的浓度较加入的 PAHs 浓度要低得多。加标沉积物中 Phe、Pyr、Chr 和 DahA 的浓度与分子量之间没有太大的关系。加标浓度为 500 ng/g 的沉积物中这 4 种 PAHs 的浓度为 86.34 ~ 132.40 ng/g，加标浓度为 1000 ng/g 在 176.00 ~ 233.40 ng/g，加标浓度为 2000 ng/g 在 297.90 ~ 389 ng/g。不过，加标后沉积物中 Nap 的浓度要低得多，加标浓度为 500 ng/g 的沉积物中 Nap 的浓度为 28.13 ng/g，加标浓度为 1000 ng/g 的沉积物中 Nap 的浓度为 33.73 ng/g，加标浓度为 2000 ng/g 的沉积物中 Nap 的浓度为 50.92 ng/g。这可能是由于 Nap 加入沉积物之后，比较容易挥发。河口水体中 Nap、Phe 和 Pyr 的浓度分别为 11.05 ng/L、7.18 ng/L 和 5.78 ng/L。Chr 和 DahA 的浓度没有检测到（100 mL 水样）。

表 6-18 辽东湾营口河口沉积物中 PAHs 的初始浓度和加标反应后（100 天）的 PAHs 的浓度

（单位：ng/g）

PAHs 浓度	Nap	Phe	Pyr	Chr	DahA	ΣPAH
原始沉积物	8.34	59.78	34.18	20.74	26.24	149.28
加标浓度 500 ng/g	28.13	132.40	125.2	108.20	86.34	480.27
加标浓度 1000 ng/g	33.73	220.70	233.400	229	176	892.83
加标浓度 2000 ng/g	50.92	360.20	389	378.20	297.90	1476.22

2. 再悬浮实验中 PAHs 的浓度

1）总悬浮物的浓度

如图 6-30 所示，总悬浮颗粒物（TSS）中的浓度随着剪切力的升高而增大。剪切力从 0 N/m² 增加到 0.5 N/m²，原始沉积物 TSS 的浓度从 590 mg/L 增加到 1650 mg/L，加标为 500 ng/g PAHs 的沉积物中 TSS 浓度从 470 mg/L 增加到 1700 mg/L，加标为 1000 ng/g PAHs 的沉积物中 TSS 浓度从 510 mg/L 增加到 1650 mg/L，加标为 2000 ng/g PAHs 的沉积物中 TSS 浓度从 420 mg/L 增加到 1820 mg/L。这些数值与之前长江再悬浮实验测得的悬浮颗粒物浓度相当（Yang et al.，2008）。上覆水中 DOC 的浓度值是加标 1000 ng/L>加标 2000 ng/L>加标 500 ng/L>原始沉积物样品（图 6-31）。另外，DOC 不随剪应力的变化而发生变化。

2）上覆水中 PAHs 的浓度变化

图 6-32 显示了不同剪应力条件下释放到上覆水中的 5 种 PAHs 的浓度。上覆水中 PAHs 的浓度随着剪切力的不同和沉积物浓度的不同发生变化。原始样品上覆水中的 PAHs 的浓度在 0.2 N/m² 剪切力对应 878.70 ng/L，在 0.5 N/m² 剪切力对应 790.70 ng/L。加标 500 ng/gPAHs 的沉积物对应上覆水中 PAHs 的浓度在 0.2 N/m² 剪切力对应 1183.09 ng/L；在 0.5 N/m² 剪切力对应 959.20 ng/L。也就是说当沉积物中 PAHs 的浓度比较低时，上覆水中 PAHs 的浓度在不同剪切力条件下变化不大。但是当沉积物中 PAHs 的浓度比较高时，如加标 1000 ng/g 和 2000 ng/g 的沉积物样品释放到上覆水中的 PAHs 的浓度随着剪切力的

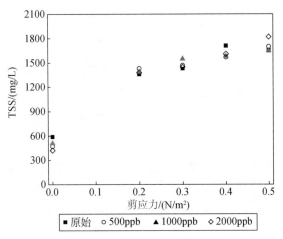

图 6-30　不同剪应力条件下悬浮颗粒物的浓度

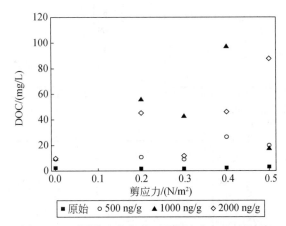

图 6-31　不同剪应力条件下上覆水中 DOC 的浓度

增加而增大。加标 2000 ng/g PAHs 的沉积物对应上覆水中 PAHs 的浓度在 0.2 N/m² 剪切力对应 1990.43 ng/L，在 0.5 N/m² 剪切力对应 2577.90 ng/L。另外，加标 1000 ng/gPAHs 的沉积物对应上覆水中 PAHs 的浓度与加标 2000 ng/g PAHs 的沉积物对应上覆水中 PAHs 的浓度接近，但却比加标 500 ng/L PAHs 的沉积物对应上覆水中 PAHs 的浓度高很多。单种 PAHs 的释放行为与总 PAHs 的释放行为类似。

　　虽然沉积物中 Phe、Pyr、Chr 和 DahA 的浓度在同一水平，但是释放到水体中的 PAHs 的浓度随着 PAHs 的不同分子量差别很大。低环 PAHs 的释放速度要比高环 PAHs 的释放速度快。原始沉积物对应的上覆水中 Phe 的最高浓度为 576.90 ng/L，加标为 500 ng/g 的沉积物对应的上覆水中 Phe 的最高浓度为 769.10 ng/L，加标为 1000 ng/g 的沉积物对应的上覆水中 Phe 的最高浓度为 1396 ng/L，加标为 1000 ng/g 的沉积物对应的上覆水中 Phe 的最高浓度为 1669 ng/L。相比之下，上覆水中 Pyr 的浓度只有 Phe 的 50%。4 环的 PAHs Chr 在上覆水中的浓度要低得多，加标为 2000 ng/g PAHs 的沉积物对应的上覆水中的 Chr 的浓

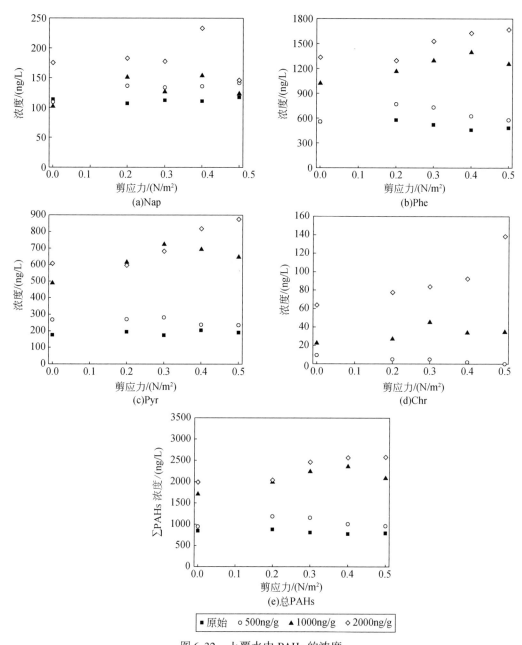

图 6-32　上覆水中 PAHs 的浓度

原始沉积物样品的上覆水中 Chr 的浓度低于检测限；所有上覆水样品中 DahA 的浓度均低于检测限

度只有 138.30 ng/L，原始沉积物对应的上覆水中的 Chr 的浓度没有检测出来。上覆水中没有检测到大分子量的 DahA。这可能是因为 DahA 的疏水性和颗粒物对其的强吸附力，因此水中 DahA 的浓度比较低。

3) 悬浮颗粒物中 PAHs 的浓度（体积浓度）

图 6-33 显示的是不同剪切力条件下悬浮颗粒物上 PAHs 的体积浓度。悬浮颗粒物上总的 PAHs 的浓度随着剪切力的增大而升高。悬浮颗粒物上的单种 PAHs 的浓度也随着剪切力的增大而升高。剪切力从 0 N/m² 到 0.5 N/m²，悬浮颗粒物上的单种和总 PAHs 的浓度增长 2 ~ 3 倍。这说明随着剪切力的升高，PES 的装置可以使大块沉积物再悬浮。但是在

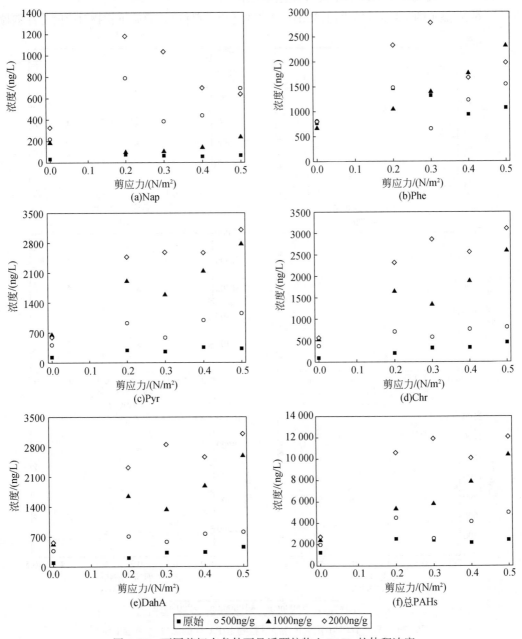

图 6-33　不同剪切力条件下悬浮颗粒物上 PAHs 的体积浓度

低剪切力下，PES 只能将较细的一层悬浮起来。其他的研究也指出悬浮颗粒物上 PAHs 和重金属的体积浓度也随着剪切力的增大而升高（Kalnejais et al.，2007）。这说明沉积物中的污染物在再悬浮的过程中可以往水体中释放大量的 PAHs。悬浮颗粒物上 PAHs 的体积浓度的大小为加标 2000 ng/L>加标 1000 ng/L>加标 500 ng/L> 原始沉积物，这与沉积物中PAHs 的浓度一致。

4）悬浮颗粒物中 PAHs 的浓度（质量单位）

图 6-34 显示的是悬浮颗粒物上 PAHs 的浓度（质量单位）。原始沉积物对应的悬浮颗粒

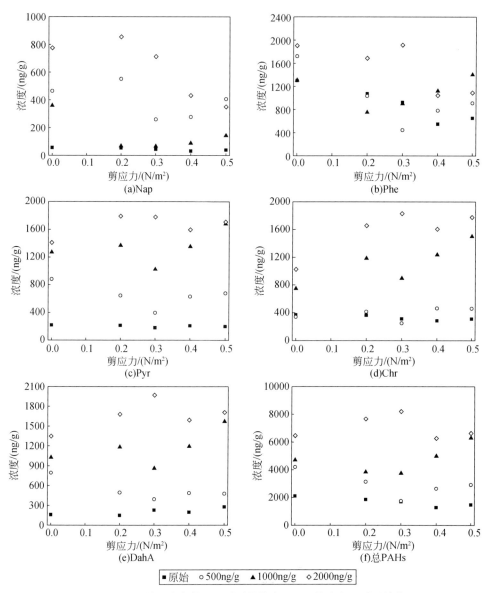

图 6-34　不同剪切力条件下悬浮颗粒物上 PAHs 的浓度（质量单位）

表6-19 颗粒物-水界面 PAHs 的 log K_{oc} 和 log K_{ow} 和预测得到的 log K'_{oc} 数值

PAHs	logK_{ow}	logK_{oc}	剪应力/(N/m²)	logK'_{oc}				ΔlogK_{oc} (mes−pred)			
				原始	500ppb	1000ppb	2000ppb	原始	500ppb	1000ppb	2000ppb
Nap	3.30	3.11	0	2.44	3.76	3.45	3.62	−0.67	0.65	0.34	0.51
			0.2	2.48	3.45	2.56	3.55	−0.63	0.34	−0.55	0.44
			0.3	2.28	3.15	2.61	3.51	−0.83	0.04	−0.50	0.40
			0.4	2.25	3.14	2.63	3.25	−0.86	0.03	−0.48	0.14
			0.5	2.27	3.31	2.93	3.22	−0.84	0.20	−0.18	0.11
Phe	4.56	4.28	0	3.11	3.62	3.01	3.13	−1.17	−0.66	−1.27	−1.15
			0.2	3.04	2.97	2.71	2.99	−1.24	−1.31	−1.57	−1.29
			0.3	2.93	2.65	2.73	3.01	−1.35	−1.63	−1.55	−1.27
			0.4	2.86	2.92	2.77	2.79	−1.42	−1.36	−1.51	−1.49
			0.5	2.87	3.05	2.91	2.65	−1.41	−1.23	−1.37	−1.63
Pyr	4.88	4.66	0	2.84	3.65	3.32	3.34	−1.82	−1.01	−1.34	−1.32
			0.2	2.81	3.22	3.24	3.35	−1.85	−1.44	−1.42	−1.31
			0.3	2.70	3.01	3.04	3.33	−1.96	−1.65	−1.62	−1.33
			0.4	2.79	3.25	3.16	3.28	−1.87	−1.41	−1.50	−1.38
			0.5	2.76	3.31	3.28	3.13	−1.90	−1.35	−1.38	−1.53
Chr	5.86	5.43	0	—	4.69	4.42	4.19	—	−0.74	−1.24	−1.24
			0.2	—	4.76	4.54	4.21	—	−0.67	−0.89	−1.22
			0.3	—	4.56	4.19	4.25	—	−0.87	−1.24	−1.18
			0.4	—	5.20	4.43	4.23	—	−0.23	−1.00	−1.20
			0.5	—	—	4.50	3.95	—	—	−0.93	−1.48

物上 PAHs 的浓度在 0 N/m² 上是 2106.44 ng/g，在 0.4 N/m² 剪切力是 1276.03 ng/g。Alkhatib 和 Weigand（2002）以及 Feng 等（2007）研究发现 PCBs 和 PAHs 有类似的规律。不过，加标沉积物对应的悬浮颗粒物上 PAHs 的浓度没有发现类似的趋势。这种现象可能是由两种过程引起的，一是剪切力较高时，粒径较大、污染较轻的颗粒经再悬浮过程进入水体中，且较高的剪切力可以将大块的沉积物再悬浮进入水体中；二是 PAHs 在颗粒物和水的分配，当 PAHs 在悬浮颗粒物上的浓度较高时，颗粒物上的吸附位变少，可以导致污染物从颗粒物解吸进入水相中。

5）PAHs 在悬浮颗粒物-水之间的分配

颗粒物-水间的作用对水体中 PAHs 的分布和行为起着重要的作用。分配系数可以很好地反映污染物的特征属性，尤其是辛醇-水分配系数（K_{ow}）。$\log K_{ow}$ 可以用来预测 PAHs 的环境行为，$\log K_{ow}$ 越大，这种污染物越容易在有机相中赋存。平衡分配系数（K_{oc}）可以用来描述沉积物对 PAHs 的吸附性能，预测水-沉积物界面的平衡关系。为了评价 PES 体系中 PAHs 的分配和归趋，将 PES 体系中悬浮颗粒物-水之间的分配系数（K'_{oc}）定义如下：

$$K'_{oc} = K_p / f_{oc} \tag{6-8}$$

$$K_p = C_p / C_d \tag{6-9}$$

式中，K_p 为 PAHs 在悬浮颗粒物-水之间的分配系数；C_p 为悬浮颗粒物中 PAHs 的浓度；C_d 为水相中 PAHs 的浓度；f_{oc} 为悬浮颗粒物中有机碳的浓度。

不同剪切力条件下沉积物再悬浮过程中 PAHs 在悬浮颗粒物-水之间的平衡分配系数利用式（6-8）和式（6-9）进行了计算，其结果列于表 6-19。表中数据显示出各种 PAHs 的辛醇-水分配系数（$\log K_{ow}$）、前人测试得到的平衡分配系数（$\log K_{oc}$）、通过式（6-8）和式（6-9）估算到的（$\log K_{oc}$）值以及平衡分配系数的测试值和预测值之差（$\log K'_{oc} - \log K_{oc}$）。中高环的 PAHs 的 $\log K'_{oc} - \log K_{oc}$ 值要比 Nap 的大得多。一些研究者证明颗粒物上吸附的 PAHs 不容易与溶解态交换，而是牢牢吸附在细的颗粒上（Fernandes et al.，1997；Guo et al.，2007）。$\log K'_{oc}$ 和 $\log K_{oc}$ 之间的差值说明了悬浮颗粒物和水中的 PAHs 的不平衡状态。在不稳定的状态下，悬浮颗粒物和水中的 PAHs 容易产生不平衡状态。

6.6.2 不同盐度的 PAHs 的二次释放特征

进入水环境中的 PAHs 可以通过挥发、光解和生物过程而得到削减，但仍有大量的 PAHs 污染物逐渐在沉积物中不断累积，时刻威胁着水体和生态环境安全。在河口水环境中，波浪、风、潮汐、生物扰动以及挖掘、拖曳和水上交通等人类活动都能引起沉积物的再悬浮。而沉积物在再悬浮期间，PAHs 会二次释放重新进入水介质中；而沉积物再悬浮使 PAHs 二次释放进入上覆水中，成为水体的二次污染源。

沉积物再悬浮过程中的水动力条件、沉积物理化性质都是污染物释放的重要影响因子。除此之外，上覆水的温度以及盐度等也会对污染物的释放起到一定的作用（范成新，1995；Panagiotis，1997）。另外，Shiaris（1989）研究发现盐度和河口沉积物中菲的矿化速度有着正相关关系。同时，也有研究表明盐度会影响土壤中 PAHs 的生物降解（Minai-

Tehrani et al.，2009）。不过，之前还没有研究报道盐度对 PAHs 二次释放的影响，所以本次实验旨在调查盐度对沉积物中 PAHs 的二次释放状况的影响。

实验用沉积物样品 1 和 2 均采自辽东湾营口河口。采集后的沉积物样品放置在干净的不锈钢小桶中，4℃下遮光保存。沉积物样品首先经 NaN₃（200μg/g）处理，用不锈钢铲进行均质化处理。在辽东湾营口河口采集水样，采集后经 1.2 μm 醋酸纤维滤膜过滤后，−20℃下遮光保存直到进行再悬浮模拟实验。

两个原状沉积物样品采样点位置及沉积物的理化性质列于表 6-20。沉积物样品 1 和 2 属于砂质/粉砂型沉积物，黏土含量低，且沉积物样品 2 的黏土含量要比沉积物样品 1 的高。

表 6-20　沉积物理化性质

沉积物样品	ΣPAHs/（ng/L）	TOC/%	粒度/%		
			砂砾	粉砂	黏土
1	2355.46	1.10	70.65	23.39	5.96
2	482.17	0.52	44.31	43.84	11.85

再悬浮模拟剪应力选用 0.5 N/m，将有机玻璃桶置于沉积物再悬浮模拟装置中，小心放下穿孔板，穿孔板距离沉积物–水界面的高度为 5.0 cm。开启电机，开始沉积物再悬浮模拟。整个再悬浮过程持续时间选定为 12 h，分别在 0.25 h、1 h、3 h、6 h、9 h、12 h 时刻进行取样。取样器为量筒，取样量为 150 mL，其中 100 mL 用于 PAHs 浓度分析，50 mL 用于样品理化性质分析。取样后，重新注入模拟装置 150 mL 水样以维持水样体积。样品取出后，立即用孔径为 1.2 μm 的微孔玻璃硝酸纤维滤膜过滤，分别收集再悬浮颗粒物和水样。测定水相及再悬浮颗粒物的重量和 PAHs 的浓度。测定水中 PAHs 的浓度和溶解性有机碳的含量。

1）　总悬浮物的浓度和溶解性有机碳的含量

在 0.5 N/m² 剪应力条件下，采集了不同性质沉积物再悬浮过程不同时间的悬浮颗粒物样品，计算了总悬浮颗粒物浓度，并绘制了不同性质沉积物再悬浮过程中总颗粒物浓度随时间的变化，结果列于图 6-35。随着沉积物再悬浮的进行，总悬浮颗粒物浓度略微降低，并且不同性质沉积物的降低幅度略有不同。另外，沉积物样品 1 再悬浮过程中总颗粒物浓度总体上要比沉积物样品 2 再悬浮过程中总颗粒物浓度高，这是因为沉积物样品 1 的砂质含量偏高，大颗粒的砂质经再悬浮进入水中，致使再悬浮过程中总颗粒物浓度偏高。

图 6-36 显示出在 0.5 N/m² 剪应力条件下，再悬浮过程水中溶解性有机碳随不同时间发生的变化。结果表明，溶解性有机碳随时间变化的趋势不明显，但是海水中溶解性有机碳的含量要比稀释 10 倍和 100 倍的海水中溶解性有机碳的含量高得多。

2）　上覆水中 PAHs 的浓度变化

0.5 N/m² 剪应力条件下，不同性质沉积物再悬浮过程中上覆水体 PAHs 浓度随时间的变化分别列于图 6-37 和图 6-38。由图 6-37 可知，PAHs 在沉积物样品 1 再悬浮发生 0.5 h 后，就从上覆水体检测到，且上覆水体 PAHs 浓度总体上随着再悬浮的持续而增加。然

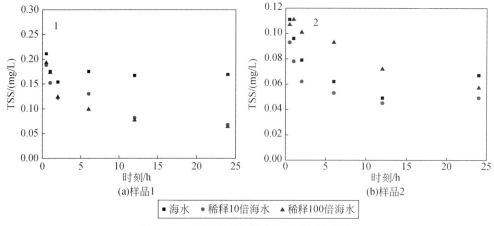

图 6-35　再悬浮颗粒物浓度随时间的变化

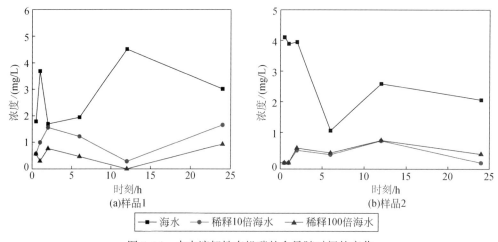

图 6-36　水中溶解性有机碳的含量随时间的变化

而，并非所有上覆水体中 PAHs 浓度随再悬浮持续而增加，有些 PAHs 浓度随着再悬浮的持续无明显的变化趋势。5~6 环的 PAHs 的浓度随再悬浮的持续无明显的变化趋势。

　　本书发现海水中 PAHs 的浓度随再悬浮的持续而增加比较明显，稀释 10 倍和稀释 100 倍海水中 PAHs 的浓度随再悬浮时间持续而增加不明显。同时，海水中 PAHs 的浓度较之稀释 10 倍和稀释 100 倍海水中 PAHs 的浓度要大，这与其他研究者的结论不一致。先前的研究认为随着盐度的增加，解吸进入水中的 PAHs 浓度会降低（Shukla et al.，2007）。这可能是因为海水中的溶解性有机碳的浓度较高，溶解性有机碳对 PAHs 的吸附作用超过盐度对 PAHs 解吸的抑制作用，导致海水中 PAHs 的浓度较之稀释 10 倍和稀释 100 倍海水中 PAHs 的浓度都大。图 6-38 显示的是沉积物样品 2 再悬浮过程中上覆水体 PAHs 浓度随时间的变化，在 0.5~12 h，上覆水体 PAHs 浓度总体上随着再悬浮的持续而增加，2 环的 PAHs 的浓度随再悬浮的持续增加的趋势不明显。海水中 PAHs 的浓度与稀释 10 倍和稀释

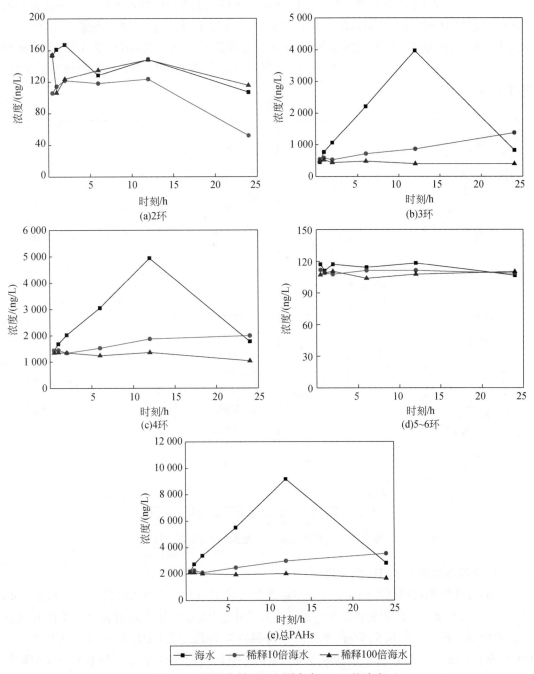

图 6-37　沉积物样品 1 上覆水中 PAHs 的浓度

100 倍海水中 PAHs 的浓度大小接近，这可能是由于溶解性有机碳对 PAHs 的吸附作用和盐度对 PAHs 解吸的抑制作用相互作用的结果，导致盐度对 PAHs 解吸的抑制作用效果不明显。

本书中，不同性质沉积物再悬浮颗粒物向水体释放的 PAHs 量是不同的。沉积物样品 1 再悬浮过程中上覆水体 PAHs 的浓度相对较高，经过 12 h 再悬浮之后海水中 $\sum$PAHs 浓度达到 9170.96 ng/L，而泥质沉积物经 12 h 再悬浮之后海水中 $\sum$PAHs 浓度只有 3099.51 ng/L。砂质沉积物再悬浮过程中 PAHs 向上覆水体的大量释放与其沉积物中较高的 PAHs 水平有关。

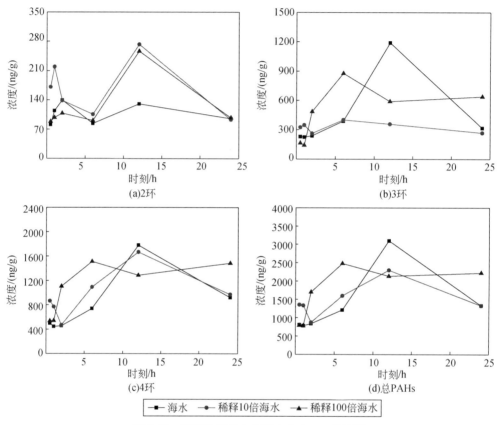

图 6-38　沉积物样品 2 上覆水中 PAHs 的浓度

3）悬浮颗粒物中 PAHs 的浓度

不同性质沉积物再悬浮颗粒物中 PAHs 的浓度随时间的变化分别如图 6-39 和图 6-40 所示。图 6-39 显示出沉积物样品 1 再悬浮颗粒物中 $\sum$PAHs 的浓度随着再悬浮持续时间的增加而增加。例如，在 0.5 N/m² 下，海水再悬浮颗粒物中 $\sum$PAHs 的浓度，从 0.5 h 的 9109.99 μg/kg 增大到 12 h 时的 29775.40 μg/kg。不过，并非所有再悬浮颗粒物中 PAHs 的浓度随再悬浮持续而增加，有些 PAHs 浓度随着再悬浮的持续无明显的变化趋势。5~6 环的 PAHs 的浓度随再悬浮的持续无明显的变化趋势。这与上覆水中 PAHs 的浓度变化趋势一致。同时，海水中的再悬浮颗粒物中 PAHs 的浓度较稀释 10 倍和稀释 100 倍海水中再悬浮颗粒物中 PAHs 的浓度要低。这可能是由于海水中溶解性有机碳的浓度较高，吸附在颗粒物表面的 PAHs 浓度迅速释放进入海水中，致使悬浮颗粒物上的 PAHs 的浓度较低，而稀释 10 倍和稀释 100 倍的海水中再悬浮颗粒物中 PAHs 的释放较慢，悬浮颗粒物上的 PAHs 的浓度较高。

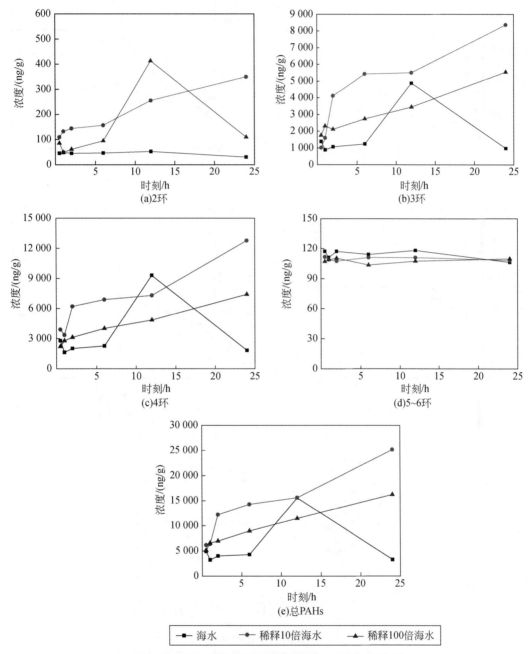

图 6-39　沉积物样品 1 再悬浮颗粒物上 PAHs 的浓度

图 6-40 显示出沉积物样品 2 再悬浮颗粒物中 ∑PAHs 的浓度随着再悬浮持续时间的增加而增加。例如，在 0.5 N/m² 下，海水再悬浮颗粒物中 ∑PAHs 的浓度，从 0.5 h 的

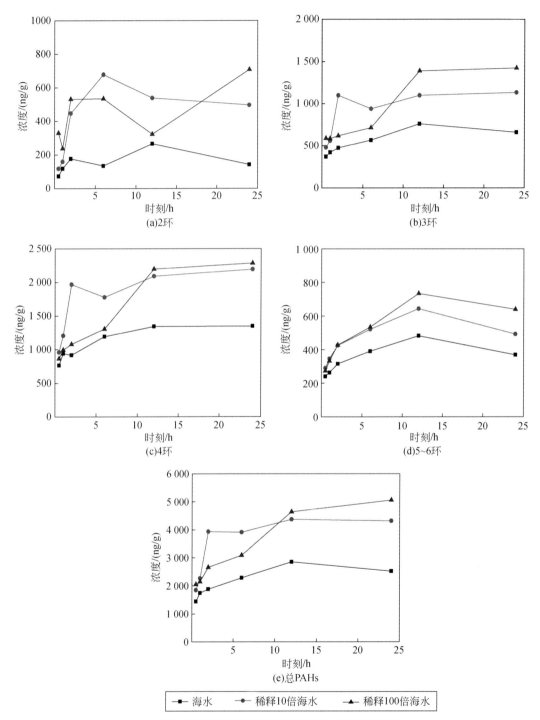

图 6-40　沉积物样品 2 再悬浮颗粒物上 PAHs 的浓度

1447.99 μg/kg 增高到 12 h 时的 2853.39 μg/kg。2 环、4 环和 5 ~ 6 环的 PAHs 的浓度也随着再悬浮持续时间的增加而增加，但 3 环的 PAHs 的浓度随再悬浮的持续无明显的变化趋势。同时，与沉积物样品 1 的再悬浮类似，海水中的再悬浮颗粒物中 PAHs 的浓度较稀释 10 倍和稀释 100 倍海水中再悬浮颗粒物中 PAHs 的浓度要低。

本实验中，不同性质的沉积物再悬浮颗粒物中 PAHs 量是不同的。沉积物样品 1 再悬浮过程上覆水体 PAHs 的浓度相对较高，经过 12 h 再悬浮之后海水中 $\sum$PAHs 浓度达到 29 775.40 ng/g，而泥质沉积物经 12 h 再悬浮之后海水中 $\sum$PAHs 浓度只有 2853.39 ng/L。砂质沉积物再悬浮过程中再悬浮颗粒物中的 PAHs 的相对高含量与其沉积物中较高的 PAHs 水平有关。

第7章 大辽河流域沉积物中微生物群落特征和多环芳烃的生物降解特性

7.1 辽河流域典型河段沉积物中微生物群落结构特征的 PLFA 解析

7.1.1 沉积物脂肪酸的组成

辽河流域各采样点沉积物脂肪酸的种类、含量及其所代表的微生物类型见表 7-1，不同采样点各个种类脂肪酸含量的比例指纹图如图 7-1 所示。总脂肪酸含量：三家子最高，大于 30；下王家、三岔河及营口次之，为 12～15，东陵和对坨子再次之，为 3～7；黄腊坨最低，小于 1。理论上讲，黏质沉积物中的微生物量应该比砂质沉积物中的多，而且有机质也可为微生物的生长提供足够的养料。所以用沉积物的物理化学性质，可以一定程度地揭示各采样点脂肪酸总量间存在差异的原因。三家子的沉积物属于黏质，而且干样含水率、TOC、CEC 的数值是 7 个采样点中最高的；而黄腊坨的沉积物属于砂质，而且干样含水率、TOC、CEC 的数值是 7 个采样点中最低的；另外 5 个采样点的各个物理化学指标都介于前两者之间。

另外，若有机污染物的浓度没有超过微生物所能承受的范围，是可以作为其主要碳源加以利用的。所以用各断面在辽河流域中的地理特点结合其受 PAHs 污染的实际情况，也可一定程度地揭示各采样点脂肪酸总量间存在差异的原因：黄腊坨大桥位于沈阳市下游约 100 km 处，是一个削减断面，污染程度自然较轻；对坨子大桥位于黄腊坨大桥下游约 120 km 处，中间不流经大型工业城市，其间 1/2 处虽有一条河流汇入，但此流域以农业为主，污染源相对较少，故对坨子的污染程度也较轻；东陵大桥位于沈阳上游，不受其污染物排放的影响，且距更上游的抚顺约 60 km，上游污染也有所削减，故污染程度不严重；下王家位于辽阳下游约 10 km 处，受其工业排放影响较大，污染严重；三岔河是浑河、太子河两大"工业污染河流"汇合的地方，污染物较集中；营口以石油化工为主，渡口造船工业发达，故污染严重；三家子虽地处本溪上游约 30 km 处，但受 PAHs 污染非常严重，其主要原因可能是采样点地处山坳中，空气对流不畅，故其周围大型工业企业排放的污染物扩散到此处便通过重力作用沉淀下来，在河底沉积物中富集近 50 年。

除黄腊坨和对坨子未检出，16：0 和 16：1ω7 在其余各采样点沉积物中的含量非常高，都占总脂肪酸含量的 12%～28%，且分布较平均；16：1ω9、18：1ω8 和 18：1ω9 在有检测含量的各采样点含量也较高，占总脂肪酸含量的 6%～29%；a17：0、i18：0 和 18：1ω2 在有检测含量的各采样点中含量很低，仅占总脂肪酸含量的 1%～5%，且分布较平均；剩下

表 7-1 辽河流域各采样点沉积物脂肪酸的组成及相应微生物类型

脂肪酸	采样点							微生物
	东陵	黄腊坨	对伏子	三家子	下王家	三岔河	营口	
i15:0	—	—	—	0.43(1)	0.42(3)	0.35(3)	1.17(11)	GP/好氧
a15:0	1.12(17)	—	0.67(20)	1.99(6)	0.86(6)	0.81(6)	0.15(1)	GP/好氧
16:0	0.92(14)	—	—	6.02(19)	3.62(25)	3.01(22)	2.75(25)	总量
16:1ω7	1.75(26)	—	—	5.34(17)	2.42(17)	3.85(28)	1.36(12)	GN/好氧
16:1ω9	—	—	—	2.09(6)	2.72(19)	—	3.30(29)	GN/好氧
i17:0	—	—	0.24(7)	2.61(8)	—	0.12(1)	—	GP/好氧
a17:0	0.26(4)	—	—	0.62(2)	0.38(3)	0.46(3)	—	GP/好氧
i18:0	—	—	—	1.68(5)	0.41(3)	0.36(3)	0.26(2)	GP/好氧
18:1ω2	—	—	—	0.25(1)	0.15(1)	0.34(2)	—	GN/好氧
18:1ω7	0.09(1)	—	—	—	2.23(16)	0.14(1)	1.07(9)	GN/好氧
18:1ω8	—	—	—	4.71(15)	0.91(6)	1.78(13)	—	甲烷营养菌(GN/好氧)
18:1ω9	1.02(15)	—	0.66(19)	3.94(12)	—	1.11(8)	—	GN/好氧
cy19:0(ω12,13)	0.10(2)	—	0.26(8)	0.28(1)	—	0.56(4)	—	脱硫杆菌(GN/厌氧)
cy20:0(ω6,7)	—	—	0.34(10)	0.33(1)	—	—	0.22(2)	GN/厌氧
20:3ω6	1.04(16)	—	1.20(36)	1.25(4)	—	0.35(3)	0.12(1)	原生动物
cy23:0(ω8,9)	0.08(1)	0.32(40)	—	0.59(2)	—	0.25(2)	0.87(8)	GN/厌氧
cy24:0(ω6,7)	0.25(4)	0.47(60)	—	—	0.21(1)	0.13(1)	—	GN/厌氧
总量	6.63	0.79	3.37	32.13	14.33	13.62	11.27	

注:—表示该脂肪酸的甲脂在仪器分析时未检出;表中所有脂肪酸含量的单位均为无量纲单位,只起相互比较的作用(为方便比较,每个含量后的括号内标明了其在各自采样点脂肪酸中所占的比例),无实际含义

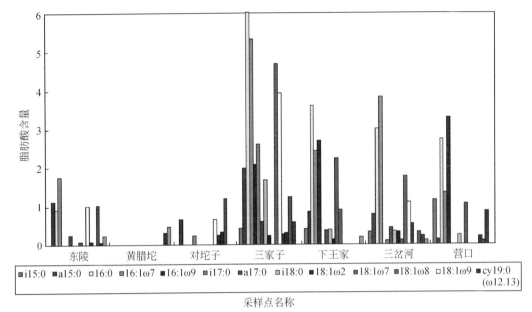

图 7-1　典型河段沉积物中脂肪酸含量比例指纹图

由于 16：0 在黄腊坨和对坨子未检出，故数据分析时将其含量定为 0

9 种脂肪酸在有检测含量的各采样点中，其比例分布很不均匀。

16：0 是土壤中最丰富的脂肪酸，与总微生物量呈高度相关性（Zelles et al.，1992）。本书中，虽然不是每个采样点沉积物中 16：0 的含量都最高，但除黄腊坨和对坨子未检出，都达到了 14% ~ 25% 这个相当高的水平，在一定程度上证实了 Zelles 的观点。将 7 个采样点沉积物中 16：0 的含量和脂肪酸总量做相关性分析，如图 7-2 所示。结果显示呈高度相关性（相关性系数为 0.94），较好地证实了 Zelles 的观点。

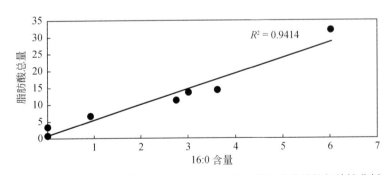

图 7-2　辽河流域各采样点沉积物 16：0 含量与脂肪酸总量的相关性分析

7.1.2　沉积物脂肪酸的分类

辽河流域各采样点沉积物脂肪酸的类型、数量及其所占比例，见表 7-2 和图 7-3。7 种沉积物样品共检测出 17 种脂肪酸：单烯不饱和脂肪酸最多，为 6 种；甲基支链饱和脂肪酸次之，为5种；环丙基支链饱和脂肪酸再次之，为4种；多烯不饱和脂肪酸和直链饱和脂肪酸最少，各1种。检测总量方面：也是单烯不饱和脂肪酸最多，占50%；直链饱和脂肪酸和甲基支链饱和脂肪酸次之，分别占20%；环丙基支链饱和脂肪酸和多烯不饱和脂肪酸最少，分别占5%。另外，三家子和三岔河检测出的脂肪酸种类最多（15种），黄腊坨最少（2种），这也与沉积物本身的物理化学性质有关。

除黄腊坨外，各采样点沉积物"饱和脂肪酸/不饱和脂肪酸"的值很一致，种数比为1.20~2，含量比为0.70~0.93；除黄腊坨和对坨子外，各点"直链饱和脂肪酸/支链饱和脂肪酸"的种数比也很一致，为0.13~0.20，含量比比较一致，为0.50~1.59；而"甲基支链饱和脂肪酸/环丙基支链饱和脂肪酸"和"单烯不饱和脂肪酸/多烯不饱和脂肪酸"的值在各采样点就很不一致了。

虽然脂肪酸的组成状况不能完全反映微生物的群落结构，但可以肯定的是，不同采样点沉积物脂肪酸的组成越相似（不同），其微生物的群落结构也就越相似（不同）。故把脂肪酸进行分类，有助于了解沉积物中微生物的群落结构。根据列出的所有脂肪酸分类及指标，对各采样点进行了综合分析。三家子和三岔河各类脂肪酸的种数完全一致，三家子、三岔河和营口各类脂肪酸的含量百分比及含量比非常相似。

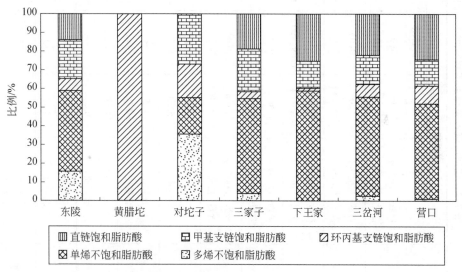

图7-3　辽河流域各采样点沉积物不同种类脂肪酸含量的相应比例

7.1.3　沉积物微生物的分类

辽河流域各采样点沉积物微生物的类型、数量及其所占比例，见表7-3和图7-4。7种沉积物样品中：属于原核微生物范围的，只有细菌而没有放线菌；属于真核微生物范围的，只有原生动物而没有真菌。细菌中：通过标记脂肪酸鉴定到"属"水平的，只有脱硫杆菌；其他种只是根据它们的革兰氏染色反应和利用氧气的情况，进行了较大范围的简单分类。

表 7-2　辽河流域各采样点沉积物脂肪酸的分类及相应比例

项目	指标	采样点						
		东陵	黄腊比	对坨子	三家子	下王家	三岔河	营口
直链饱和脂肪酸 (Unbranch-saturated FAs)	种数(相应%)	1(10)	0(0)	0(0)	1(7)	1(9)	1(7)	1(10)
	含量(相应%)	0.92(14)	0(0)	0(0)	6.02(19)	3.62(25)	3.01(22)	2.75(24)
甲基支链饱和脂肪酸 (Methyl-saturated FAs)	种数(相应%)	2(20)	0(0)	2(33)	5(33)	4(36)	5(33)	3(30)
	含量(相应%)	1.38(21)	0(0)	0.91(27)	7.33(23)	2.07(14)	2.10(15)	1.58(14)
环丙基支链饱和脂肪酸 (Cyclopropyl-saturated FAs)	种数(相应%)	3(30)	2(100)	2(33)	3(20)	1(9)	3(20)	2(20)
	含量(相应%)	0.43(6)	0.79(100)	0.60(18)	1.20(3)	0.21(2)	0.94(7)	1.09(10)
单烯脂肪酸 (Monounsaturated FAs)	种数(相应%)	3(30)	0(0)	1(17)	5(33)	5(46)	5(33)	3(30)
	含量(相应%)	2.86(43)	0(0)	0.66(19)	16.33(51)	8.43(59)	7.22(53)	5.73(51)
多烯脂肪酸 (Polyunsaturated FAs)	种数(相应%)	1(10)	0(0)	1(17)	1(7)	0(0)	1(7)	1(10)
	含量(相应%)	1.04(16)	0(0)	1.20(36)	1.25(4)	0(0)	0.35(3)	0.12(1)
脂肪酸总量 (Total FAs)	种数	10	2	6	15	11	15	10
	含量	6.63	0.79	3.37	32.13	14.33	13.62	11.27
饱和脂肪酸/不饱和脂肪酸	种数比	1.5	8	2	1.5	1.2	1.5	1.5
	含量比	0.7	8	0.81	0.83	0.70	0.80	0.93
直链饱和脂肪酸/支链饱和脂肪酸	种数比	0.2	—	0	0.13	0.2	0.13	0.2
	含量比	0.51	—	0	0.71	1.59	0.99	1.03
甲基支链饱和脂肪酸/ 环丙基支链饱和脂肪酸	种数比	0.67	0	1	1.67	4	1.67	1.50
	含量比	3.21	0	1.52	6.11	9.86	2.23	1.45
单烯不饱和脂肪酸/多烯不饱和脂肪酸	种数比	3	—	1	5	∞	5	3
	含量比	2.75	—	0.55	13.064	∞	20.63	47.75

表 7-3 辽河流域各采样点沉积物微生物的分类及相应比例

项目	指标	采样点						
		东陵	黄腊坨	对坨子	三家寨	下王家	三岔河	营口
细菌总量 (total bacteria)	种数(相应%)	8(89)	2(100)	5(83)	13(93)	10(100)	13(93)	8(89)
	含量(相应%)	4.67(82)	0.79(100)	2.17(64)	24.86(95)	10.7(100)	10.26(97)	8.40(99)
革兰氏阳性细菌 (Gram-positive bacteria)	种数(相应%)	2(22)	0(0)	2(33)	5(36)	4(40)	5(36)	3(33)
	含量(相应%)	1.38(24)	0(0)	0.91(27)	7.33(28)	2.07(19)	2.10(20)	1.58(19)
革兰氏阴性细菌 (Gram-negative bacteria)	种数(相应%)	6(67)	2(100)	3(50)	8(57)	6(60)	8(57)	5(56)
	含量(相应%)	3.29(58)	0.79(100)	1.26(37)	17.53(67)	8.64(81)	8.16(77)	6.82(80)
好氧细菌 (Aerobic bacteria)	种数(相应%)	5(56)	0(0)	3(50)	10(72)	9(90)	10(72)	6(67)
	含量(相应%)	4.24(74)	0(0)	1.57(46)	23.66(91)	10.50(98)	9.32(88)	7.31(86)
厌氧细菌 (Anaerobic bacteria)	种数(相应%)	3(33)	2(100)	2(33)	3(21)	1(10)	3(21)	2(22)
	含量(相应%)	0.43(8)	0.79(100)	0.60(18)	1.20(4)	0.21(2)	0.94(9)	1.09(13)
甲烷营养菌 (Methanotrophic bacteria)	种数(相应%)	0(0)	0(0)	0(0)	1(7)	1(10)	1(7)	0(0)
	含量(相应%)	0(0)	0(0)	0(0)	4.71(18)	0.91(8)	1.78(17)	0(0)
脱硫杆菌 (Desulfobacter)	种数(相应%)	1(11)	0(0)	1(17)	1(7)	0(0)	1(7)	0(0)
	含量(相应%)	0.1(2)	0(0)	0.26(8)	0.28(1)	0(0)	0.56(5)	0(0)
原生动物 (Protozoa)	种数(相应%)	1(11)	0(0)	1(17)	1(7)	0(0)	1(7)	1(11)
	含量(相应%)	1.04(18)	0(0)	1.20(36)	1.25(5)	0(0)	0.35(3)	0.12(1)
微生物总量 (Total microorganisms)	种数	9	2	6	14	10	14	9
	含量	5.71	0.79	3.37	26.11	10.71	10.61	8.52
细菌/原生动物 (Bacteria / Protozoa)	种数比	8	∞	5	13	8	13	8
	含量比	4.49	∞	1.81	19.89	8	29.31	70
革兰氏阳性/革兰氏阴性 (Gram-positive / Gram-negative)	种数比	0.33	0	0.67	0.63	0.67	0.63	0.60
	含量比	0.42	0	0.72	0.42	0.24	0.26	0.23
好氧/厌氧 (Aerobic / Anaerobic)	种数比	1.67	0	1.50	3.33	9	3.33	3
	含量比	9.86	0	2.62	19.72	50	9.92	6.71

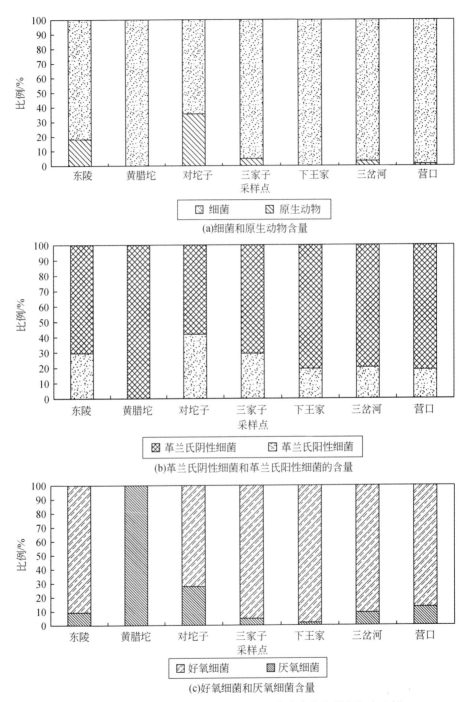

(a)细菌和原生动物含量

(b)革兰氏阴性细菌和革兰氏阳性细菌的含量

(c)好氧细菌和厌氧细菌含量

图 7-4 辽河流域各采样点沉积物不同种类微生物含量的相应比例

表 7-3 中，除黄腊坨和对坨子外，其他 5 个采样点沉积物微生物的前 5 个项目差别不大：细菌种数占 89%～100%，含量占 82%～100%；革兰氏阳性型细菌种数占 22%～

40%，含量占 19%～28%；革兰氏阴性型细菌种数占 56%～67%，含量占 58%～81%；好氧细菌种数占 56%～90%，含量占 74%～98%，厌氧细菌种数占 10%～33%，含量占 2%～13%。从表中后 5 个项目也不难看出：所有微生物中，细菌占绝大多数；细菌中，革兰氏阴性型细菌占多数，好氧细菌占大多数。

好氧细菌方面，三家子和下王家含量很高，分别占 91% 和 98%。甲烷营养菌在三家子和三岔河含量相对较高，分别占 18% 和 17%。由于三家子和三岔河是本书 7 个采样点中 PAHs 污染最严重的两个点，且这两处沉积物的有机质含量很高。这就使得某些特定种类的微生物（如产甲烷菌）易于利用这些有机物，并将其分解为分子量较小的有机物（如甲烷），从而为甲烷营养菌提供良好的生存条件。

厌氧细菌方面，对坨子和营口含量相对较高，分别占 18% 和 13%（黄腊坨沉积物只检出两种脂肪酸，数据太少，说服力不强）。脱硫杆菌在对坨子和三岔河含量相对较高，分别占 8% 和 5%。对坨子和三岔河仅相距 50km 左右，是本书 7 个采样点中相距最近的两个点。与所研究的其他河段相比，该河段沉积物有为脱硫杆菌创造一定厌氧和高价态硫环境的局部固有特性。

原生动物方面，东陵和对坨子含量相对较高，分别占 18% 和 36%。东陵和对坨子的沉积物 PAHs 污染程度较轻，此环境适合这种原生动物的生存。

7.1.4 沉积物微生物群落多样性

本书用物种丰富度指数、Shannon-Wiener 多样性指数和 Simpson 多样性指数综合描述各采样点沉积物微生物群落的多样性，见表 7-4。结果表明：3 种指数都是三家子最高，黄腊坨最低。这与不同沉积物的物理化学性质之间的差异有很大关系，具体分析与脂肪酸总量的分析基本一致；也可能与各采样点沉积物 PAHs 的污染程度有关，根本原因有待进一步研究。

表 7-4　辽河流域各采样点沉积物微生物群落的物种多样性指数

多样性指数	采样点						
	东陵	黄腊坨	对坨子	三家子	下王家	三岔河	营口
物种丰富度指数（D）	7.394	-0.102	2.638	21.097	11.562	15.878	9.467
Shannon-Wiener 指数（H）	0.839	0.292	0.705	1.005	0.869	0.942	0.812
Simpson 指数（D）	0.832	0.480	0.773	0.879	0.837	0.840	0.811

7.1.5 沉积物脂肪酸的主成分分析

为了区分不同采样点沉积物微生物群落结构的差异，即不同采样点沉积物脂肪酸组成状况的差异，本书采用主成分分析方法，对辽河流域 7 个采样点沉积物中检测出的 17 种脂肪酸进行了分析。结果显示：第一主成分对整个脂肪酸数据变异的贡献率为 49.6%，第二主成分对整个脂肪酸数据变异的贡献率为 21.4%，二者共解释了总变异的 71.0%。

两个首要主成分的脂肪酸因子载荷见表 7-5 和图 7-5。其中，第一主成分载荷较高的前 5 个脂肪酸为 16：1ω7、i17：0、i18：0、18：1ω8 和 18：1ω9，共占第一主成分总载荷的 42.6%；第二主成分载荷较高的前 5 个脂肪酸为 i15：0、16：1ω9、18：1ω7、20：3ω6 和 cy23：0，共占第二主成分总载荷的 62.6%。

表 7-5　两个首要主成分的脂肪酸因子载荷　　　　　　　　　（单位：μg/L）

主成分	i15：0	a15：0	16：0	16：1ω7	16：1ω9	i17：0	a17：0	i18：0	18：1ω2	18：1ω7	18：1ω8	18：1ω9	cy19：0	cy20：0	20：3ω6	cy23：0	cy24：0
第一	0.22	0.87	0.88	0.92	0.30	0.90	0.85	0.95	0.73	-0.14	0.97	0.92	0.51	0.45	0.49	0.32	-0.56
第二	0.90	-0.28	0.42	0.067	0.92	-0.081	-0.10	0.15	-0.062	0.75	-0.039	-0.28	-0.50	0.054	-0.60	0.61	-0.23

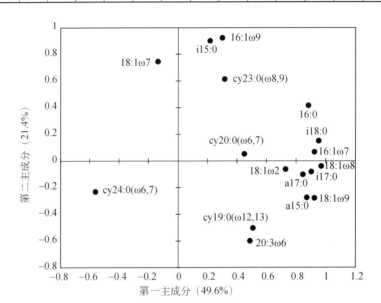

图 7-5　两个首要主成分的脂肪酸因子载荷

辽河流域各采样点沉积物脂肪酸的主成分分析结果见表 7-6 和图 7-6。结果表明：没有两个主成分都为正值的采样点；两个主成分都为负值的采样点是东陵、对坨子和黄腊坨，是本书 7 个采样点中 PAHs 污染最轻的 3 个点；第一主成分为正值的是三家子和三岔河，是本书 7 个采样点中 PAHs 污染最严重的两个点；第二主成分为正值的是营口和下王家，在本书 7 个采样点中，PAHs 污染程度介于上述最轻的 3 个点和最严重的两个点之间。7 个采样点中，东陵与对坨子之间的距离非常近，说明这两点沉积物微生物群落结构很相似；营口与下王家之间的距离比较近，说明这两点沉积物微生物群落结构存在一定程度的相似性。

另外，分析发现：若将 7 个采样点第一主成分的数值按从大到小的方法排序，那么其顺序与物种丰富度指数的排序完全一致，与 Shannon-Wiener 指数和 Simpson 指数的排序几乎一致。而且，第一主成分的值与物种丰富度指数之间存在较好的正相关性（相关性系数为 0.84）。这说明，第一主成分能很好地描述各采样点沉积物微生物群落的多样性。然而，第二主成分所代表的含义目前尚不清楚，有待进一步研究。

表7-6　辽河流域各采样点沉积脂肪酸的主成分分析

主成分	东陵	黄腊坨	对坨子	三家子	下王家	三岔河	营口
第一	-1.139	-3.138	-1.312	5.891	-0.463	1.199	-1.039
第二	-1.645	-0.646	-1.768	-0.106	1.756	-0.957	3.366

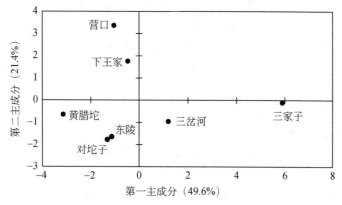

图7-6　辽河流域各采样点沉积物脂肪酸的主成分分析

　　辽河流域 7 个采样点的沉积物样品中，共检测出 17 种脂肪酸，其中单烯不饱和脂肪酸最多（6 种），占检测总量的比例也最大（50%）。三家子和三岔河检测出的脂肪酸种类最多（15 种），黄腊坨最少（2 种）。三家子的总脂肪酸含量最高，黄腊坨最低。除黄腊坨外，"饱和脂肪酸/不饱和脂肪酸"的值很一致，种数比为 1.20～2，含量比为 0.70～0.93。三家子和三岔河各类脂肪酸的种数完全一致，三家子、三岔河和营口各类脂肪酸的含量百分比及含量比非常相似。除东陵和对坨子外，细菌含量占总微生物含量百分比为 95%～100%，原生动物含量占总微生物含量百分比为 0%～5%，细菌占绝大多数；除黄腊坨和对坨子外，革兰氏阳性细菌含量占总微生物含量百分比为 19%～28%，革兰氏阴性细菌含量占总微生物含量百分比为 58%～81%，革兰氏阴性细菌占多数；除黄腊坨和对坨子外，好氧细菌含量占总微生物含量百分比为 74%～98%，厌氧细菌含量占总微生物含量百分比为 2%～13%，好氧细菌占大多数。好氧细菌在三家子和下王家含量很高，分别占 91% 和 98%，其中，甲烷营养菌在三家子和三岔河含量相对较高，分别占 18% 和 17%；厌氧细菌在对坨子和营口含量相对较高，分别占 18% 和 13%，其中脱硫杆菌在对坨子和三岔河含量相对较高，分别占 8% 和 5%；原生动物在东陵和对坨子含量相对较高，分别占 18% 和 36%。微生物群落多样性的分析结果表明，所采用的 3 种多样性指数，都是三家子最高，黄腊坨最低。脂肪酸的主成分分析结果显示，东陵与对坨子的微生物群落结构很相似，营口与下王家的微生物群落结构比较相似。

7.2 大辽河及其入海口沉积物中微生物群落特征 FISH 解析

7.2.1 微生物分布特征

采用 FISH 方法对大辽河水系主要站点表层沉积物的微生物群落分布特征进行了研究。采样点 H1、H2、T1 和 D1 分别从大辽河的 3 条支流浑河、太子河和大辽河采集的样品，K1 ~ K7 代表从入海河口采集的样品。细胞总数和细菌数量分布情况如图 7-7 所示。结果表明，从河流到河口，除了 D1 和 K6 点有较低检出外，细胞总数和细菌数量并没有呈现非常大的变化，其数量分布范围分别为 $4.20×10^8 ~ 16.20×10^8 cell/cm^3$ 和 $3.20×10^8 ~ 9.50× 10^8 cell/cm^3$。由于与 EUB338 杂交的细菌数量占 DTAT 检出量的 58% ~ 82%，故可以认为沉积物中的微生物主要以细菌为主。

变形杆菌是最多种多样的细菌类群，有 380 多个属和 1300 个种，分为 5 个亚群，分别为 $\alpha-$、$\beta-$、$\gamma-$、$\delta-$ 和 $\epsilon-$变形菌纲，其中 $\alpha-$、$\beta-$ 和 $\gamma-$变形杆菌是细菌的主要类群。通过沉积物样品与 ALF1b、BET42a 和 GAM42a 寡核苷酸荧光探针进行原位杂交，考察了沉积物中各类变形菌的分布。

研究结果表明，变形杆菌广泛存在于沉积物中，$\alpha-$、$\beta-$ 和 $\gamma-$变形杆菌的数量范围分别为 $5.80×10^7 ~ 22.50×10^7 cell/cm^3$、$2.90×10^7 ~ 11.50×10^7 cell/cm^3$ 和 $7.50×10^7 ~ 22.60× 10^7 cell/cm^3$，分别占微生物细胞总数的 11.30% ~ 13.90%、6.30% ~ 7.50% 和 16.10% ~ 18.60%。虽然 3 类变形菌的绝对检出量变化较大，但占细胞总数的百分比相对比较稳定，平均为 13.80%、7% 和 18.20%。3 类变形菌纲的总检出达到细胞总数的 40%，以 $\gamma-$变形杆菌为主。另外，$\alpha-$、$\beta-$ 和 $\gamma-$变形杆菌的数量占细菌总数的 48% ~ 62%，说明其是沉积物中细菌的主要类群。

7.2.2 柱状沉积物不同深度微生物数量的变化

对柱状沉积物样品进行单元切割后，分别用 DTAF 荧光染料染色及 EUB338 寡核苷酸探针杂交方法对不同深度沉积物细胞总数及细菌数量进行检测，结果如图 7-8 所示。用 DTAF 染色计得的微生物细胞总数与 EUB338 探针杂交计得的细菌总数呈现相同的变化趋势。在 0 ~ 5cm 处，微生物细胞数量最多，达到 $20.10×10^8 cell/cm^3$；此后数量迅速下降，在 11.50cm 处降到最低为 $7.90×10^8 cell/cm^3$，之后其数量变化不大，只是在 23.50 ~ 29.50cm 处数量略有增加达到 $13.30×10^8 ~ 15.20×10^8 cell/cm^3$。FISH 方法检测出细菌数量在 2 ~ 4 cm 处最高，达到 $14.40×10^8$ 个$/cm^3$；10 ~ 13 cm 处最低，只有 $5.10×10^8$ 个$/cm^3$。细菌检出率（detection frequency）（细菌检出量与 DTAF 计得细胞总数之比）平均值为 75.40%。41 ~ 43.50 cm 处细菌检出率高达 96.30%，分析可能是探针与该点沉积物中无机颗粒结合造成假阳性结果所致。除该点外，细菌检出率为 62% ~ 85%。可见，沉积物中主要以细菌为主。

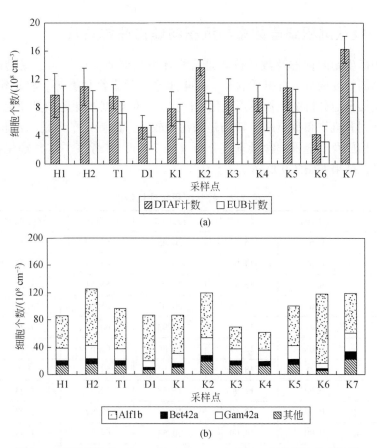

图 7-7　不同采样点 EUB、DTAF 和 α-、β- 和 γ- 变形菌的分布特征

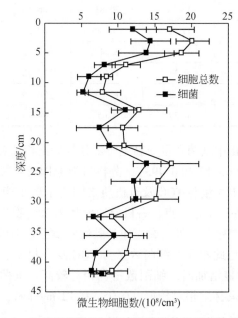

图 7-8　柱状沉积物不同深度细胞总数和细菌数量分布

7.2.3 柱状沉积细菌数量与沉积物理化性质关系

沉积物中微生物的种群及数量分布是沉积环境长期演变的结果，受到诸多因素的影响，如沉积物的粒度构成、有机质含量、污染水平及污染物种类等。鉴于实验条件限制，本书中并未能够全面分析沉积物各项理化特性指标；但根据本课题前期研究成果发现，大辽河沉积物受到有机物和重金属，特别是汞污染较重，故测定了该柱状沉积物中总TOC、有机质、粒度构成及重金属汞含量垂直分布（表7-7），并考察了这些理化特性与细菌数量之间的关系，结果如图7-9所示。

表 7-7 柱状沉积物理化特性

深度/cm	TOC/%	黏土/%	粉砂/%	砂砾/%	有机质/%	汞/（mg/kg）
0~2	0.67	15.23	20.45	64.32	1.15	0.08
2~4	0.62	14.94	20.58	64.49	1.07	0.07
4~6	0.75	16.47	28.03	55.51	1.29	0.08
6~8	0.63	13.76	20.32	65.92	1.09	0.07
8~10	0.71	15.75	23.93	60.33	1.23	0.09
10~13	0.68	12.77	21.56	65.67	1.17	0.09
13~15	1.28	18.89	26.84	54.28	2.2	0.10
15~18	0.60	11.90	15.58	72.52	1.04	0.07
18~21	0.62	12.69	19.34	67.97	1.07	0.09
21~24	0.80	14.69	20.53	64.78	1.38	0.08
24~27	0.77	13.10	25.97	60.93	1.32	0.12
27~30	0.62	13.04	20.81	66.16	1.07	0.09
30~33	0.49	11.90	20.79	67.31	0.85	0.12
33~36	0.76	13.85	23.42	62.72	1.31	0.12
36~39	0.56	9.37	11.91	78.72	0.96	0.07
39~42	0.59	10.29	12.93	76.78	1.01	0.07
42~43.5	0.74	6.39	8.65	84.96	1.28	0.05

统计分析表明，沉积物中细菌数量与黏土质量分数呈正相关关系，与含砂量呈负相关关系（Pearson 系数分别为 0.513 和 0.493）。分析可能原因有：黏土含量高，有机质容易附着和沉积；本书发现黏土含量与 TOC 及有机质之间均呈现正相关关系（Pearson 系数分别为 0.566 和 0.567）也佐证了这一点，有机质的增加为微生物生长提供了必要的碳源和能源，促进了细菌生长和繁殖。此外，黏土作为黏性介质更容易吸附和附着微生物，而含砂量高的沉积物特性恰好与此相反。细菌数量与 TOC 及有机质含量之间不严格相关，但总体看来，当 TOC 含量明显增加时，细菌数量也相对较高。细菌数量随汞含量变化不明显，分析可能是沉积物中汞含量相对较低（0.05~0.12 mg/kg），尚未对微生物的生长代谢产生显著抑制作用。

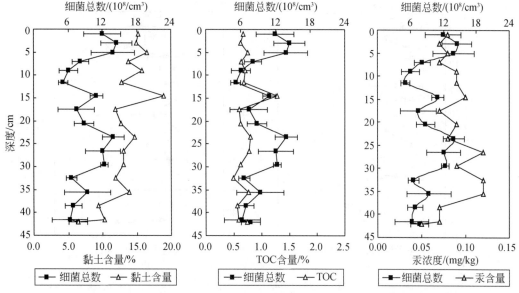

图 7-9 柱状沉积物中细菌总数与黏土含量、TOC 含量、汞浓度的关系

7.2.4 柱状沉积物不同深度微生物群落分布特征

变形杆菌是最多种多样的细菌类群，有 380 多个属和 1300 个种，分为 5 个亚群，分别为 α-、β-、γ-、δ-和 ε-变形菌纲，其中 α-、β-和 γ-变形杆菌是细菌的主要类群。通过沉积物样品与 ALF1b、BET42a 和 GAM42a 寡核苷酸荧光探针进行原位杂交，考察了柱状样沉积物不同深度细菌亚群的分布。古细菌是有别于细菌的另一类重要的微生物类群，采用 ARCH915 基因探针考察了古细菌分布状况，结果如图 7-10 所示。

α-、β-和 γ-变形杆菌在沉积物柱状样中普遍存在，但在不同深度分布各不相同。α-变形杆菌数量为 12.10×10⁷ ~ 29×10⁷ 个/cm³，在 0 ~ 35cm 其数量比较稳定，为 9.50×10⁷ ~ 23.10×10⁷ 个/cm³；在 35 ~ 38 cm 深度处，α-变形杆菌数量最高，达到 29×10⁷ 个/cm³。不同深度处 β-变形杆菌数量变化不大，稳定在 6.50×10⁷ ~ 15.40×10⁷ 个/cm³。γ-变形杆菌数量为 10.90×10⁷ ~ 34.60×10⁷ 个/cm³，在表层 1cm 深度处，γ-变形杆菌数量最高，达到 34.60×10⁷ 个/cm³；38.50 cm 深度处数量最低只有 10.90×10⁷ 个/cm³。总体看来，γ-变形杆菌数量随深度的增加而略有降低。α-、β-和 γ-变形杆菌占细菌总量的百分比分别为 9.50% ~ 36%、7% ~ 20% 和 12.40% ~ 43.80%，可见，γ-变形杆菌是该沉积物中的一类优势细菌亚群。三者之和占微生物细胞总检出量的 25% ~ 65.60%。

柱状沉积物不同深度均存在一定量的古细菌，其数量为 1.50×10⁷ ~ 11.20×10⁷ 个/cm³。在 0 ~ 5 cm 深度处，古细菌检出数量较少，仅为 2.20×10⁷ ~ 2.40×10⁷ 个/cm³；在 7 ~ 42 cm 处，古细菌检出数量较表层沉积物明显增加，但随深度增加有一定程度的波动；在 35.50 cm 处古细菌检出数量最高，达到 11.20×10⁷ 个/cm³。古细菌检出量与占细胞总检出量的 1% ~ 11.80%。古细菌多在厌氧、嗜盐、硫酸盐还原等极端环境条件下生存，在本书

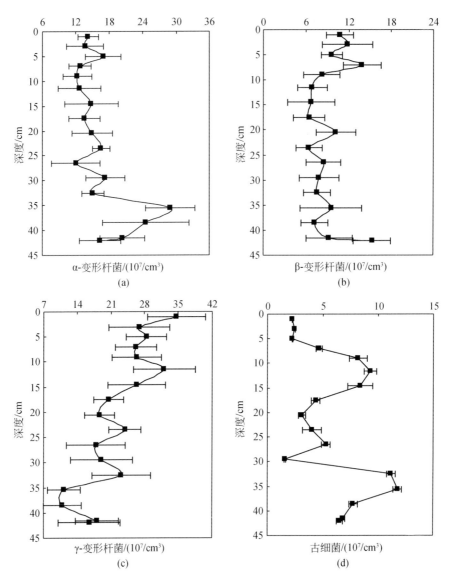

图 7-10 不同类群微生物随柱状沉积物深度分布特征

中古细菌在不同深度沉积物中的普遍存在，可能是由于入海河口沉积物受到较强的水力冲刷、生物或物理扰动而使沉积物发生返混所致。

沉积物不同深度微生物组成结构如图 7-11 所示。从图中可以看出，除了 4 种探针检测到的微生物类群外，还存在一定数量的其他微生物，这部分未检测出的微生物占微生物细胞总数的 23% ~73%。可见，本书中采用的几种探针并不能够完全反映沉积物中微生物的群落分布信息，沉积物中可能还有其他优势微生物的存在，有必要结合更多的探针或其他微生物群落多态性研究方法做进一步分析。

在本书中，60% 以上 DTAF 检出细胞能够与 EUB338 探针杂交，说明沉积物中以细菌

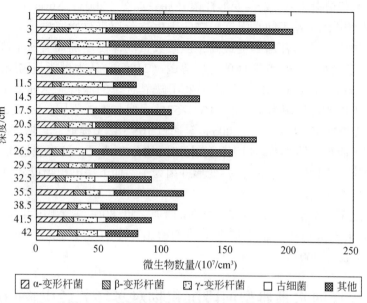

图 7-11 柱状沉积物不同深度微生物组成图

为主，该结果与国际上相关研究结果比较接近。Wobus 等（2003）对德国 Saxony 水库沉积物的微生物分布进行研究时发现，EUB338 检测出的细菌占 DAPI（4,6-联脒-2-苯基吲哚二盐酸盐）染色计得细胞总数的 40%～80%。Rusch 等（2003）采用 FISH 方法研究了中大西洋湾陆架砂质区的沉积物中微生物分布，发现 45%～56% 的 DAPI 染色微生物属于真细菌，真菌不足 2%。

从沉积物中微生物数量的垂直分布情况看，该柱状沉积物表层微生物数量略高，DTAF 染色计得的细胞总数范围为 $7.90 \times 10^8 \sim 20.10 \times 10^8$ 个/cm³，符合文献报道的沉积物微生物数量范围（$10^8 \sim 10^{11}$ 个/cm³）（Liobet-Brossa et al.，1998；Wobus et al.，2003）。不同地域及特征水体，其沉积物数量垂直分布特征也不尽相同。屈建航等（2005）研究了官厅水库沉积物不同深度细菌分布特征，得到了与本书不同的结果：发现细菌数量垂直变化较大，中层（35 cm）数量较高，上层（5 cm）其次，下层（69 cm）最少。德国 Saxony 水库沉积物的微生物分布研究显示，不同水库、不同深度及不同取样时间对沉积物中微生物数量影响不大，处于不同营养状态的 4 个水库沉积物微生物数量范围为 $1 \times 10^9 \sim 6 \times 10^9$ 个/mL，表层 $0 \sim 1$ cm 处微生物的数量最多，为 $1 \times 10^{10} \sim 1 \times 10^{11}$ 个/g 沉积物（Wobus et al.，2003）。Liobet-Brossa 等（1998）对德国北海岸 Wadden 海某一海滨柱状沉积物微生物采用 FISH 方法进行分析发现，表层 1cm 处含砂量高，微生物数量少，为 $6 \times 10^8 \sim 8 \times 10^8$ 个/cm，在 1.50 cm 砂泥界面，微生物数量增加到 2.50×10^9 个/cm³。

从沉积物中微生物的类群分布看，不同深度均检测到一定含量的 α-、β-和 γ-变形杆菌，其中 γ-变形杆菌为沉积物的优势菌，占细胞总检出量的 9.80%～40.80%。虽然国内外相关研究表明，变形杆菌是沉积物的主要微生物类群，但不同特征沉积物占优势的变形杆菌类群有所不同。与本书相似，太平洋结核区深海柱状沉积物优势菌为 γ-变形杆菌，官厅水库沉积物优势菌为β-或γ-变形杆菌（屈建航等，2005；Xu et al.，2005）。Wobus等（2003）对德国Saxony不同水库沉积物的微生物分布进行研究发现，对于正常营养水平的水库沉积物，β-变形杆菌丰度最高，但其数量随深度增加而有所下降；对于处于富营养化的水库沉积物，以γ-变形杆菌为优势菌（24%），认为可能与腐殖质含量高有关。Schwarza等（2007）采用T-RFLP分析了处于缺氧状态的深海湖Kinneret湖微生物多态性，发现沉积物以变形杆菌为主，占24%～57%，但与本书不同，δ-变形杆菌最多，其次是γ-和α-变形杆菌。Reed等（2006）等通过16S rRNA提取、扩增、克隆和测序的方法研究了美国墨西哥湾佛罗里达州沉积物中细菌的分布情况，发现表层沉积物以ε-变形杆菌为主，中层沉积物以ε-、δ-、γ-变形杆菌为主，而下层沉积物以δ-变形杆菌，微生物多态性随深度变化显著。

本书中古细菌检出量较少，占细胞总数的1%～11.80%，与德国北海岸的Wadden海和德国Saxony水库沉积物文献报道古细菌的检出率1%～7%比较接近（Brossa et al.，1998；Wobus et al.，2003）。

7.3 大辽河水系典型河段沉积物对多环芳烃生物降解特性

7.3.1 不同样点沉积物对PAHs的降解特性

当萘、菲、芴、蒽4种PAHs单基质时，各样点沉积物对其生物降解特性见表7-8。总体看来，经过一段反应时间后，沉积物对4种PAHs的去除率要远远高于无菌对照系统，说明PAHs在沉积物系统中的去除主要由微生物分解所致。相对其他3种PAHs，萘最容易降解，15天时各样点沉积物对其去除率达到98%～99%；蒽相对最难降解，反应19天，H5和D1沉积物不能够将其降解，但T5沉积物对蒽具有良好的去除能力，去除率达到85%。而芴和菲在各样点沉积物系统中均具有一定程度的降解。

表7-8 PAHs在不同沉积物系统中的去除率

PAHs	去除率/%			
	灭菌对照系统[c]	H5沉积物	T5沉积物	D1沉积物
萘[a]	28～35	99	98	99
菲[b]	5～7	85	93	86
芴[b]	1～5	17	37	97
蒽[b]	0～2	3	85	2

注：萘、芴初始浓度约1.0 mg/L，菲、蒽初始浓度约0.5 mg/L；a为反应15天去除率；b为反应19天去除率；c为3个样点无菌对照系统去除率范围

4种PAHs单基质及共基质条件下，各样点沉积物对其降解速率比较如图7-12所示。对于H5沉积物，当4种PAHs单基质时，其平均降解速率顺序为萘>菲>芴>蒽，分别为0.068mg/(L·d)、0.017mg/(L·d)、0.008mg/(L·d) 和0mg/(L·d)。共基质时，与单基质相比，萘和菲的降解速率有所下降，而芴的降解速率则有所增加，蒽仍然不能被降

解，平均降解速率顺序为萘>芴>菲>蒽，分别为 0.062mg/（L·d）、0.015mg/（L·d）、0.005mg/（L·d）和 0mg/（L·d）。

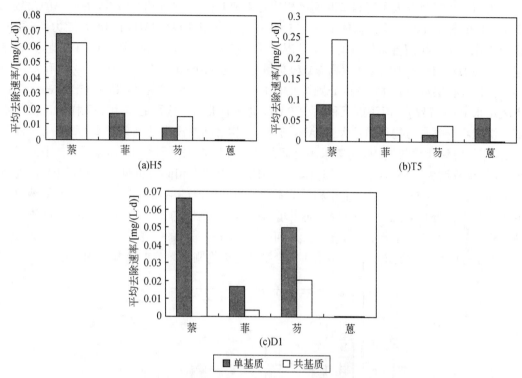

图 7-12　单基质及共基质条件下 3 个样点沉积物对 PAHs 的降解情况

对于 T5 沉积物，当 4 种 PAHs 单基质时，该沉积物对其均有一定程度的降解，平均降解速率顺序为萘>菲>蒽>芴，分别为 0.087mg/（L·d）、0.066mg/（L·d）、0.059mg/（L·d）和 0.016mg/（L·d）。共基质时，萘和芴的降解受到一定程度的促进，其平均降解速率分别增加到 0.244mg/（L·d）和 0.038mg/（L·d），而菲和蒽的降解则受到了严重抑制，蒽几乎不被降解，菲的平均降解速率减小到 0.017mg/（L·d），4 种 PAHs 降解速率顺序为萘>芴>菲>蒽。对于 D1 沉积物，单基质时，对萘、芴、菲、蒽的降解能力顺序为萘>芴>菲>蒽，平均降解速率分别为 0.066mg/（L·d）、0.050mg/（L·d）、0.017mg/（L·d）和 0mg/（L·d）；混合基质时，萘、芴、菲、蒽降解能力虽然仍遵循上述顺序，但萘、芴、菲降解速率均有所降低，分别为 0.057mg/（L·d）、0.021mg/（L·d）和 0.004mg/（L·d），蒽仍不被降解。

实际受污环境往往是多种 PAHs 的复合污染体系。从上述不同沉积物对 PAHs 单基质及共基质条件的生物降解速率比较可以发现，PAHs 之间的相互作用使混合体系 PAHs 的降解更为复杂，有些物质的降解受到抑制，有些则会得到促进，不同样点的沉积物，降解速率呈现出的变化趋势也不尽相同，很难从 PAHs 的分子量及结构找到相应的变化规律。相关国外研究也证实了这一点。Yuan 等通过模拟实验研究河流沉积物对几种 PAHs 的降解，发现菲的存在能够促进蒽、芴和芘的降解；当几种 PAHs 同时存在时，菲、芘的降解速率受到抑制，而蒽、芘和芴的降解受到促进。

浑河、大辽河及太子河典型断面沉积物对 4 种 PAHs 单基质时平均降解速率的比较如图 7-13 和图 7-14 所示。总体看来，3 个采样点沉积物对 PAHs 的降解能力顺序为：T5>D1>H5。为了了解各采样点的污染状况，对各点表层水和沉积物中的 PAHs 总量进行测定，发现 H5、T5 和 D1 点沉积物 PAHs 总量分别为 110. 90 ng/g、334. 10 ng/g 和 816. 63 ng/g；相应表层水中 PAHs 总量分别为 946. 1 ng/L、13 145. 04 ng/L 和 5355. 68 ng/L，T5 点表层水 PAHs 最高，但该点沉积物中 PAHs 量并非最高，这可能是由于采样时正值丰水期，沉积物受到水力扰动比较大，PAHs 在液–固相之间并没有达到分配平衡。3 个采样点 PAHs 平均降解速率与 PAHs 污染水平之间的关系如图 7-13 所示。总体来看，3 个采样点 PAHs 污染程度为：T5>D1>H5，与其降解 PAHs 能力顺序相同，可见沉积物对 PAHs 的降解能力与其受 PAHs 污染程度呈正相关关系。从不同河流的纳污情况分析，浑河受纳较多的生活污水，PAHs 含量相对较少，而太子河受纳了辽阳化工厂、鞍山钢铁厂等排放的工业废水，其中 PAHs 含量相对较多，大辽河是太子河和浑河的交汇，也含有较多的 PAHs。长期受 PAHs 污染的沉积物，其中微生物会受到污染物驯化而获得降解 PAHs 能力。

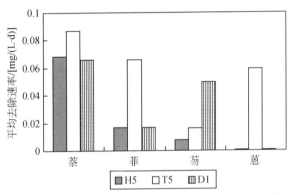

图 7-13　3 个采样点沉积物对 PAHs 平均降解速率比较

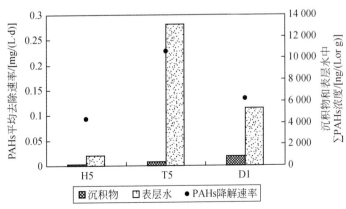

图 7-14　各采样点沉积物对 PAHs 平均去除速率与 PAHs 污染水平关系

7.3.2 沉积物对 PAHs 降解过程的影响因素

1）上覆水与沉积物系统对苊的去除特性比较

分别取太子河典型断面的上覆水和沉积物通过实验室模拟微宇宙实验进行了降解菲的研究，结果如图 7-15 所示。对于只有上覆水存在的系统，菲在 12d 内完全去除，而当沉积物存在时，在 32d 时，菲的去除率达到 95%。而对于无菌对照系统，在 32d 时菲的剩余率仍然高达 83%。由此可以推动系统中菲的去除主要是生物降解的结果。沉积物的存在反而抑制了菲的降解，可能是由于沉积物对菲的吸附降低了菲的生物有效性所致。

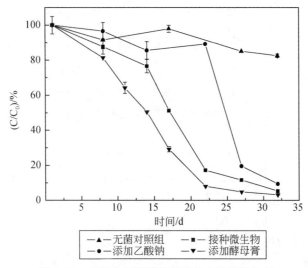

图 7-15　上覆水与沉积物对菲的去除特性比较

2）碳源加入对沉积物降解 PAHs 的影响

污染场地中一些特殊污染物的降解常常会因碳源不足的影响而受到抑制。为了促进土著微生物的生长和活性，通常会采取向污染系统补充碳源或营养源的方法。本书中分别向污染场地投加了乙酸钠、酵母膏、氮源和磷酸盐，考察了其对菲降解的影响，结果如图 7-16所示。结果表明，酵母膏的加入促进了菲的降解，而乙酸盐的加入则对菲的降解产生抑制作用。补充乙酸钠和酵母膏的系统，菲在 27 天的剩余率分别为 19.5% 和 4.8%，而对照系统的剩余率为 11.6%。乙酸钠的存在对菲的降解产生抑制可能是由于微生物对乙酸钠的优先利用影响了对菲的降解，而酵母膏可以为微生物提供多种营养元素，从而提高了土著微生物的代谢活性，促进了对菲的降解。

3）N、P 加入对沉积物降解 PAHs 的影响

氮、磷等营养元素对沉积物系统降解对菲的影响如图 7-17 所示。而菲的去除则受 NH_4Cl 加入影响比较小，而 Na_2HPO_4 加入则在一定程度上能够促进菲的去除，说明本书研究的水–沉积物微宇宙系统菲的降解主要是受到磷源不足的限制。

4）硝酸及硫酸盐还原条件对沉积物降解 PAHs 的影响

向沉积物系统加入硝酸盐和硫酸盐，考察了不同氧化还原条件对 PAHs 降解的影响，

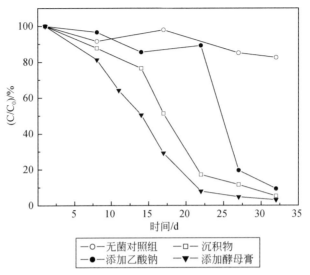

图 7-16　碳源加入对沉积物系统降解菲的影响

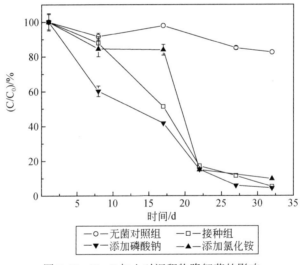

图 7-17　N、P 加入对沉积物降解菲的影响

结果如图 7-18 所示。对于菲的降解，无论是控制好氧还是厌氧环境，$NaNO_3$ 和 Na_2SO_4 的加入均会对其产生一定的抑制作用。

5）温度条件对太子河沉积物降解 PAHs 特性的影响

东北河流季节性温度变化比较明显，秋冬季节非冰冻层河流水温一般为 1~5℃，夏季河流水温一般为 15~20℃。故取太子河沉积物，研究了不同温度条件下萘、芴、菲的降解，结果如图 7-19 所示。可以看出，在 5℃ 和 15℃ 下，这 3 种物质均有一定程度的降解，但 15℃ 条件下 PAHs 的平均降解速率均要明显高于 5℃ 条件。推测低温对沉积物中微生物的代谢活性产生了一定的抑制作用，降低了其对有机污染物的代谢活动。

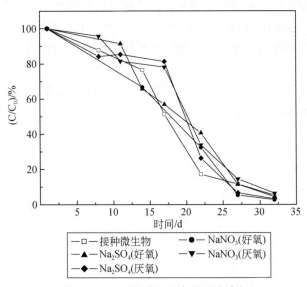

图 7-18　不同氧化还原条件下菲降解

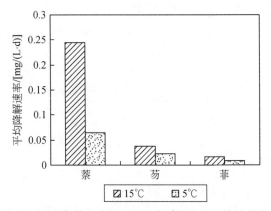

图 7-19　温度条件对太子河沉积物降解 PAHs 特性的影响

当萘、芴、菲、蒽单基质时，浑河沉积物（H5）对其降解速率顺序为萘>菲>芴>蒽；共基质时，萘和菲的降解受到抑制，而芴的降解得到促进，平均降解速率顺序为萘>芴>菲>蒽。无论是单基质还是共基质条件下，蒽不能够被浑河沉积物降解。单基质时，太子河沉积物（T5）对萘、芴、菲、蒽均具有一定的生物降解能力，平均降解速率顺序为萘>菲>蒽>芴；共基质时，萘和芴的降解受到一定程度的促进，而菲和蒽的降解则受到了严重抑制，蒽几乎不被降解，降解速率顺序为萘>芴>菲>蒽。单基质时，大辽河沉积物（D1）对萘、芴、菲、蒽降解速率顺序为萘>芴>菲>蒽；共基质时，降解速率仍遵循上述顺序，但萘、芴、菲的降解速率有所降低。无论是单基质还是共基质，蒽不能够被大辽河沉积物降解。浑河（H5）、太子河（T5）和大辽河（D1）3 个典型污染断面沉积物对 PAHs 降解能力顺序为太子河>大辽河>浑河。河流污染模拟微宇宙研究结果表明沉积物的存在对菲的降解具有一定的抑制作用；补充乙酸钠对菲的降解具有抑制作用，而酵母膏则对其有促进作用；而菲的去除则受 NH_4Cl 加入影响比较小，而 Na_2HPO_4 加入则在一定程度上能够促进菲的去除；无论是控制好氧还是厌氧环境，$NaNO_3$ 和 Na_2SO_4 的加入均会对菲的降解产生一定的抑制作用。

沉积物系统在低温（5℃）条件下也能够在一定程度上将萘、芴、菲降解，但降解速率明显低于15℃下的降解速率。

第8章 松辽流域典型河流中有毒
有机污染物风险分析

松辽流域包括松嫩平原、三江平原的一部分和辽河平原，这里是中国重要的工农业基地。松辽水系是该地区生产、生活和生态用水的重要水源。依据前几章松花江水系、大辽河水系有机污染的分析，结合国内外其他地区 PAHs 的污染特征和风险分析标准，探讨松辽水系有毒有机污染水平和可能的生态风险。

8.1 污染水平

8.1.1 多环芳烃

1）水相

工业废水排放、城市生活污水和城市径流的人为过程是这些区域严重污染的主要原因。河口和近海附近的 PAHs 浓度要明显高于公开海域（Maskauoi et al.，2002）。PAHs 在水体中的浓度超过 10 μg/L 则表明受到严重的 PAHs 污染，在 10 μg/L 以内则表明受到工业点源、船运、大气沉降和城市径流的 PAHs 影响（WHO，1998）。

为了和世界其他地区悬浮物中 PAHs 比较，将悬浮物中 PAHs 的浓度用悬浮物含量换算。大辽河水系悬浮物中的 PAHs 比中国和世界其他地区的河流、河口和近海附近高出许多倍（表8-1）。尤其是靠近本溪钢铁焦化工业、辽阳化工和鞍山钢铁的太子河支流和干流河段。河流悬浮物中的 PAHs 浓度要明显高于河口和近海附近（Countway et al.，2003；Luo et al.，2006）。此外，浑河上游的 H02 污染很严重，推测有新的工业污染源的输入。悬浮物中的 PAHs 与沉积物中的 PAHs 的分布不具有一致性，近期污染源的排放和燃烧形成的 PAHs 在细颗粒物上的吸附沉降可能是辽河干流太子河上游 PAHs 污染集中并严重的原因。枯水期的污染要大于丰水期，此外对于该地区钢铁和焦化厂产生的飞灰吸附沉降 PAHs 对辽河的污染需进一步研究。

对生物有机体危害的 PAHs 浓度 LC_{50}（致死浓度）－10 μg/L 已经被研究（Barron et al.，1999）。丰水期 H1、T5、T6 和枯水期 B4 四个站位水相的 PAHs 浓度超过 10 μg/L，丰水期 T7、D2 两站位 PAHs 浓度接近 10 μg/L，这会对生物体造成一定的毒理危害（Law et al.，1997）。大辽河水系枯水期的危害要小于丰水期。

2）沉积相

与世界其他地区的河流、河口和近海附近的 PAHs 浓度相比，大辽水系沉积物中的 PAHs 浓度相对不是很高，松花江水系处于中等程度的污染（表8-1）。在大辽河水系同样污染程度的 PAHs 在九龙河口及西厦门海（Maskauoi et al.，2002）、珠江河口及沿岸（Luo et al.，2006）、马来西亚河流河口（Zakaria et al.，2002）、韩国的 Kyenoggi 湾也被检测到（Kim et al.，1999）；仅比台湾 Gao-ping 河等地略高（Doong and Lin，2004），与城市化和工业发达地区的河流、河口和近海岸带，如中国杭州河流（Chen et al.，2004）、维多利亚港（Hong et al.，1995）、Casco 海湾（Kennicutt et al.，1994）、Kitimat 港（Simpson et al.，1996）、Narragansett 海港（Hartmann et al.，2004）和美国 San Francisco 海湾（Pereira et al.，1996）等地相比，浓度相对不高，工业废水排放、城市生活污水和城市径流的人为过程是这些区域严重污染的主要原因。但就整个大辽河水系而言，水样和悬浮物样中的 PAHs 浓度较高，表明最近 PAHs 的不断输入，具有一定的生态危害性。且 PAHs 是疏水性的有机污染物，进入水体的 PAHs 除少部分低分子量的 PAHs 通过光解和生物降解外，大部分的 PAHs 将吸附在颗粒物上最后沉积在河流、河口和海洋沉积物中。这样势必对周边的生态环境构成严重的危害。

辽东湾营口河口沉积物中 PAHs 的含量接近于九龙河口、西厦门海、珠江河口和印度 Hugli 河口的 PAHs 的含量，比韩国 Kyeonggi 湾的含量高 10 倍，但是比很多海岸沿线的沉积物，如香港的维多利亚海港和加利福尼亚州的旧金山湾低 10 倍以上。另外，辽东湾营口河口的 PAHs 浓度比 2006 年测定的大辽河河流沉积物中 PAHs 的浓度略高。

松花江水系沉积物中的 PAHs 平均浓度高于世界其他地区的河流（Sanders，2002；Doong and Lin，2004）、河口和近海附近（Maskauoi et al.，2002；Luo et al.，2006），然而同城市化和工业发达地区的河流、河口和近海岸带相比，PAHs 浓度相对较低。例如，维多利亚港（Hong et al.，1995）、Kitimat 港（Simpson et al.，1996）、Casco 海湾（Kennicutt et al.，1994）和美国 San Francisco 海湾（Pereira et al.，1996）。因此，松花江处于中等程度的污染。PAHs 污染物总是富集在沉积物中并造成不利的环境影响（Hites et al.，1980）。

表 8-1　不同地区河流、河口和近海岸地区水、悬浮物、沉积物中多环芳烃浓度

取样种类	地点	PAHs 数量	aPAHs		参考文献
			浓度范围	平均值	
水	Gao-Ping River，中国台湾地区	16	10～9 400	430	Doong 和 Lin（2004）
	九龙河口和西厦门海，中国	16	6 960～26 920	17 050	Maskauoi 等（2002）
	杭州，中国	10	989～9 663	3 717	Chen 等（2004）
	天津，中国	16	45.81～1 272	174	Shi 等（2005）
	Seine River a-Estuary，法国	11	4～36	20	Fernandes 等（1997）
	Alexa-ria coast，埃及	7	13～120	47	Nemr 和 Abd-Allah（2003）
	Chesapeake Bay，美国	17	20～65.7	33.30	Gustafson 和 Dickhut（1997）
	Baltic Sea	14	0.30～0.59	0.53	Maldonado 等（1999）
	大辽河水系丰水期，中国	18	946.10～13 448.50	6 471.10	Guo 等（2007）
	大辽河水系枯水期，中国	18	570.20～2 318.60	1 306.60	Guo 等（2007）
	大辽河河口，中国	12	139.20～1 717.90	486.40	Men 等（2009）

续表

取样种类	地点	PAHs 数量	[a]PAHs		参考文献
			浓度范围	平均值	
悬浮物	天津，中国	16	938 ~ 64 200	8 900	Shi 等（2005）
	Seine River a-Estuary，法国	11	1 000 ~ 14 000	5 000	Fernandes 等（1997）
	珠江河口和沿岸，中国	18	442 ~ 1 850	1 659	Luo 等（2006）
	York River, VA Estuary，美国	20	199 ~ 1 153	596	Countway 等（2003）
	大辽河水系丰水期，中国	18	317. 50 ~ 238 518. 70	21 724. 50	Guo 等（2007）
	大辽河水系枯水期，中国	18	465. 50 ~ 800 501. 40	46 702. 50	Guo 等（2007）
	大辽河河口，中国	12	1 542. 40 ~ 20 094. 50	6 852. 30	Men 等（2009）
沉积物	Gao-Ping River，中国台湾地区	16	8 ~ 356	81	Doong 和 Lin（2004）
	九龙河口和西厦门海，中国	16	59 ~ 1 177	334	Maskauoi 等（2002）
	杭州，中国	10	132. 70 ~ 7 343	1 556. 70	Chen 等（2004）
	天津，中国	16	787 ~ 1 943 000	10 980	Shi 等（2005）
	珠江河口和沿岸，中国	18	189 ~ 637	362	Luo 等（2006）
	维多利亚港，香港	8	700 ~ 26 100	5 277	Hong 等（1995）
	马来西亚河流河口	25	4 ~ 924		Zakaria 等（2002）
	Santa-er Bay，西班牙	16	20 ~ 344 600		Viguri 等（2002）
	San Franciso Bay，美国	17	2 653 ~ 27 680	7 457	Pereira 等（1996）
	Casco Bay，美国	23	16 ~ 20 748	2 900	Kennicutt 等（1994）
	Kitimat Harbour，加拿大	15	310 ~ 528 000	66 700	Simpson 等（1996）
	Kyeonggi Bay，韩国	24	9. 10 ~ 1 400	120	Kim 等（1999）
	Narragansett Bay	41	569 ~ 216 000		Harmann 等（2004）
	大辽河水系丰水期，中国	18	61. 90 ~ 840. 50	287. 30	Guo 等（2007）
	大辽河水系枯水期，中国	18	102. 90 ~ 3 419. 20	815. 40	Guo 等（2007）
	松花江水系丰水期，中国	18	84. 40 ~ 14 938. 70	2 430. 40	Guo 等（2007）
	松花江水系冰封期，中国	18	23. 60 ~ 15 310. 30	1 825. 60	Guo 等（2007）
	大辽河河口，中国	7	272. 10 ~ 1 606. 90	743. 00	Men 等（2009）

注：a 为水浓度，单位为 ng/L；悬浮物和沉积物浓度（干重）单位为 ng/g

8.1.2 有机氯代物

1）松辽水系

表 8-2 列举了其他地区沉积物中 HCHs、DDTs 和 PCBs 的含量。通过比较可知，松辽流域河流沉积物中的 HCHs 含量处于中等水平，而 DDTs 和 PCBs 污染水平较低。

表8-2 其他地区河流沉积物中有机氯农药和多氯联苯的分布

位置	采样时间	ΣHCH	ΣDDT	ΣPCBs	参考文献
Ebro River，西班牙	1999～1996 年	0.001～0.038[a]	0.40～52[b]	5.30～1772[c]	Fernandez 等（1999）
Venice Lagoon，意大利	1996～1998 年	—	—	2～2049[d]	Frignani 等（2001）
Wu-shi River，中国台湾地区	1997～1998 年	0.99-14.50[e]	0.53-11.40[b]	—	Doong 等（2002）
Yangtse River，中国	1998 年	0.18～1.41[f]	0.21～4.50[g]	0.39～1.13[h]	Xu 等（2000）
Bengal Bay，印度	1998 年	0.17～1.56[e]	0.04～4.79[i]	0.02～6.57[j]	Rajendran 等（2005）
MinJiang River，中国	1999 年	2.99～16.21[e]	1.57－13.06[b]	15.14－57.93[k]	Zhang 等（2003）
Nakdong River，韩国	1999 年	—	—	1.1～141[l]	Jeong 等（2001）
Tonghui River，中国	2002 年	0.06～0.38[e]	0.11～3.78[b]	0.78～8.74[m]	Zhang 等（2004b）
Coast，新加坡	2003 年	3.30～46.20[e]	2.20～11.90[b]	1.40～329.60[n]	Wurl 和 Obbard（2005）
Haihe River，中国	2003 年	1.88～18.76[e]	0.32～80.18[g]	—	Yang 等（2005）
Daliaohe River，中国	2005 年	1.86～21.48[e]	0.50～2.81[g]	1.88～16.88[j]	本书

注：a Sum of α-HCH，γ-HCH；b Sum of p,p'-DDE，p,p'-DDD 和 p,p'-DDT；c Sum of PCB congeners 77，101，105，118，126，138，153，156，167，169，170，180，194；d Sum of PCB congeners 18，28，52，77，101，118，126，153，138，169，180，194；e Sum of α-HCH，β-HCH，δ-HCH，γ-HCH；f Sum of α-HCH，β-HCH，γ-HCH；g Sum of p,p'-DDE，p,p'-DDD，o，p'-DDT 和 p，p'-DDT；h Sum of PCB congeners 28，52，101，138，153，180；i Sum of o，p'-DDE，p，p'-DDE，o，p'-DDD，p，p'-DDD，o，p'-DDT 和 p，p'-DDT；j Sum of Arcolor 1242，1248，1254，1260；k Sum of PCB congeners 1，5，28，29，47，49，52，77，97，101，105，118，138，153，154，169，171，180，187，200，204；l Sum of PCB congeners 4，8，18，28，31，44，49，52，66，70，74，77，87，91，99，101，105，110，114，118，123，126，28，138，149，151，153，156，157，158，166，167，169，170，171，180，183，185，187，189，194，206，209；m Sum of PCB congeners 18，28，31，44，52，101，118，138，149，153，180，194；n Sum of PCB congeners 18，28，31，33，44，49，53，70，74，82，87，95，99，101，105，118，128，132，138，153，156，158，169，170，171，177，180，183，187，191，194，195，199，205，206，208，209；—为未报道

2）辽河口

（1）有机氯农药。与国内外其他水体比较，该河口表层水有机氯污染处于中等水平（表8-3）。HCH 的浓度（3.40～3.80 ng/L）低于中国渤海河口（未检出至 70.43 ng/L）和希腊 Nestos 河口（未检出至 68 ng/L），但高于 Chukchi 海洋（1.50～1.80 ng/L）（Iwata et al.，1993）。DDT 的污染状况与 HCH 相似。

将颗粒物中 HCH 和 DDT 的浓度与国内外其他研究区域作比较，比较结果见表8-3。从表中可以看出，辽东湾营口河口颗粒物中 ΣHCH 浓度（6.60～43.7ng/L）高于新加坡海域（0.026～2.40 ng/L）（Wurl et al.，2006）和中国长江河口（6.20～14.80 ng/L）（Liu et al.，2008），低于中国闽江河口（1330～5323 ng/L）（Zhang et al.，2003）；颗粒物中 ΣDDT 浓度（0.40～646.84 ng/L）远远高于中国长江河口（3.4～25.7ng/L）（Liu et al.，2008）、地中海（0.5～5.6ng/L）（Gómez-Gutiérrez et al.，2006）以及新加坡海域（<0.005～0.12ng/L）（Wurl et al.，2006），低于中国闽江河口（466.70～1794 ng/L）。从比较结果来看，辽东湾营口河口颗粒物中有机氯的污染处于中到高等水平。

营口河口表层沉积物中∑HCH 浓度高于韩国 Kyeonggi 海湾（<0.15 ~ 1.20 ng/g）（Lee et al.，2001）、美国 Casco 海湾（0.25 ~ 0.48 ng/g）（Kennicutt et al.，1994）以及中国厦门海港（<0.01 ~ 0.14 ng/g）（Zhou et al.，2000），但低于中国长江河口（0.90 ~ 30.40 ng/g）（Liu et al.，2008）；∑DDT 浓度则低于美国 Casco 海湾（0.25 ~ 20 ng/g）（Kennicutt et al.，1994）和韩国 Kyeonggi 海湾（0.048 ~ 32ng/g）（Lee et al.，2001），但高于中国长江河口（未检出至 0.57 ng/g）（Liu et al.，2008）。从与国内外其他水体表层沉积物中 OCPs 的浓度比较结果来看，辽东湾营口河口表层沉积物中有机氯农药的污染处于中等水平。

表 8-3　不同水体中 HCH 和 DDT 含量的比较

样品	区域	调查时间	ΣHCH	ΣDDT	参考文献
表层水	Chukchi Sea	1989 ~ 1990 年	1.50 ~ 1.80	$2 \times 10^{-4} ~ 4 \times 10^{-4}$	Iwata 等（1993）
	Nestos River，希腊	1996 ~ 1998 年	— ~ 68	— ~ 64	Golfinopoulos 等（2003）
	Haibo River Estuary，中国	2005 年	0 ~ 70.43	0 ~ 37	Xu 等（2007）
	辽东湾营口河口	2007 年	3.43 ~ 23.77	0.02 ~ 5.24	本书
颗粒物	Coast，新加坡	2003 年	0.026 ~ 2.40	<0.005 ~ 0.12	Wurl 等（2006）
	Yangtze Estuary，中国	2002 年	6.20 ~ 14.80	3.40 ~ 25.70	Liu 等（2008）
	Western Mediterranean	2002 ~ 2003	— ~ 0.04[a]	0.50 ~ 5.60	Gómez-Gutiérrez 等（2006）
	Minjiang River Estuary，中国	1999 年	1330 ~ 5323	466.7 ~ 1794	Zhang 等（2003）
	辽东湾营口河口	2007 年	6.62 ~ 43.70	0.40 ~ 646.84	本书
间隙水	Arabian Sea，印度	1996 年	0.85 ~ 7.87	1.47 ~ 25.20	Sarkar 等（1997）
	辽东湾营口河口	2007 年	66.75 ~ 310.83	1.95 ~ 427.36	本书
表层沉积物	Casco Bay，美国	1991 年	0.25 ~ 0.48	0.25 ~ 20	Kennicutt 等（1994）
	Xiaman Harbour，中国	1998 年	<0.01 ~ 0.14	<0.01 ~ 0.06	Zhou 等（2000）
	Kyeonggi Bay，韩国	1995 ~ 1996 年	<0.15 ~ 1.2	0.048 ~ 32	Lee 等（2001）
	Wu-Shi estuary，中国台湾地区	1997 ~ 1998 年	0.99 ~ 14.50	— ~ 11.40	Doong 等（2002）
	Minjiang River Estuary，中国	1999 年	2.99 ~ 16.21	1.57 ~ 13.06	Zhang 等（2003）
	Coast，新加坡	2003 年	3.30 ~ 46.20	2.20 ~ 11.90	Wurl 等（2006）
	Daliao River，中国	2005 年	1.86 ~ 21.48	0.50 ~ 2.81	Wang 等（2007）
	Yangtze Estuary，中国	2002 年	0.90 ~ 30.40	— ~ 0.57	Liu 等（2008）
	辽东湾营口河口	2007 年	0.79 ~ 8.46	0.31 ~ 12.62	本书

注：a 为林丹的含量；表层沉积物中 HCH 和 DDT 的单位为 ng/g，表层水、颗粒物、间隙水中 HCH 和 DDT 的单位为 ng/L

（2）多氯联苯。与国内外其他水体比较，该河口表层水 PCBs 污染处于中等水平。辽东湾营口河口表层水中 PCBs 的污染水平（5.51～40.28 ng/L）低于中国大亚湾表层水中 PCBs 污染水平（91.10～1355.30 ng/L）（Zhou et al.，2001），但远高于中国厦门海港（0.10～1.70 ng/L）（Zhou et al.，2000）和英国 Humber 河口（约为 1 ng/L）（Zhou et al.，1996）。营口河口表层沉积物中 PCBs 浓度高于中国九龙河口（<0.01～0.32 ng/g）（Zhou et al.，2000），但低于中国大亚湾（0.85～27.37 ng/g）（Zhou et al.，2001）和香港 New Territiries（43～461 ng/g）（Zhou et al.，1999）。

8.1.3　硝基苯

目前关于硝基苯类污染物在环境中的基准研究还不是很成熟，特别是这些污染物的沉积物质量基准目前还很少有报道。在《地表水环境质量标准》（GB 3838—2002）中的关于集中式生活饮用水地表水源地特定项目标准限值列于表 8-4。比较发现：大辽河水系表层水中硝基苯、2,4,6-三硝基甲苯和 2,4-二硝基氯苯均不超标，但有部分采样点采集水样中 2,4-二硝基甲苯超标，且浑河太子河和大辽河都有超标现象。

表 8-4　几种硝基苯类污染物的地表水环境质量标准值　　（单位：mg/L）

硝基苯类污染物	限值
硝基苯	0.017
2,4-二硝基甲苯	0.0003
2,4,6-三硝基甲苯	0.5
2,4-二硝基氯苯	0.5

硝基苯类污染物是国家优先控制污染物，目前在国内水体中的分布状况研究较多，但由于几乎所有硝基苯类污染物的毒性都很大，加上其易挥发的性质，目前国内外对其在其他环境介质中的研究还不多。与其他河流相比，除 T5 点（6.12 μg/L）外水样中所测到的硝基苯浓度均低于淮河中硝基苯浓度（2.20 μg/L），与松花江中所测到的硝基苯类有机物浓度（硝基苯：0.45～3.11 μg/L；对硝基甲苯：0.072～1.66 μg/L）相当，对硝基氯苯明显低于松花江表层水中的含量（0.23～0.80 μg/L），2,4-二硝基甲苯明显低于淮河表层水中的含量（22.60 μg/L）（表 8-5）。

表 8-5　国内部分河流中硝基苯类污染物的含量　　（单位：μg/L）

硝基苯类污染物	官厅[a]	淮河[b]	松花江[c]	海河[d]
硝基苯	12.32	2.2	0.453～3.107	17.82
对硝基甲苯			0.072～1.659	
对硝基氯苯			0.23～0.80	
2,4-二硝基甲苯		22.6（淮南）	0.16～0.39	

注：表中空白为无数据；a 来自康跃惠等，2001；b 来自王子健等，2002；c 来自金子等，1998；d 来自王宏等，2003

8.2 污染来源

8.2.1 脂肪烃

1）松花江

脂肪烃的不同的时间和空间分布趋势、指纹特征参数的变化以及污染工业点源的位置可以很好地阐述松花江脂肪烃的来源特征。水体脂肪烃的来源通常为生物源和石油源。石油源是人为活动和自然过程造成的，通常包括石油的运输和加工、废水的排放和土壤有机质的降雨侵蚀冲刷。生物源则来自于藻类、维管植物、海洋动物和细菌作用（Commendatore et al.，2000）。在研究中我们选择一些参数包括碳优势指数（CPI）（Bohem，1983）、陆源和水生贡献比率（TAR）（Bourbonniere and Meyers，1996）、难分离混合物和烷烃比值（UCM/R）、异戊二烯烃比率（Pr/Ph）和正构烷烃的特定分子比率（n-alkanes/C16，C17/Pr，C18/Ph，C17/C29）来分析来源。具体数据见表 8-6 和表 8-7。

表 8-6 丰水期松花江脂肪烃特征诊断因子

站点	S1	S4	S5	S6	S7	S8	S 9	S10	S13	S14
CPI	7.01	7.95	1.06	5.29	2.50	2.26	4.44	6.24	8.95	7.38
n-alkanes/C16	105.12	37.98	70.98	81.85	67.99	22.93	23.20	39.16	50.16	87.42
UCM/R	5.85	5.89	4.88	5.29	5.81	7.96	5.49	5.62	5.76	5.48
Pr/Ph	0.76	0.43	0.57	0.58	0.58	0.54	0.58	0.55	0.49	0.55
C17/Pr	1.45	3.97	2.18	3.57	1.65	2.08	1.95	1.91	1.79	2.23
C18/Ph	1.25	1.52	1.05	1.96	1.03	1.59	1.47	1.01	0.97	1.29
C17/C29	0.12	0.03	0.08	0.04	0.09	0.31	0.02	0.04	0.04	0.04
TAR	10.35	39.42	15.41	31.91	18.25	33.07	50.23	35.59	30.11	39.12

注：CPI 为碳优势指数 2（C27 + C29）/（C26 + 2C28 + C30）；Pr 为姥鲛烷；Ph 为植烷；TAR 为（C27+C29+C31）/（C15+C17+C19），下同

通常 CPI 被用来区别植物石蜡和化石燃料燃烧污染，高的 CPI 值对应于陆源高等植物石蜡对土壤和沉积物的贡献（Rieley et al.，1991）；CPI 值接近 1 则表明微生物、循环有机质和石油的贡献（Kennicutt et al.，1987）。n-alkanes/C16 比值大（>50）是生物源，而小（<15）则是石油源（Colombo et al.，1989）。C17/C29 比值大于 1 是重要的石油污染，小于 1 则是生物合成作用明显（Azimi et al.，2005）。对以上 3 个参数综合分析发现，丰水期的脂肪烃输入是生物和石油混合源的共同作用结果，其中生物源相对明显的站点是 S1、S6、S13 和 S14。S1 和 S13 受站点附近松化湖和牡丹江植物和藻类的输入影响较大，而 S6 和 S14 可能与长春和佳木斯附近植被的陆源输入有关。松花江柱状沉积物中 CPI 值略比 1 大也表明除了有机质和石油的贡献外，陆源高等植物石蜡对沉积物也有一定的贡献。在冰封期，这些指标参数特征表明脂肪烃的输入为石油源，其中 S10s 站点最为明显，肇源附近的水上采油活动是重要原因。

表 8-7 冰封期松花江脂肪烃特征诊断因子

因子	S1	S2	S3	S4	S5	S5s	S6	S8	S8s	S10	S10s	S11	S12	S12s	S13	S15	S15s	S16	S16s	S17	S17s
CPI	1.20	1.11	2.22	0.95	1.31	1.14	1.06	1.04	1.31	0.82	1.81	0.63	0.83	1.26	0.97	1.16	1.08	0.97	1.49	2.14	1.76
n-alkanes/C16	42.21	43.14	61.46	58.60	58.16	32.84	33.42	95.40	54.45	26.70	7.44	25.10	28.34	38.07	16.38	23.91	19.65	62.33	37.38	38.50	33.01
UCM/R	4.92	5.44	6.47	5.39	5.85	3.34	5.40	2.73	4.90	10.90	1.98	7.06	5.91	4.91	5.52	5.18	5.34	3.91	3.26	5.45	5.67
Pr/Ph	0.70	0.67	0.77	0.63	0.70	0.75	0.71	0.62	0.66	0.62	1.00	0.59	0.73	0.64	0.82	0.74	0.78	0.70	0.91	0.56	0.54
C17/Pr	1.37	0.88	0.83	1.42	1.08	1.80	2.46	1.27	1.85	1.14	2.99	1.21	1.28	1.19	1.67	1.48	1.59	1.49	1.39	1.12	1.21
C18/Ph	1.18	0.69	0.67	1.20	0.92	1.49	1.99	1.07	1.17	1.01	2.84	1.06	1.20	1.01	1.78	1.43	1.61	1.34	1.72	0.99	1.00
C17/C29	0.22	0.18	0.18	0.23	0.20	0.42	1.21	0.11	0.18	1.42	1.32	0.97	0.37	0.19	1.06	0.43	0.66	0.41	0.16	0.14	0.19
TAR	4.13	4.32	4.85	4.12	4.44	2.67	1.25	8.68	5.89	1.55	0.42	2.31	2.94	5.66	1.01	2.43	1.60	3.09	5.59	4.92	4.90

脂肪烃的生物源有陆相和水相动植物的来源分别。TAR 可以反映水相和陆相生物对脂肪烃输入的变化情况（Jeng and Huh，2006）。比较松花江丰水期和冰封期生物源脂肪烃的输入特征，在丰水期，TAR 值很高为 10. 35 ~ 50. 23；而在冰封期这个值较低为 0. 42 ~ 8. 68，尤其是靠近肇源的 S10s 点（<1）。在丰水期较高的 TAR 值可能是低分子量的烷烃易降解（Gagosian and Peltzer，1986）和丰水期降雨较多，大量的陆源脂类被冲刷到水体中所致。

难分离混合物是石油污染长期风化降解的结果。UCM/R 可以表征石油降解风化的程度（Simoneit，1982）。这个比值>10 是生物降解石油的结果，而较小的值则是石油污染物最近输入的结果。在本书中，表层沉积物这一比值的范围，在丰水期为 4. 88 ~ 7. 89，冰封期为 1. 98 ~ 10. 90。丰水期整体的比值要高于冰封期，表明丰水期石油源的输入更广泛和严重，生物活动强烈。而在冰封期肇源石油基地的比值具有显著的石油污染从输入到逐渐迁移降解的趋势，岸边沉积物的 UCM/R 值 S10s（1. 98）要低于中心沉积物的值 S10（10. 90）。柱状沉积物中这一比值的范围是 0. 06 ~ 19. 74，柱芯样普遍上层的比值较高，是近期石油污染输入结果导致，其中嫩江下游站点 S9 的值较高表明石油污染经常在这里出现。石油降解现象明显的层面在 S6（37 ~ 40 cm）、S9（4 ~ 6 cm）和 19 ~ 22 cm。

此外 Pr 和 Ph 也是石油烃污染和沉积环境特征的重要指示物（Gilbert et al.，1992；Readman et al.，2002）。Ph 只出现在石油烃污染中，而 Pv 是海洋生物源烃的重要组分。Pr/Ph 比值在 1 以下是石油污染的特征（Medeiros et al.，2005），大于 1 典型的在 3 ~ 5 范围内表现为没有污染的沉积物（Steinhauer and Boehm，1992）。C17/Pr 和 C18/Ph 也可以评价石油烃特别是烷烃的降解程度，比值的大小和降解程度的多少呈负相关关系（Colombo et al.，1989）。本书中测定的 Pr/Ph 比值为 0. 00 ~ 1. 41，表明石油烃污染特征和厌氧沉积环境。C17/Pr 和 C18/Ph 的比值分别为 0. 00 ~ 4. 67 和 0. 00 ~ 5. 42，表明正构烷烃都存在一定程度的降解，尤其是靠近吉林石化的站点 S2（0. 88；0. 69）和 S3（0. 83；0. 67）降解比较明显，由于污染的长期排放且废水具有一定温度，会有一定的碳源补充和一定的微生物生长温度，尽管在冰封期仍存在可降解微生物分布。

2）大辽河水系

脂肪烃的不同的时间和空间分布趋势、指纹特征参数的变化以及污染工业点源的位置可以很好地反映脂肪烃的来源特征。水体脂肪烃的来源通常为生物源和石油源。石油源是人为活动和自然过程造成的，通常包括石油的运输和加工、废水的排放和土壤有机质的降雨侵蚀冲刷。生物源则来自于藻类、维管植物、海洋动物和细菌作用。在本书中我们选择一些参数，包括难分离混合物和烷烃比值（UCM/R）、异戊二烯烃比率（Pr/Ph）、正构烷烃的低分子量和高分子量的分子比率来分析来源。具体数据见表 8-8 和表 8-9。

表 8-8 大辽河水系丰水期脂肪烃分子特征指标

站点	L/H			Pr/Ph			UCM/R		
	水	悬浮物	沉积物	水	悬浮物	沉积物	水	悬浮物	沉积物
H1	0. 68	0. 23	0. 16	0. 73	0. 72	0. 53	0. 73	0. 06	3. 38

站点	L/H			Pr/Ph			UCM/R		
	水	悬浮物	沉积物	水	悬浮物	沉积物	水	悬浮物	沉积物
H2	0.56	0.68	0.06	0.89	0.54	0.67	7.67	4.04	4.92
H3	1.06	0.12	—	0.40	0.73	—	36.36	1.73	—
H4	0.19	0.13	0.05	0.34	2.44	2.44	5.67	2.42	6.18
H5	0.19	0.94	0.09	0.48	0.55	0.67	3.63	5.00	4.64
H6	1.17	0.11	0.06	0.76	0.55	0.72	1.72	3.64	6.69
T1	0.29	0.82	0.06	0.83	0.59	0.77	2.30	0.90	4.14
T2	0.42	0.61	0.03	0.96	0.49	0.80	3.91	3.55	3.76
T3	1.16	0.33	—	0.78	0.60	—	5.00	4.39	—
T4	0.34	0.52	0.03	0.64	0.80	0.85	1.14	4.66	3.51
T5	0.07	0.56	0.06	0.61	0.54	0.70	0.20	4.24	4.71
T6	1.45	0.48	—	—	0.79	—	0.37	4.39	—
T7	1.29	0.77	—	1.03	0.55	—	0.13	4.62	—
D1	0.28	0.71	0.05	1.04	0.54	0.57	1.77	4.36	4.11
D2	0.25	0.18	0.03	1.49	0.07	0.66	0.46	1.28	4.32
D3	0.11	0.1	0.04	0.65	0.76	0.57	0.77	3.30	4.46

注：Pr/Ph 为姥鲛烷/植烷；UCM/R 为难分离组分/可分离组分；L/H 为低分子烃/高分子烃；—为未收集，下同

表 8-9　大辽河水系枯水期脂肪烃分子特征指标

站点	L/H			Pr/Ph			UCM/R		
	水	悬浮物	沉积物	水	悬浮物	沉积物	水	悬浮物	沉积物
H01	0.87	0.38	0.69	0.39	0.44	0.56	3.07	23.58	6.38
H02	2.57	2.39	1.68	0.00	0.73	0.55	3.69	3.18	4.87
B1	1.07	3.08	0.85	0.53	0.69	0.57	32.52	2.94	4.57
H1	1.72	1.19	1.80	0.05	0.68	0.60	13.50	4.69	5.44
H2	0.73	4.16	1.87	0.74	1.39	0.63	14.91	3.41	3.89
H3	0.51	2.84	0.99	0.00	1.20	0.70	70.11	3.81	6.22
H4	1.17	1.36	1.51	2.33	0.99	0.61	13.79	5.09	5.11
B2	1.39	1.02	0.74	0.57	0.51	0.56	18.87	3.43	4.48
H5	1.04	0.88	1.15	0.67	0.86	0.55	26.32	14.16	6.22
H5-1	0.70	0.72	1.89	0.49	0.10	0.67	9.28	9.73	5.38
B3	0.48	0.74	1.10	0.48	0.60	0.62	8.49	4.25	5.31
H6	1.41	0.68	1.35	0.72	0.58	0.56	5.22	3.84	5.19
T1	0.51	0.63	1.58	0.62	0.36	0.63	11.37	4.33	5.52

续表

站点	L/H			Pr/Ph			UCM/R		
	水	悬浮物	沉积物	水	悬浮物	沉积物	水	悬浮物	沉积物
T2	1.35	2.54	1.37	0.89	0.26	0.58	14.29	19.54	4.29
T3	1.94	0.20	0.48	0.94	0.66	0.62	23.02	1.81	5.36
B4	1.22	0.35	—	0.00	0.45	0.51	40.18	8.03	5.00
B5	1.70	1.76	1.03	0.19	0.44	0.44	18.82	5.11	5.06
B6	1.40	0.17	0.48	1.03	1.40	0.53	1.66	0.99	4.85
T4	1.07	0.38	1.23	0.97	0.30	—	8.15	6.42	—
T5	0.39	0.43	1.27	1.13	0.31	0.53	3.78	6.53	4.37
B7	1.07	0.71	1.01	0.11	0.42	0.61	13.31	4.75	5.77
T6	0.57	0.33	1.72	0.93	0.22	0.68	4.74	5.53	7.03
B8	1.09	0.88	0.42	0.02	0.25	1.08	23.70	7.00	6.41
T7	2.07	0.34	1.77	0.27	0.26	0.60	0.57	3.81	4.60
B9	1.94	0.25	0.84	0.40	0.17	0.55	1.27	5.06	4.54
D1	1.91	0.37	1.10	1.66	0.17	0.58	1.07	5.48	5.84
D2	1.38	0.18	2.21	0.84	0.17	0.87	2.63	2.87	2.95
D2-1	3.54	0.36	3.63	1.12	0.13	0.89	1.67	2.36	2.39
D3	2.05	0.41	2.75	0.59	0.52	0.84	0.71	4.77	2.86

难分离混合物 UCM 被认为是支链烷烃和环状烃同系物的复杂混合物，难以被毛细管柱分离，是石油烃长期污染风化和降解导致的。UCM 与可分离组分（R）的比值（UCM/R）可以用来评估油污染程度，比值小于 4 表示轻度污染，大于 4 则是严重污染；比值>10 是生物降解石油的结果，而较小的值则是石油污染物最近输入的结果（Simoneit，1982）。从这次调查来看，在丰水期，水样中 UCM/R 为 0.13~36.36，悬浮物为 0.06~5.00，沉积物为 3.38~6.69，水样和悬浮物样比值相对较小是近期污染的输入结果，其中 H3 点生物降解石油明显；沉积物比值较高，表明过去石油烃污染严重。在枯水期，水样中 UCM/R 为 0.71~70.11，悬浮物为 1.81~23.58，沉积物为 2.39~7.03，水样和悬浮物样比值相对较大且高于丰水期，其中水样的许多站点的比值都超过了 10，悬浮物样中 H01、H5、T2 站点比值也超过了 10，近期污染的输入加重，使生物降解活动不断加强。沉积物的比值与丰水期类似，同样反映了过去石油烃污染严重。

在柱状沉积物中，UCM/R 比值为 0.06~19.74，柱芯样普遍上层的比值较高，是近期石油污染输入结果导致。石油降解现象明显的层面在 H5（0~4 cm）、D2（18~20 cm）。大辽河水系地区石油化工、钢铁冶金、机械加工等工业和大中城市的发展污染了邻近的河流。通常 CPI 被用来区别植物石蜡和化石燃料燃烧污染，高的 CPI 值对应于陆源高等植物石蜡对土壤和沉积物的贡献（Rieley et al.，1991）；CPI 值接近 1 则表明微生物、循环有机质和石油的贡献（Kennicutt et al.，1987）。对这一参数在 4 个柱状样的分布发现，大辽河水系的 CPI 值在 0 ~ 1 人为石油污染影响大。本书中测定 C17/Pr 和 C18/Ph 的比值分别为 0 ~ 5.67 和 0.00 ~ 4.41，表明埋藏过程中正构烷烃都存在一定程度的降解。

低分子的烃（≤C20）和高分子的烃（>C21）的比值（L/H）也可以用来判别植物源（>1）和石油来源（<1）。此外，Pr 和 Ph 也是石油烃污染和沉积环境特征的重要指示物。Ph 只出现在石油烃污染中，而 Pr 是生物源烃的重要组分。Pr/Ph 值在 1 以下是石油污染的特征（Medeiros et al.，2005），大于 1 典型的在 3 ~ 5 范围内表现为没有污染的沉积物（Steinhauer and Boehm，1992）。结合 L/H 和 Pr/Ph 数据作图来分析大辽河水系脂肪烃的污染来源（图 8-1）。从图 8-1 可以看出脂肪烃污染是陆源输入和人为污染的共同结果，以人为石油污染输入为主，石油烃污染时间较长且污染严重。

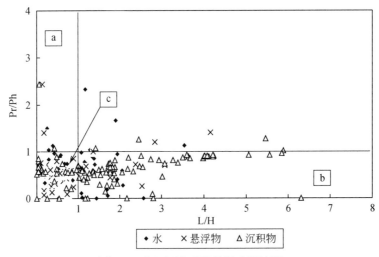

图 8-1　大辽河水系脂肪烃来源诊断

注：a 为生物源；b 为陆源植物；c 为人为石油源；Pr/Ph 为姥鲛烷/植烷；L/H 为低分子烷烃/高分子烷烃

8.2.2　多环芳烃

1）松辽水系

进入到环境介质中的 PAHs 的途径比较复杂，沉积物中 PAHs 的组成可以间接反映污染的状况和来源。2 ~ 3 环的低分子量的 PAHs 来自于石油源，4 ~ 6 环的高分子量 PAHs 来自类似化石燃料的高温热解（Tolosa et al.，2004），通常城市和工业废水是烃的主要输入源（Ko et al.，2007）。据统计，河流每年向海岸附近输入 4 亿 t 的有机碳（Hedges，1992），而烃是这种陆源输入的重要有机组成，这种污染物很容易吸附在颗粒物上并逐渐在沉积物中累积迁移（Pereira et al.，1999）。从近期中国七大水系所选取的干流沉积物中 PAHs 的组成来看（图 8-2），污染程度和组成与当地的经济发展联系紧密。PAHs 的污染顺序为珠江>松花江>黄河>大辽河水系>淮河>长江>海河。珠江、长江、松花江、淮河和海河 3 环的菲、4 环的荧蒽和芘含量优势明显，大辽河水系以 2 环的萘和 4 环的荧蒽和芘含量优势明显，黄河则以 3 环的蒽和 6 环的茚并［1,2,3-cd］芘为主，这些组成是燃烧热解输入的结果（Chang et al. , 2006）。

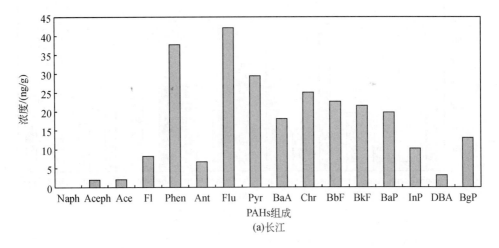

(a)长江

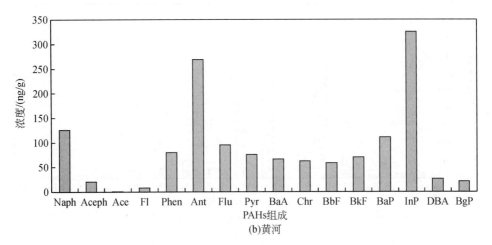

(b)黄河

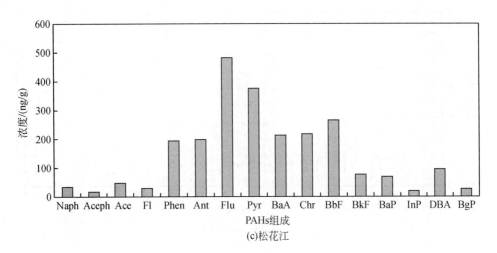

(c)松花江

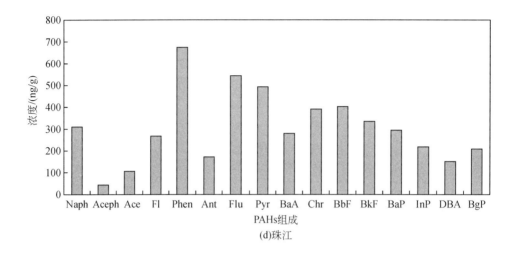

(d)珠江

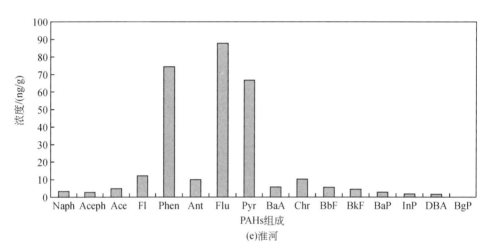

(e)淮河

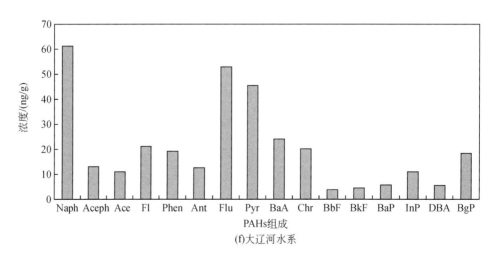

(f)大辽河水系

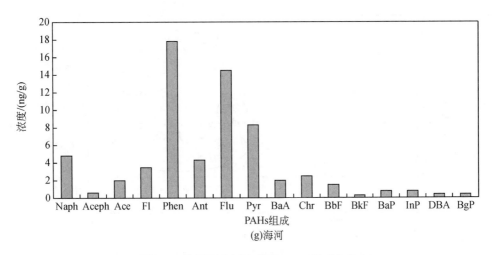

图 8-2　中国七大河流水系 PAHs 组成分布

从组成分布图上看以 3~6 环的 PAHs 分析为 4 个类别，珠江和长江，松辽水系，黄河，海河和淮河，这基本反映了中国经济发展的趋势，珠江和长江流域近期经济增长明显；松辽流域是老工业基地，污染欠账较多；黄河流域经济相对落后，但煤炭使用量大，以高能耗经济为主，淮河和海河地区经济发展历史较短。除了松辽水系外，其余水系的站点分布与松辽水系类似，都位于重要城市和重要的工业聚集地区，不同的是地理位置差异和能源利用及经济发展速度。珠江选取广东广州段（Mai et al.，2002），采样站位附近钢铁、石化工业分布密集，中国南部重要的商业深水船运中心黄埔湾也位于此。可以说工业排放的废物和港口活动是这里 PAHs 的主要来源。长江选取江苏南京段（许士奋等，2000），采样站位附近钢铁、机械、电子和石化工业排放的废物是这里 PAHs 的主要来源。黄河选取甘肃兰州段（Xu et al.，2007），采样站位石化、造纸和医药排放的废物和煤的大量使用是这里 PAHs 的主要来源。淮河选取安徽淮南段（贺勇，2006）采样站位煤炭、电力、化工排放的废物是这里 PAHs 的主要来源。海河选取天津段（Shi et al.，2005），城市和工业废水是这里 PAHs 的主要来源。为了说明沉积物中的 PAHs 来源，以 Fl/Fl+Py 为横坐标，InP/InP+BgP 为纵坐标具体如图 8-3 所示。从图中可以看出淮河、黄河和海河以木柴和煤燃烧为主，其中黄河和海河污染最为相似；珠江是石油、木柴和煤燃烧共同结果；本书研究的松辽水系则和长江污染类似，石油燃烧是最主要来源。

2）辽河口

PAHs 通过城市和工业废物废水的排放、城市径流、石油的泄漏途径、化学燃料的燃烧和大气沉降等途径进入水体环境中。PAHs 的轻重组分的比例、特定的 PAHs 之间的比例，如 Ant/178、Phen/Ant、Fl/Pyr、Fl/（Fl + Pyr）、InP/（InP + BgP），已被用来评价 PAHs 污染物的可能来源（Yunker et al.，2002；Doong and Lin，2004）。

为了研究辽东湾营口河口 PAHs 的来源，Phen/Ant 和 Fl/Pyr，InP/（InP + BgP）和 Fl/（Fl + Pyr）的比例关系被用于源解析。菲/蒽（Phen/Ant）小于 10 时是燃烧过程特征，

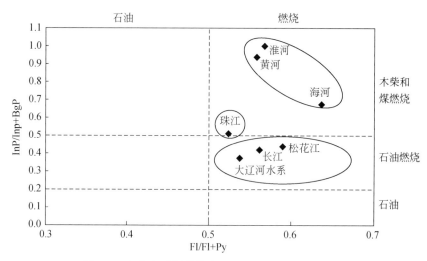

图 8-3　七大水系沉积物中 Fl/Fl+Py 和 InP/InP+BgP

Fl/Fl+Py 表示荧蒽/(荧蒽+芘)；InP/InP+BgP 表示茚并［1，2，3-cd］芘/(茚并［1，2，3-cd］芘+苯并［g，h，i］芘)

大于 10 时是以石油或者成岩输入为主（Baumard et al.，1998）；Fl/Fl+Py 小于 0.4 来源于石油污染，大于 0.5 则主要源于木柴、煤燃烧，为 0.4 ~ 0.5 则表示石油及其精炼产品的燃烧来源；IcdP/IcdP + BghiP 小于 0.2 表明主要是石油排放污染，大于 0.5 则主要是木柴、煤燃烧污染，在此间为石化燃料燃烧污染（Yunker et al.，2002）。分别计算辽河水、悬浮物、表层和柱状沉积物中 PAHs 各特定组分的比例做 PAHs 来源的可能诊断(图 8-4)。图 8-4（a）的比例关系表明沉积物中的 PAHs 主要来源是石油热解，水、悬浮颗粒物和孔隙水水中的 PAHs 主要来自混合源。图 8-4（b）显示沉积物和孔隙水中的 PAHs 主要来源是石油、木柴和煤燃烧，悬浮颗粒物中 PAHs 的来源是石油输入、木柴和煤燃烧，水中 PAHs 的来源是混合来源。

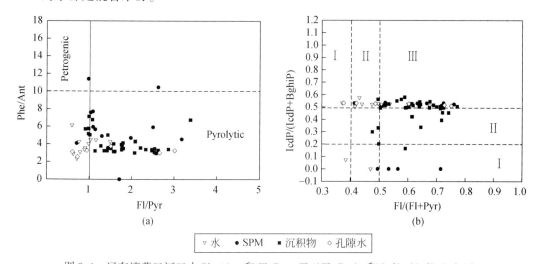

图 8-4　辽东湾营口河口中 Phe/Ant 和 Fl/Pyr，Fl/（Fl+Pyr）和 IcdP/（IcdP+BghiP）

主成分分析将多个变量通过线性变换以选出较少个数重要变量的一种多元统计分析方法。本书利用主成分分析更好地研究 PAHs 的来源（Doong and Lin，2004）。水、悬浮颗粒物、沉积物和孔隙水中 PAHs 的主成分分析的荷载图如图 8-5 所示。水、悬浮颗粒物、沉积物和孔隙水中的第一和第二主成分的累计贡献率都超过 77%。对于水相来说，第一主成分有 50% 的贡献率，并在 TOC、Nap、Ace、Ac、Flu、Phe、Ant、Pyr、Fl 有高的负荷（包

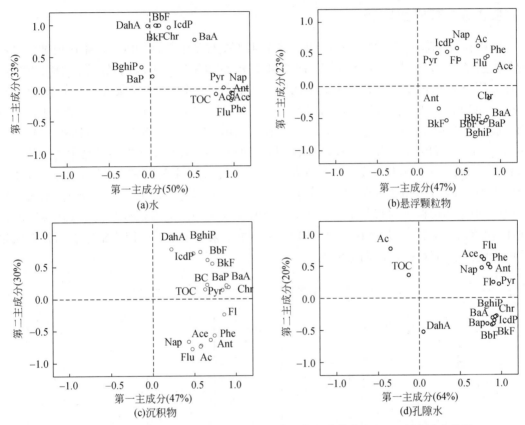

图 8-5　辽东湾营口河口水、悬浮颗粒物、沉积物和孔隙水中 PAHs 的主成分分析

括了所有目标的 2 环、3 环化合物和 3 个目标的 4 环化合物），说明辽东湾营口河口水相 PAHs 的主要来源是石油的直接排放和石油的燃烧。站位 6 在河口位置，邻近污水渠道和工业污水的排放口，有高的负荷，反映了污水排放过程产生了 PAHs。另外，主成分分析荷载图显示辽东湾营口河口 TOC 与所有的 2 环和 3 环的 PAHs 集中在一起。这表明大多 2 环和 3 环的 PAHs 都以类似的途径进入辽东湾营口河口的水中，TOC 是一个主要的控制低分子量 PAHs 分布的因素。同时，悬浮颗粒物的第一主成分有 47% 的贡献率，在 3 环、4 环和 5 环 PAHs 上有高的负荷，说明悬浮颗粒物的 PAHs 是石油排放（3 环）和石油热解（4 环和 5 环）的混合来源。站点 20 的高负荷说明辽东湾营口河口悬浮颗粒物的主要的来源是大气沉降。沉积物中的第一主成分有 47% 的贡献率，在 3 环、4 环和 5 环 PAHs 上有高的负荷，和悬浮颗粒物得到的结果类似，说明辽东湾营口河口沉积物中 PAHs 的主要来

源也是石油排放和石油热解。站点 2、11、26 和 30 有高的负荷，证明了污水处理厂和工业排放可能是 PAHs 的来源。孔隙水的第一主成分除了 Ac 和 DahA 之外所有的 PAHs 都有很高的负荷，说明孔隙水中 PAHs 的来源是混合源。从主成分分析的结果说明该研究区域 PAHs 的来源主要是石油排放和石油热解，主成分分析的结果和不同的组分分析得到的关于 PAHs 来源的结果类似。

8.2.3　有机氯农药

污染物及其降解产物的组成分析能够帮助我们更好地了解污染源、污染历史和污染物的降解途径。DDT 及其生物降解产物 DDE 和 DDD 的含量比例可以用来推测 DDT 的来源。DDT 在厌氧条件下通过土壤中的微生物降解可转化为 DDD，好氧条件下可转化为 DDE（Hitch and Day，1992）。我国历史上大约使用了 4×10^5 t DDTs，并于 1983 起禁止生产和使用。通常，工业品 DDT 中包含 80% ~ 85% p,p′-DDT 和 15% ~ 20% o,p′-DDT（Metcalf，1973）。图 8-6 和图 8-7 描述了 DDD/DDE 和（DDD+DDE）/Σ DDT 在各样品中的比值。可以看到，DDD/DDE 在大多数样品中的值均小于 1，表明其主要以好氧降解为主；（DDD + DDE）/ DDTs 值大于 0.5 通常被认为来自长期风化的土壤（Hong et al.，1995）。通过比较（DDE+DDD）/DDTs 值可以推断是否有新的 DDTs 输入源。大多数样品的（DDE+DDD）/DDTs 比值均大于 0.5，说明该区域的 DDT 污染主要来自于早期残留或施用农药长期风化后的土壤，近期没有 DDTs 新的输入。

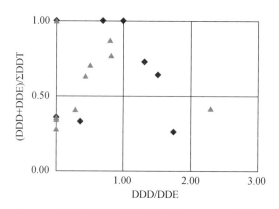

图 8-6　松辽流域河流沉积物样品中 DDT 组成分析

主成分分析结果得出的结论如图 8-8 所示。对于表层水而言，第一主成分代表了 34% 的信息，第二主成分代表了 25% 的信息，主成分分析图较好地代表了样品理化性质和目标物之间的关系，除艾氏剂外，其他有机氯农药在两个主成分上载荷都较大，这说明表层水中 OCPs 污染来源于多种农药的混合物；对于颗粒物而言，第一主成分代表了 44% 的信息，DDT、o,p′-DDD 及 o,p′-DDE 在第一主成分上载荷较大，说明颗粒物中 OCPs 污染多来源于 DDD、DDE 和 DDT 的混合物；对于间隙水而言，除艾氏剂和狄氏剂外，其他组分在两个主成分上载荷也较大，与表层水相似，其污染也来源于多种农药的混合物；对于沉积物而言，第一主成分代表了 23% 的信息，其中，α-、β-、γ-HCH 载荷较大，即 HCH

是研究区域表层沉积物中有机氯污染的主要来源。

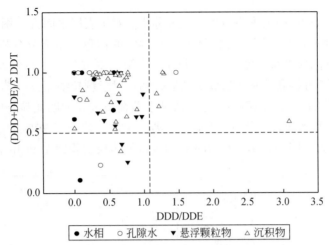

图 8-7　辽东湾营口河口中 DDT 的组成
菱形代表辽河数据，三角形代表松花江数据

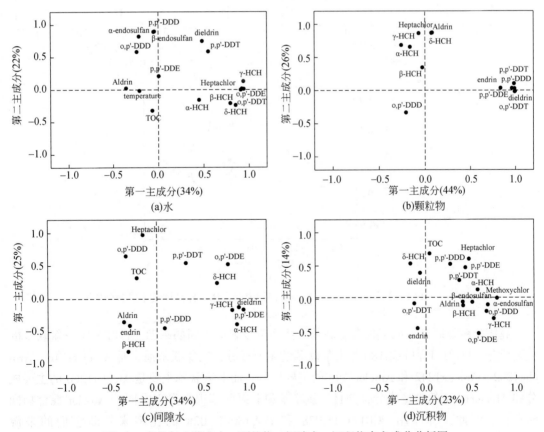

图 8-8　有机氯农药在水、颗粒物、间隙水、沉积物中主成分分析图

8.2.4　多氯联苯

对不同样品中 PCBs 的浓度进行了主成分分析。对于表层水而言［图8-9（a）］，第一主成分代表了 39% 的信息，第二主成分代表了 24% 的信息，主成分分析图较好地代表了样品理化性质和目标物之间的关系，5 氯和 6 氯在第一主成分上载荷较大，这说明表层水中 PCBs 污染来源于五氯联苯和六氯联苯的混合物；对于颗粒物而言［图8-9（b）］，第一主成分代表了 62% 的信息，高氯在第一主成分上载荷较大，说明颗粒物中 PCBs 污染多来源于高氯；对于沉积物而言［图8-9（c）］，第一主成分代表了 29% 的信息，其中，5cl、6cl 及 10cl 载荷较大，即 5cl、6cl 和 10cl 是研究区域表层沉积物中 PCBs 污染的主要来源。

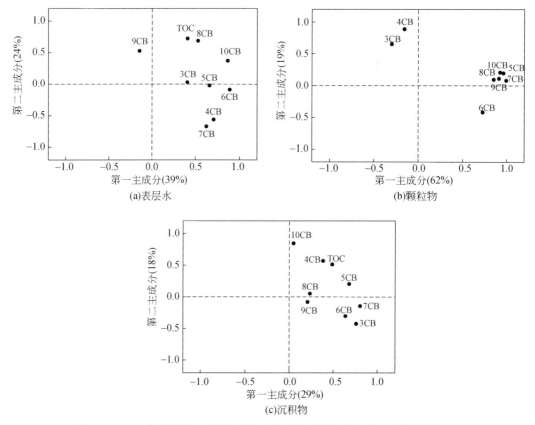

图 8-9　PCBs 在表层水、颗粒物及沉积物中的含量与样品性质主成分分析图

高氯代多氯联苯与低氯代多氯联苯的比率可以表征不同的来源。PCB28 是三氯联苯的主要成分，PCB171 和 PCB180 是七氯联苯的主要成分；三氯联苯通常是 Aroclor1016、Aroclor1232、Aroclor1242 和 Aroclor1248 的主要成分，而七氯联苯主要是 Aroclor1260 的主要成分和 Aroclor1254 的少量成分，并且三氯联苯和七氯联苯很少发现在同一 Aroclor 混合物同时存在。因此，可以用 PCB171/PCB28 和 PCB180/PCB28 的比率来判断它们的来源（Hartmann et al.，2004）。由图 8-10 可知，营口河口大多数沉积物样品中 PCB171/PCB28

比值大于 1，表明其 PCBs 主要来源高氯和低氯的 Aroclor 混合物，其中高氯 Aroclor 混合物
是沉积物 PCBs 的重要组成部分。Aroclor1270 以下的混合物中通常不含有 PCB209 和
PCB206，PCB209 存在于更高的 Aroclor 混合物中（Hartmann et al.，2004）。大多数样品中
PCB209/PCB206 值均小于 1（图 8-10），这表明 Aroclor1270 和 Aroclor1271 是湖泊沉积物
中高氯 PCBs 的主要来源。由以上分析可知，变压器油和电容器拆卸、工业排放和城市生
活污水等可能是该区域沉积物 PCBs 的主要来源。

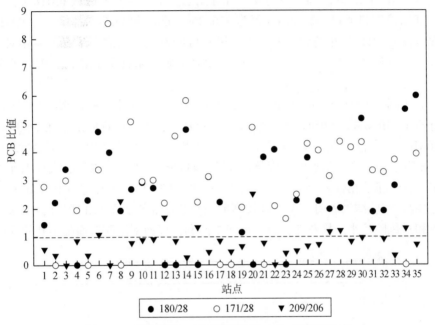

图 8-10　辽东湾营口河口沉积物中 PCBs 同系物比率

8.3　生态风险评价

沉积物是污染物的汇和源，相对于水体和悬浮物的污染输入、累积和赋存环境更为稳
定，可以给污染的来源和污染背景提供可靠的数据支持，因此采用沉积物中有机物的污染
程度来评价松辽水系的污染特征。

8.3.1　多环芳烃

将沉积物中的 PAHs 浓度指标和海洋与河口沉积物中有机污染物的潜在生态风险的效
应区间值（Long et al.，1995）比较。生态风险的效应区间低值（effects range low，ERL，
生物有害效应几率<10%）和效应区间中值（efects range median，ERM，生物有害效应几
率>50%），两者又被视为沉积物质量的生态风险标志水平。借助 ERL 和 ERM 可评估有机
污染物的生态风险效应：若污染物浓度<ERL（4022 ng/g），则极少产生负面生态效应；若
污染物浓度在两者之间，则偶尔发生负面生态效应；若污染物浓度>ERM（44 792 ng/g），则

经常会出现负面效应。从松辽水系沉积物样品中 12 种与相应的沉积物生态风险标志水平进行比较，丰水期除 D1 点的苊和芴的含量处于 ERL 与 ERM 之间外，其余各站位的沉积物样品中的 PAHs 含量都低于 ERL，在枯水期水系大部分站点低分子量的 PAHs 的含量处于 ERL 与 ERM 之间，尤其是浑河上游的 H02，太子河本溪附近的干流和支流，大辽河的入海口站点。因此，大辽河水系地区沉积物枯水期的风险大于丰水期、轻分子量的 PAHs 风险较大、PAHs 总量的潜在生态风险相对较小。辽东湾营口大多数站位点的 Nap、Ac 和 Fl 的浓度在 ERL 和 ERM 之间，说明危害有可能会发生。因此该区域 PAHs 可能会产生生态风险。辽东湾营口河口的总 PAHs 值为 276.26 ~ 1606.89 ng/g，都低于总 PAHs 的 ERL 指标 4022 ng/g。所以辽东湾营口河口生态风险可能发生，但潜在生态风险相对较小。位于松花江上游沉积物样品中 S1、S3 和 S4 的 PAHs 浓度超过了 ERL，表现为不利的生态影响。

由于有机碳对 PAHs 在环境中的分配和生物有效性的作用，有机碳标化后的 PAHs 可以用来评价不同沉积物的污染水平（Swartz，1999）。根据沉积物质量标准（SQGs），13 种标化的 PAHs 来评价环境风险（图 8-11）。在松辽水系样品中，风险浓度最高限值（EECs）没有发现，许多站点的浓度都在风险最低限值（TEC）以下，大辽河水系枯水期的站点 H4、D3 和松花江站点 S1、S3、S4、S9 的浓度在风险浓度中值（MEC）和低值（TEC）之间。实验结果表明，风险区较高的站点位于工业区和港口附近，而城市和农业区的站点相对风险较小。松花江上游、浑河中游和大辽河下游河口面临不利的环境影响。

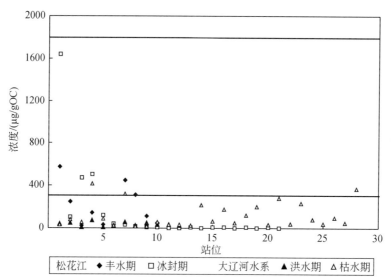

图 8-11　13 种 PAHs 沉积物质量标准分布（Swartz，1999；Viguri et al. ，2002）
TEC 为风险浓度低值（290 μg/gOC）；MEC 为风险浓度中值（1800 μg/gOC）；EEC 为风险浓度中值（10 000 μg/gOC）

8.3.2　有机氯代物

基于加拿大（CCME，2002）和美国佛罗里达州环境保护部（MacDonald，1994）建立的沉积物环境质量标准（SQG）（表 8-10）、临时环境质量标准（interim sediment quality guidelines，ISQG）、初始效应浓度（threshold effect level，TEL）和可能效应浓度（probable effect level，PEL）来评价研究区域沉积物的有机氯农药污染生态风险。临时环境质量标准规定 γ-HCH、异狄氏剂、狄氏剂、环氧七氯、p,p′-DDD、p,p′-DDE 以及 p,p′-DDT 的浓度分别不能超过 0.94ng/g、2.67ng/g、2.85ng/g、0.60ng/g、3.54ng/g、1.42ng/g 及 1.19ng/g。PEL 规定 γ-HCH、异狄氏剂、狄氏剂、环氧七氯、p,p′-DDD、p,p′-DDE 以及 p,p′-DDT 的最大浓度分别为 1.38ng/g、62.4ng/g、6.67ng/g、2.74ng/g、8.51ng/g、6.75ng/g 及 4.47ng/g。PEL 还规定总 HCH 和总 DDT 分别不能超过 0.99ng/g 和 51.7 ng/g。

表 8-10　部分有机氯类的沉积物质量基准　　　　（单位：ng/g）

化合物	ERL	ERM	TEL	PEL
γ-HCH	—	—	0.32	0.99
p,p′-DDE	2.2	27	2.07	374.17
p,p′-DDD	2	20	1.22	7.81
p,p′-DDT	1	7	1.19	4.77
ΣPCBs	—	—	34.1 *	277

注：—为没有报道；＊为临时环境质量标准

松辽流域除 γ-HCH 外，其他污染物只有哈达湾（S1）p,p′-DDE 的含量略高于 TEL，但远低于 ERM，除哈达湾（S1）外其他各点均低于 TEL。但是松辽流域河流沉积物中 γ-HCH 的含量远高于 TEL 甚至 PEL，存在着一定的生态风险，应引起有关部门的注意。对 PCBs 的生态风险分析表明松辽流域各点沉积物的 ΣPCBs 浓度均低于 ISQL，说明松辽流域沉积物中残留的 PCBs 一般不会对水体造成生态风险。

将辽东湾营口河口沉积物中 OCPs 检测结果与 ISQG 或 PEL 作比较，比较结果表明：大多数样品中 γ-HCH 浓度均高于 ISQG 和 PEL 规定值，研究区域 HCH 污染存在生态风险；所有采样点的 DDT 及其降解产物 p,p′-DDD、p,p′-DDE、p,p′-DDT 浓度均未超过 ISQG 标准；其他有机氯农药包括异狄氏剂、狄氏剂和环氧七氯在大多数样品中都符合 ISQG 标准，因此该研究区域不存在 DDT 和其他有机氯农药污染的生态风险。辽东湾营口河口沉积物中 ΣPCBs 含量均低于 ERL 和 ERM。加拿大环境质量基准也规定了可能效应浓度（189 ng/g dw）（CCME，1999）和中等沉积物质量基准（21.5 ng/g dw）。此次调查中沉积物均低于这些沉积物质量基准值，属于低到中等水平，因此辽东湾营口河口沉积物 PCBs 的污染不存在生态风险。

参 考 文 献

崔长俊, 翟平阳. 2005. 松花江水质有机毒物生态污染防治. 北方环境, 30 (2): 24-26.

范成新. 1995. 隔湖沉积物理化特征及磷释放模拟. 湖泊科学, 7: 341-350.

贺勇. 2006. 淮河中下游底泥 PAHs 污染特征及其来源分析. 淮南: 安徽理工大学硕士学位论文.

金子, 李善日, 李青山. 1998. 松花江水中有机污染物的 GC/MS 定性定量分析. 质谱学报, 1: 33-42.

康跃惠, 宫正宇, 王子健, 等. 2001. 官厅水库及永定河水库中挥发性有机物分布规律研究. 环境科学学报, 21 (3): 338-343.

郎佩珍, 龙凤山, 袁星, 等. 1993. 松花江中游 (哨口–松花江村段) 水中有毒有机物污染研究. 环境科学进展, 1 (6): 47-55.

李红莉, 李国刚, 杨帆, 等. 2007. 南四湖沉积物中有机氯农药和多氯联苯垂直分布特征. 环境科学, 28 (7): 1590-1594.

李灵军, 吴季茂, 陈宇东, 等. 1993. 变压器油中多氯联苯的测定. 环境科学, 14 (3): 69-72.

卢冰, 潘建明, 王自磐, 等. 2002. 北极沉积物中正构烷烃的组合特征及古沉积环境的研究. 海洋学报, 24 (6): 34-48.

屈建航, 袁红莉, 黄怀曾, 等. 2005. 官厅水库沉积物中细菌群落纵向分布特征. 中国科学 (D) 地球科学, 35 (增刊 I): 233-240.

王宏, 杨霓云, 沈英娃, 等. 2003. 海河流域几种典型有机污染物环境安全性评价. 环境科学研究, 16 (6): 35-36.

王子健, 吕怡兵, 王毅, 等. 2002. 淮河水取代苯类污染物及其生态风险. 环境科学学报, 22 (3): 300-304.

许士奋, 蒋新, 王连生, 等. 2000. 长江和辽河沉积物中的多环芳烃类污染物. 中国环境科学, 20 (2): 128-131.

于常荣, 曹喆, 王炜, 等. 1994. 松花江鱼类有机污染物的研究. 中国环境科学, 14 (4): 2832-2837.

朱纯, 潘建明, 卢冰, 等. 2005. 长江口及邻近海域现代沉积物中正构烷烃分子组合特征及其对有机碳运移分布指示. 海洋学报, 27 (4): 59-67.

Accardi-Dey A, Gschwend P M. 2002. Assessing the combined roles of natural organic matter and black carbon as sorbents in sediments. Environmental Science and Technology, 36: 21-29.

Accardi-Dey A, Gschwend P M. 2003. Reinterpreting literature sorption data considering both absorption into organic carbon and adsorption onto black carbon. Environmental Science and Technology, 37: 99-106.

Alkhatib E, Weigand K. 2002. Parameters affecting partitioning of 6 PCB congeners in natural sediment. Environmental Monitoring and Assessment, 78: 1-17.

Ashley J T F, Baker J E. 1999. Hydrophobic organic contaminations in surficial sediments of Baltimore Harbor: Inventories and sources. Environmental Toxicology and Chemistry, 18: 838-849.

Azimi S, Rocher V, Muller M, et al. 2005. Sources, distribution and variability of hydrocarbons and metals in atmospheric deposition in an urban area (Paris, France). Science of the Total Environment, 337: 223-239.

Barra R, Popp P, Quiroz R, et al. 2006. Polycyclic aromatic hydrocarbons fluxes during the past 50 years observed in dated sediment cores from Andean mountain lakes in central south Chile. Ecotoxicology and Environmental Safety, 63: 52-60.

Barriuso E, Laird D A, Koskinen W C, et al. 1994. Atrazine desorption from smecties. Soil Science Society American Journal, 58: 1632-1638.

Barron M G, Podrabsky T, Ogle S, et al. 1999. Are aromatic hydrocarbons the primary determinant of petroleum toxicity to aquatic organisms. Aquatic Toxicology, 46: 253-268.

Baumard P, Budzinski H, Mchin Q, et al. 1998. Origin and bioavailability of PAHs in the Mediterranean Sea from mussel and sediment records. Estuarine, Coastal and Shelf Science, 47: 77-90.

Ben-David E A, Holden P J, Stone D J M, et al. 2004. The Use of phospholipid fatty acid analysis to measure impact of acid rock drainage on microbial communities in sediments. Microbiology Ecology, 48: 300-315.

Bohem P D. 1983. Coupling of organic pollutants between the estuary and Continental Shelf and the sediments and water colunm in the New York Bight region, Canadian. Journal of Fisheries and Aquatic Sciences, 40: 262-276.

Bornemann L, Kookana R, Welp G. 2007. Differential sorption behavior of aromatic hydrocarbons on charcoals prepared at different temperatures from grass and wood. Chemosphere, 67: 1033-1042.

Bourbonniere R A, Meyers P A. 1996. Anthropogenic influences on hydrocarbon contents of sediments deposited in eastern Lake Ontario since1800. Environmental Geology, 28: 22-28.

Briggs G G. 1981. Theoretical and experimental relationships between soil adsorption, octanol-water partition coefficients, water solubilities, bioconcentration factors, and the parachor. Journal of Agricultural and Food Chemistry, 29: 1050-1059.

Brossa E L, Mora R R, Amann R. 1998. Microbial community composition of Wadden Sea Sediments as revealed by fluorescence in situ hybridization. App l Environ. Microbiol. , 64 (7): 2691-2696

Bucheli, T D, Gustafsson O. 2000. Quantification of the soot-water distribution coefficient of PAHs provides mechanistic basis for enhanced sorption observations. Environmental Science and Technology, 34: 5144-5151.

Cao J, Guo H, Zhu H, et al. 2008. Effects of SOM, surfactant and pH on the sorption-desorption and mobility of prometryne in soils. Chemosphere, 70: 2127-2134.

CCME. 1999. Canadian sediment quality guidelines for the protection of aquatic life: Introduction. //Canadian Council of Ministers of the Environment. Canadian Environmental Quality Guidelines. Winnipeg.

CCME. 2002. Canadian Environmental Quality Guidelines. Winnipeg: Canadian Council of Ministers of the Environment.

Chang K F, Fang G C, Chen J C, et al. 2006. Atmospheric polycyclic aromatic hydrocarbons (PAHs) in Asia: A review from 1999 to 2004. Environmental Pollutin, 142: 388-396.

Chen B L, Xuan X D, Zhu L Z, et al. 2004. Distribution of polycyclic aromatic hydrocarbon in surface waters, sediment and soils of Hangzhou City, China. Water Research, 38: 3558-3568.

Chen B, Zhou D, Zhu L. 2008. Transitional adsorption and partition of nonpolar and polar aromatic contaminants by biochars of pine needles with different pyrolytic temperatures. Environmental Science and Technology, 42: 5137-5143.

Chen D, Xing B, Xie W. 2007. Sorption of phenanthrene, naphthalene and o-xylene by soil organic matter fractions. Geoderma, 139: 329-335.

Chen Z, Xing B, McGill W B, et al. 1996. α-Naphthol sorption as regulated by structure and composition of organic substances in soils and sediments. Canadian Journal of Soil Science, 76: 513-522.

Colombo J C, Barreda C, Bilos N C, et al. 2005a. Oil spill in the Rio de la Plata estuary, Argentina: 2-hydrocarbon disappearance rates in sediments and soils. Environmental Pollution, 134: 267-276.

Colombo J C, Cappelletti N, Lasci J, et al. 2005b. Sources, vertical fluxes, and accumulation of aliphatic hydrocarbons in coastal sediments of the Río de la Plata Estuary, Argentina. Environmental Science and

Technology, 39: 8227-8234.

Colombo J C, Pelletier C, Brochu K M, et al. 1989. Determination of hydrocarbon sources using n-alkane and polyaromatic hydrocarbon distribution indexes. Case study: Rio de La Plata Estuary, Argentina. Environmental Science and Technology, 23: 888-894.

Commendatore M G, Esteves J L, Colombo J C. 2000. Hydrocarbons in coastal sediments of Patagonia, Argentina: levels and probable sources. Marine Pollution Bulletin, 40: 989-998.

Commendatore M G, Esteves J L. 2004. Natural and anthropogenic hydrocarbons in sediments from the Chubut River (Patagonia, Argentina). Marine Pollution Bulletin, 48: 910-918.

Cornelissen G, Gustafsson O, Bucheli T D, et al. 2005. Extensive sorption of organic compounds to black carbon, coal, and kerogen in sediments and soils: Mechanisms and consequences for distribution, bioaccumulation, and biodegradation. Environmental Science and Technology, 39: 6881-6895.

Cornelissen G, Gustafsson O. 2004. Sorption of phenanthrene to environmental black carbon in sediment with and without organic matter and native sorbates. Environmental Science and Technology, 38: 148-155.

Cornelissen G, Kukulska Z, Kalaitzidis S, et al. 2004. Relations between environmental black carbon sorption and geochemical sorbent characteristics. Environmental Science and Technology, 38: 3632-3640.

Countway R E, Dickhut R M, Canuel E A. 2003. Polycyclic aromatic hydrocarbon (PAH) distributions and associations with organic matter in surface waters of the York River, VA Estuary. Organic Geochemistry, 34: 209-224.

Daniel R O, John R M R. 2004. Polycyclic aromatic hydrocarbons in San Francisco Estuary sediments. Marine Chemistry, 86: 169-184.

Davis E M, Turley J E, Casserly D M, et al. 1983. Partitioning of selected organic pollutants in aquatic ecosystems. Biodeterioration, 5: 176-184.

Dimou K N, Tsang-Liang S, Hire R I, et al. 2006. Distribution of polychlorinated biphenyls in the Newark Bay estuary. Journal of Hazardous Materials, 136: 103-110.

Doong R A, Lin Y T. 2004. Characterization and distribution of polycyclic aromatic hydrocarbon contaminations in surface sediment and water from Gao-ping River, Taiwan. Water Research, 38: 1733-1744.

Doong R A, Peng C K, Sun Y C, et al. 2002. Composition and diesribution of organochlorine pesticide residues in surfacesediments from the Wu-Shi River estuary, Taiwan. Marine Pollution Bulletin, 45: 246-253.

Dunnivant F M, Schwarzenbach R P, Macalady D L. 1992. Reduction of substituted nitrobenzene in aqueous solutions containing natural organic matter. Environmental Science and Technology, 26: 2133-2141.

Edwards D A, Luthy R G, Liu Z. 1991. Solubilization of polycyclic aromatic hydrocarbons in micellar nonionic surfactant solutions. Environmental Science and Technology, 26: 2324-2330.

Environment Agency Japan. 1992. Chemicals in the environment. Report on environmental survey and wildlife monitoring of chemicals in fiscal year 1991. Tokyo: Department of Environmental Health, Environment Agency Japan.

Feng J L, Yang Z F, Niu J F, et al. 2007. Remobilization of polycyclic aromatic hydrocarbons during the resuspension of Yangtze River sediments using a particle entrainment simulator. Environmental Pollution, 149: 193-200.

Fernandes M B, Sicre M A, Boireau A, et al. 1997. Polyaromatic hydrocarbon (PAH) distributions in the Seine River and its estuary. Marine Pollution Bulletine, 34: 857-867.

Fernandez M A, Alonso C, Gonzalez M J, et al. 1999. Occurrence of organochlorine insecticides, PCBs, and

PCB congeners in waters and sediments of the Ebro River (Spain). Chemosphere, 1: 33-43.

Ferreira A, Martins M, Vale C. 2003. Influence of diffusive sources on levels and distribution of polychlorinated biphenils in the Guadiana River estuary, Portugal. Marine Chemistry, 83: 175-184.

Frignani M, Bellucci L G, Carraro C, et al. 2001. Polychlorinated biphenyls in sediments of he Venice Lagoon. Chemosphere, 43: 567-575.

Gagosian R B, Peltzer E T. 1986. The importance of atmospheric input of terrestrial organic material to deep sea sediments. Organic Geochemistry, 10: 661-669.

Gatermann R, Huhnerfuss H, Rimkus G, et al. 1994. The distribution of nitrobenzene and other nitroaromatic compounds in the North Sea. Marine Pollution Bulletin, 30: 221-227.

Gilbert M, Rivet L, Jawad A I, et al. 1992. Hydrocarbon distributions in low polluted surface sediments from Kuwait, Bahrain and Oman Coastal Zones (Before the Gulf War). Marine Pollution Bulletin, 24: 622-626.

Golfinopoulos S K, Nikolaou A D, Kostopoulou M N, et al. 2003. Organochlorine pesticides in the surface waters of Northern Greece. Chemosphere, 50: 507-516.

Grathwohl P. 1990. Influence of organic matter from soils and sediments from various origins on the sorption of some chlorinated aliphatic hydrocarbons: Implications on Koc correlations. Environmental Science and Technology, 24: 1687-1693.

Gschwend P M, Hites R A. 1981. Fluex of polycyclic aromatic hydrocarbons to marine and lacustrine sediments in the northeastern United States. Geochimica et Cosmochimica Acta, 45: 2359-2367.

Guo W, He M C, Yang Z F, et al. 2007. Distribution of polycyclic aromtic hydrocarbons in water, suspended particulate matter and sediment from Daliao River watershed, China. Chemosphere, 68: 93-104.

Guo W, He M C, Yang Z F, et al. 2008. Distribution, partitioning and sources of polycyclic aromatic hydrocarbons in Daliao River water system in dry season, China. Journal of Hazardous Materials, 164: 1379-1385.

Gustafson K E, Dickhut R M. 1997. Distribution of polycyclic aromatic hydrocarbons tin Southern Chesapeake Bay surface water: evaluation of three methods for determining freely dissolved water concentrations. Environmental Toxicology and Chemistry, 16: 452-461.

Gustafsson O, Gschwend P M. 1998. The flux of black carbon to surface sediments on the New England continental shelf. Geochimica et Cosmochimica Acta, 62: 465-472.

Gómez-Gutiérrez A I, Jover E, Bodineau L, et al. 2006. Organic contaminant loads into the Western Mediterranean Sea: Estimate of Ebro River inputs. Chemosphere, 65: 224-236.

Hartmann P C, Quinn J G, Cairns R W, et al. 2004. The distribution and sources of polycyclic aromatic hydrocarbons in Narragansett Bay surface sediments. Marine Pollution Bulletin, 48: 359-370.

Hedges J I. 1992. Global biogeochemical cycles, progress and problems. Marine Chemistry, 39: 67-95.

Hitch R K, Day H R. 1992. Unusual persistence of DDT in some Western USA soils. Bulletin of Environmental Contamination and Toxicology, 48: 259-264.

Hites R A, Laflamme R E, Windsor Jr J G. 1980. Polycyclic aromtic hydrocarbons in marine/aquatic sediments: their ubiquity. Advances in Chemistry Series, 185: 289-311.

Hong H, Xu L, Zhang L, et al. 1995. Environmental fate and chemistry of organic pollutants in the sediment of Xiamen and Victoria harbors. Marine Pollution Bulletin, 31: 229-236.

Hong S H, Yim U H, Shim W J, et al. 2005. Congener-Specific survey for polychlorinated biphenlys in sediments of industrialized bays in Korea: Regional characteristics and pollution sources. Environmental Science and Technology, 39: 7380-7388.

Huang W, Weber Jr. 1997. A distributed reactivity model for sorption by soils and sediments. 10: Relationships between sorption, hysteresis, and the chemical characteristics of organic domains. Environmental Science and Technology, 31: 2562-2569.

Huang W, Young T M, Schlautman M A, et al. 1997. A distributed reactivity model for sorption by soils and sediments: 9. General isotherm nonlinearity and applicability of the dual reactive domain model. Environmental Science and Technology, 31: 1703-1710.

Hutzinger O, Safe S, Zitko V. 1974. The Chemistry of PCBs. Boca Raton: CRC Press.

Ince N A. 1992. Theoretical approach to determination of evaporative rates and half lives of some priority pollutants in two major lakes of Istanbul. International Journal of Environmental Research, 40: 1-12.

Iwata H, Tanabe S, Sakai N, et al. 1993. Distribution of persistent organochlorines in the oceanic air and surface seawater and the role of ocean on their global transport and fate. Environmental Science and Technology, 27: 1080-1098.

Jafvert C T. 1991. Sediment and Saturated Soil- associated Reactions Involving an Anionic Surfactant (dodecvlsulfate). 2. Partition of PAH Compounds Among Phases. Environmental Science and Technology, 25: 1039-1045.

James G, Sabatini D A, Chiou C T, et al. 2005. Evaluating phenanthrene sorption on various wood chars. Water Research, 39: 549-558.

Jeng C Y, Chan D H, Yaws C L. 1992. Data compilation for soil sorption coefficient. Pollution Engineering, 24: 54-60.

Jeng W L, Huh C A. 2006. A comparison of sedimentary aliphatic hydrocarbon distribution between the southern Okinawa Trough and a nearby river with high sediment discharge. Estuarine, Coastal and Shelf Science, 66: 217-224.

Jeong G H, Kim H J, Joo Y J, et al. 2001. Distribution characteristics of PCBs in the sediments of the lower Nakdong River, Korea. Chemosphere, 44: 1403-1411.

Jonker M T O, Koelmans A A. 2002. Sorption of PAHs and PCBs to soot and soot- like materials in the aqueous environment: mechanistic considerations. Environmental Science and Technology, 36: 3725-3723.

Kalnejais L, Martin W, Signell R, et al. 2007. Role of sediment resuspension in the remobilization of particulate- phase metals from coastal sediments. Environmental Science and Technology, 41: 2282-2288.

Kang S, Xing B. 2005. Phenanthrene sorption to sequentially extracted soil humic acids and humans. Environmental Science and Technology, 39: 134-140.

Karickhoff S, Broen D, Scott T. 1979. Sorption of hydrophobic pollutants on natural sediments. Water Research, 18: 241.

Kennicutt II M C, Barker C, Brooks J M, et al. 1987. Selected organic matter source indicators in the Orinoco, Nile and Changjiang deltas. Organic Geochemistry, 11: 41-51.

Kennicutt II M C, Wade T L, Presley B J, et al. 1994. Sediment contaminants in Casco Bay, Maine: inventories, sources, and potential for biological impact. Environmental Science and Technology, 28: 1-15.

Kim G B, Maruya K A, Lee R F, et al. 1999. Distribution and sources of polycyclic aromatic hydrocarbons in sediments from Kyeonggi Bay, Korea. Marine Pollution Bulletin, 38: 7-15.

Kleineidam S, Schuth C, Grathwohl P. 2002. Solubility- normalized combined adsorption partitioning sorption isotherms for organic pollutants. Environmental Science and Technology, 36: 4689-4697.

Ko F C, Baker J, Fang M D, et al. 2007. Composition and distribution of polycyclic aromatic hydrocarbons in the surface sediments from the Susquehanna River. Chemosphere, 66: 277-285.

Kruge M A, Mukhopadhyay P K, Lewis F M. 1998. A molecular evaluation of contaminants and natural organic matter in bottom sediments from western Lake Ontario. Organic Geochemistry, 29: 1797-1812.

Kumata H, Yamada J, Masuda K, et al. 2002. Benzothiazolamines as tire-derived molecular markers: sorptive behavior in street runoff and application to source apportioning. Environmental Science and Technology, 36: 702-708.

Langley L A, Villanueva D E, Fairbrother H. 2006. Quantification of surface oxides on carbonaceous materials. Chemical Material, 18: 169-178.

Law R J, Dawes V J, Woodhead R J, et al. 1997. Polycyclic aromatic hydrocarbons (PAH) in seawater around England and Wales. Marine Pollution Bulletin, 34: 306-322.

Law S A, Diamond M L, Helm P A, et al. 2001. Factors affecting the occurrence and enantiomeric degradation of hexachlorocyclohexane isomers in northern and temperate aquatic systems. Environmental Toxicology and Chemistry, 20: 2690-2698.

Lee K T, Tanabe S, Koh C H. 2001. Distribution of organochlorine pesticides in sediments from Kyeonggi Bay and nearby areas, Korea. Environmental Pollution, 114: 207-213.

Li Y F. 1999. Global technical hexchlorocyclohexane usage and its contamination consequences in the environment: from 1948 to 1997. The Science of the Total Environment, 232: 121-158.

Li Y F, Barrie L A, Bidleman T F, et al. 1998. Global hexachlorocyclohexane use trends and their impact on the arctic atmospheric environment. Geophysical Research Letters, 25: 39-42.

Liang C, Dang Z, Xiao B, et al. 2006. Equilibrium sorption of phenanthrene by soil humic acids. Chemosphere, 63: 1961-1968.

Lim B, Cachier H. 1996. Determination of black carbon by chemical oxidation and thermal treatment in recent marine and lake sediments and Cretaceous-Tertiary clays. Chemical Geology, 131: 143-154.

Lima A L C, Eglinton T I, Reddy C M. 2003. High-Resolution record of pyrogenic polycyclic aromatic hydrocarbon deposition during the 20th Century. Environmental Science and Technology, 37: 53-61.

Lipiatou E, Saliot A. 1991. Fluxes and transport of anthropogenic and natural polycyclic aromatic hydrocarbons in the western Mediterranean Sea. Marine Chemistry, 32: 51-71.

Liu M, Cheng S, Ou D, et al. 2008a. Organochlorine pesticides in surface sediments and suspended particulate matters from the Yangtze estuary, China. Environmental Pollution, 156: 168-173.

Liu P, Zhu D, Zhang H, et al. 2008b. Sorption of polar and nonpolar aromatic compounds to four surface soils of eastern China. Environment Pollution, 4: 1-8.

Llobet-Brossa E, Rosselló-Mora R, Amann R. 1998. Microbial community composition of wadden sea sediments as revealed by fluorescence in situ hybridization. Appl. Environ. Microbiol. , 64: 2691-2696.

Lohmann R, Macfarlane J K, Gschwend P M. 2005. Importance of black carbon to sorption of native PAHs, PCBs and PCDDs in Boston and New York Harbor sediments. Environmental Science and Technology, 39: 141-148.

Long E R, MacDonald D D, Smith S L, et al. 1995. Incidence of adverse biological effects within ranges of chemical concentrations in marine and estuarine sediments. Environmental Management, 19: 81-97.

Luo L, Zhang S, Ma Y. 2008. Evaluation of impacts of soil fractions on phenanthrene sorption. Chemosphere, 72: 891-896.

Luo X J, Chen S J, Mai B X, et al. 2006. Polycyclic aromatic hydrocarbons in suspended particulate matter and sediments from the Pearl River Estuary and adjacent coastal areas, China. Environmental Pollution, 139: 9-20.

Luo X J, Mai B X, Yang Q S, et al. 2004. Polycyclic aromatic hydrocarbons (PAHs) and organochlorine pesticides in water columns from the Pearl River and the Macao harbor in the Pearl river delta in south China. Marine Pollution Bulletin, 48: 1102-1115.

Lyman W J, Reehl W F, Rosenblatt D H. 1982. Handbook of chemical property estimation methods. New York: McGraw-Hill Book Co.

MacDonald D D. 1994. Development and evaluation of sediment quality assessment guidelines, v. 1 of Approach to the assessment of sediment quality in Florida coastal water: MacDonald Environmental Services (Ladysmith, B. C.) report prepared for Florida Department of Environmental Protection, Office of Water Policy, Tallahassee.

Mackay D, Shiu W Y, Ma K C. 1992. IllustratedHandbook of Physical-Chemical Properties and Environmental Fate for Organic Chemicals. Polynuclear Aromatic Hydrocarbons, Polychlorinated Dioxins and Dibenzofurans. Vol. II. Chelsea MI: Lewis Publishers.

Mai B X, Fu J M, Sheng G Y, et al. 2002. Chlorinated and polycyclic aromatic hydrocarbons in riverine and estuarine sediments from Pearl River Delta, China. Environmental Pollution, 117: 457-474.

Mai B X, Fu J M, Zhang G, et al. 2001. Polycyclic aromatic hydrocarbons in sediments from the Pearl River and Estuary, China: spatial and temporal distribution and sources. Applied Geochemistry, 16: 1429-1445.

Maldonado C, Bayona J M, Bodineau L. 1999. Sources, distribution, and water column process of aliphatic and polycyclic aromatic hydrocarbons in the Northwestern Black Sea water. Environmental Science and Technology, 33: 2693-2702.

Manoli E, Samara C, Konstantinou I, et al. 2000. Polycyclic aromatic hydrocarbons in the bulk precipitation and surface waters of Northern Greece. Chemosphere, 41: 1845-1855.

Maruya K A, Risebrough R W, Home A J. 1996. Partitioning of polycyclic aromatic hydrocarbons between sediments from San Francisco Bay and their porewater. Environmental Science and Technology, 30: 2942-2947.

Maskaoui K, Zhou J L, Hong H S, et al. 2002. Contamination by polycyclic aromatic hydrocarbons in the Jiulong River Estuary and Western Xiamen Sea, China. Environmental Pollution, 118: 109-122.

Mcgroddy S E, Farrington J W. 1995. Sediment porewater partitioning of polycyclic hydrocarbons in three cores from Boston Harbor, Massachusetts. Environmental Science and Technology, 29: 1542-1550.

Medeiros P M, Bl'cego M C, Castelao R M, et al. 2005. Natural and anthropogenic hydrocarbon inputs to sediments of Patos Lagoon Estuary, Brazil. Environment International, 31: 77-87.

Meijers A P, Van Der Leer R C. 1976. The occurrence of organic micropollutants in the River Rhine and the River Maas in 1974. Water Research, 10: 597-604.

Men B, He M, Tan L, et al. 2009. Distributions of polycyclic aromatic hydrocarbons in the Daliao River Estuary of Liaodong Bay, Bohai Sea (China). Marine Pollution Bulletin, 58: 818-826.

Metcalf R L. 1973. A century of DDT. Journal of Agricultural and Food Chemistry, 21: 511-520.

Middelburg J J, Nieuwenhuize J, van Breugel P. 1999. Black carbon in marine sediments. Marine Chemistry, 65: 245-252.

Minai-Tehrani D, Minoui S, Herfatmanesh A. 2009. Effect of salinity on biodegradation of polycyclic aromatic hydrocarbons (PAHs) of heavy crude oil in soil. Bulletin of Environmental Contamination and Toxicology, 82: 179-184.

Mitra S, Dickhut R M. 1999. Three phase modeling of polycyclic aromatic hydrocarbon association with pore-water dissolved organic carbon. Environmental Toxicology and Chemistry, 18: 1144-1148.

Nadeem M, Shabbir M, Abdullah M A, et al. 2008. Sorption of cadmium from aqueous solution by surfactant-modified carbon adsorbents. Chemical Engineering Journal, 148: 365-370.

Nelson D, Sche P A, Keil C. 1991. Characterization of volatile organic compounds contained in coke plant emissions//The 84th Annual meeting & Exhibition of Air & Waste Management Association. Vancouver BC: 6: 79-91.

Nemirovskaya I A, Brekhovskikh V F, Kazmiruk V D. 2006. Aliphatic and polycyclic hydrocarbons in bottom sediments of offshore mouth area of the Volga. Water Resource, 33: 274-284.

Nemr A E, Abd-Allah A M A. 2003. Contamination of polycyclic aromatic hydrocarbons (PAHs) in microlayer and subsurface waters along Alexandria coast, Egypt. Chemosphere, 52: 1711-1716.

Nguyen T H, Ball W P. 2006. Absorption and adsorption of hydrophohic organic contaminants to diesel and hexane soot. Environmental Science and Technology, 40: 2958-2964.

Nguyen T H, Cho H H, Poster D L. 2007. Evidence for a pore-filling mechanism in the adsorption of aromatic hydrocarbons to a natural wood char. Environmental Science and Technology, 41: 1212-1217.

Nguyen T H, Goss K U, Ball W P. 2005. Polyparameter linear free energy relationships for estimating the equilibrium partition of organic compounds between water and the natural organic matter in soils and sediments. Environmental Science and Technology, 39: 913-924.

Nguyen T H, Sabbah I, Ball W P. 2004. Sorption nonlinearity for organic contanminants with diesel soot: method development and isotherm interpretation. Environmental Science and Technology, 38: 3595-3603.

Niemeyer J, Chen J, Bollag J M. 1992. Characterization of humic acids, composts, and peat by diffuse reflectance fourier tansform infrared spectroscopy. Soil Science Society of Americal Journal, 56: 135-140.

Näf C, Broman D, Rol C, et al. 1992. Flux estimates and pattern recognition of particulate polycyclic aromatic hydrocarbons, polychlorinated dibenzop ~ dioxins, and dibenzofurans in the waters outside various emission sources on the Swedish Baltic coast. Environmental Science and Technology, 26: 1444-1457.

Oh G, Ju Y, Kim M, et al. 2008. Adsorption of toluene on carbon nanofibers prepared by electrospinning. Science of the Total Environment, 393: 341-347.

Ongley E D, Birkholz D A, Carey J H, et al. 1988. Is water a relevant sampling medium for toxic chemicals? An alternative environmental sensing strategy. Journal of Environmental Quality, 17: 391-401.

Oren A, Chefetz B. 2005. Sorption-desorptin behavior of polycyclic aromatic hydrocarbons in upstream and downstream river sediments. Chemosphere, 61: 19-29.

Pan B, Xing B, Liu W, et al. 2006. Distribution of sorbed phenanthrene and pyrene in different humic fractions of soils and importance of humin. Environment Pollution, 143: 24-33.

Panagiotis D S. 1997. Experiments on water-sediment nutrient portioning under turbulent, shear and diffusion conditions. Water Air and Soil Pollution, 99: 411-425.

Parker S K, Bielefeldt A R. 2003. Aqueous chemistry and interactive effects on nonionic surfactant and pentachlorophenol sorption to soils. Water Research, 37: 4663-4672.

Pereira W E, Hostettler F D, Luoma S N, et al. 1999. Sedimentary record of anthropogenic and biogenic polycyclic aromatic hydrocarbons in San Francisco Bay, California. Marine Chemistry, 64: 99-113.

Pereira W E, Hostettler F D, Rapp J B. 1996. Distributions and fate of chlorinated pesticides, biomarkers and polycyclic aromatic hydrocarbons in sediments along a contamination gradient from a point- source in San Francisco Bay, California. Marine Environmental Research, 41: 299-314.

Prahl F G, Ertel J R, Goni M A, et al. 1994. Terrestrial organic carbon contributions to sediments on the Washington margin. Geochimica et Cosmochimica Acta, 58: 3035-3048.

Pusino A, Pinna V W, Gessa C. 2004. Azimsulfuron sorption-desorption on soil. Journal of Agriculural Food and Chemistry, 52: 3462-3466.

Rajendran R B, Imagawa T, Tao H, et al. 2005. Distribution of PCBs, HCHs and DDTs, and their ecotoxicological implications in Bay of Bengal, India. Environment International, 31: 503-512.

Ran Y, Sun K, Yang Y, et al. 2007. Strong sorption of phenanthrene by condensed organic matter in soils and sediments. Environmental Science and Technology, 41: 3952-3958.

Readman J M, Mantoura R F C, Rhead M M. 1987. A record of polycyclic aromatic hydrocarbons (PAH) pollution obtained from accreting sediments of the Tamar estuary, UK: Evidence for non equilibrium behaviour of PAH. The Science of the Total Environment, 66: 73-94.

Readman J W, Fillmann G, Tolosa I, et al. 2002. Petroleum and PAH contamination of the Black Sea. Marine Pollution Bulletin, 44: 48-62.

Reddy C M, Eglinton T I, Hounshell A, et al. 2002. The west Falmouth oil spill after thirty years: the persistence of petroleum hydrocarbons in Marsh sediments. Environmental Science and Technology, 36: 4754-4760.

Reed A J, Lutz R A, Vetriani C. 2006. Vertical distribution and diversity of bacteria and archaea in sulfide and methane2rich cold seep sediments located at the base of the Florida Escarpment. Extremophiles, 10: 199-211

Rieley G, Collier R J, Jones D M, et al. 1991. The biogeochemistry of Ellesmere Lake, U. K. - I: source correlation of leaf wax inputs to the sedimentary lipid record. Organic Geochemistry, 17: 901-912.

Rusch A, Huettel M, Reimers C E, et al. 2003. Activity and distribution of bacterial populations in Middle Atlantic Bight shelf sands. FEMS Microbiol. Ecol. , 44: 89-100.

Sanders M S S. 2002. Origin and distribution of PAHs in surficial sediments from the Savannah River. Archives of Environmental Contamination and Toxicology, 43: 438-448.

Sandra N M, Jordi D, Pilar F, et al. 2006. Modelling the dynamic air- water- sediment coupled fluxes and occurrence of polychlorinated biphenyls in a high altitude lake. Environmental Pollution, 140: 546-560.

Santos E B H, Duarte A C. 1998. The influence of pulp and paper mill effluents on the composition of the humic fraction of aquatic organic matter. Water Research, 32: 597-608.

Sanudo-Wilhemy S A, Rivera- Duarte I, Flegal A R. 1996. Distribution of colloidal trace metals in the San Francisco Bay estuary. Geochimica et Cosmochimica Acta, 60: 4933-4944.

Sarkar A, Nagarajan R, Chaphadkar S, et al. 1997. Contamination of organochlorine pesticides in sediments from the Arabian Sea along the west coast of India. Water Research, 31: 195-200.

Schwarz J I K, Eckert W, Conrad R. 2007. Community structure of Archaea and Bacteria in a profundal lake sediment Lake Kinneret (Israel). Systematic and Applied Microbiology, 30: 239-254.

Senesi N, D'Orazio V, Rice G. 2003. Humic acids in the first generation of Eurosoils. Geoderma, 116: 325-344.

Shi Z, Tao S, Pan B, et al. 2005. Contamination of rivers in Tianjin, China by polycyclic aromatic hydrocarbons. Environmental Pollution, 134: 97-111.

Shiaris M P. 1989. Seasonal biotransformation of naphthalene, phenanthrene and benzo [a] pyrene in surficial estuarine sediments. Archives of Environmental Contamination and Toxicology, 55: 1391-1399.

Shukla P, Gopalani M, Ramteke D S, et al. 2007. Influence of salinity on PAH uptake from water soluble fraction of crude oil in tilapia mossambica. Bulletin of Environment Contamination and Toxicology, 79: 601-605.

Simoneit B R T. 1982. Some applications of computerized GC- MS to the determination of biogenic and anthropogenic organic matter in environment. International Journal of Environmental, Analytical Chemistry, 12: 177-193.

Simpson C D, Mosi A A, Cullen W R, et al. 1996. Composition and distribution of polycyclic aromatic hydrocarbons in surficial marine sediments from Kitimat Harbour, Canada. The Science of the Total Environment, 181: 265-278.

Sivey J D, Lee C M. 2007. Polychlorinated biphenyl contamination trends in Lake Hartwell, South Carolina (USA): Sediment recovery profiles spanning two decades. Chemosphere, 66: 1821-1828.

Song J, Peng P, Huang W. 2002. Black carbon and kerogen in soils and sediments: 1. Quantification and characterization. Environmental Science and Technology, 36: 3960-3967.

Staples C A, Werner A F, Hoogheem T J. 1985. Assessment of priority pollutant concentrations in the United States using STORET database. Environmental Toxicology and Chemistry, 4: 131-142.

Steinhauer M S, Boehm P D. 1992. The composition and distribution of saturated and aromatic hydrocarbons in nearshore sediments, river sediments, and coastal peat of Alaskan Beaufort Sea: implications for detecting anthropogenic hydrocarbon inputs. Marine Environmental Research, 33: 223-253.

Sun H, Zhou Z. 2008. Impacts of charcoal characteristics on sorption of polycyclic aromatic hydrocarbons. Chemosphere, 71: 2113-2120.

Sun K, Ran Y, Yang Y, et al. 2008. Sorption of phenanthrene by nonhydrolyzable organic matter from different size sediments. Environmental Science and Technology, 42: 1961-1966.

Swartz R. 1999. Consensus sediment quality guidelines for polycylic aromatic hydrocarbon mixtures. Environmental Toxicology and Chemistry, 18: 780-787.

Tang Z, Yang Z, Shen Z, et al. 2008. Residues of organochlorine pesticides in water and suspended particulate matter from the Yangtze River catchment of Wuhan, China. Environmental Monitor and Assessment, 137: 427-439.

Tao Q, Wang D, Tang H. 2006. Effect of surfactants at low concentrations on the sorption of atrazine by natural sediment. Water Environmental Research, 78: 653-660.

Tolosa I, Mora S D, Sheikholeslami M R, et al. 2004. Aliphatic and aromatic hydrocarbons in coastal Caspian sea sediments. Marine Pollution Bulletin, 48: 44-60.

Trickovic J, Ivancev- Tumbas I, Dalmacija B, et al. 2007. Pentachlorobenzene sorption onto sediment organic matter. Organic Geochemistry, 38: 1757-1769.

Tsai C H, Lick W. 1986. A portable device for measuring sediment resuspension. Journal of Great Lakes Research 12, 314-321.

UNEP. 1992. Determination of petroleum hydrocarbons in sediments. Reference Methods For Marine Pollution Studies, 20.

Van Meter P C, Callender E C, Fuller C C. 1997. Historical trends in organochlorine compounds in river basins identified using sediment cores from reservoirs. Environmental Science and Technology, 31: 2339-2344.

Vane C H, Harrison I, Kim A W. 2007. Polycyclic aromatic hydrocarbona (PAH) and polychlorinated biphenyls (PCBs) in sediments from the Mersey Estuary, U. K. Science of the Total Environment, 374: 112-126.

Viguri J, Verde J, Irabien A. 2002. Environmental assessment polycyclic aromatic hydrocarbons (PAHs) in surface sediments of the Santander Bay, Nothern Spain. Chemosphere, 48: 157-165.

Volkman J K, Holdsworth D G, Neill G P, et al. 1992. Indentification of natural, anthropogenic and petroleum hydrocarbons in aquatic sediments. The Science of Total Environment, 112: 203-219.

Walker K, Vallero D A, Lewis R G. 1999. Factors influencing the distribution of lindane and other hexachlorocyclohexanes in the environment. Environmental Science and Technology, 33: 4373-4378.

Wang H, He M, Lin C, et al. 2007. Monitoring and assessment of persistent organochlorine residues in sediments from the Daliaohe River Watershed, Northeast of China. Environmental Monitor and Assessment, 133: 231-242.

Wang X, Sato T, Xing B. 2006. Competitive sorption of pyrene on wood chars. Environmental Science and Technology, 40: 3267-3272.

Wen B, Zhang J, Zhang S, et al. 2007. Phenanthrene sorption to soil humic acid and different humin fractions. Environmental Science and Technology, 41: 3165-3171.

WHO. 1998. Polynuclear aromatic hydrocarbons Guidelines for Drinking-Water Quality (2nd edition). Geneva: World Health Organization.

Willett K L, Ulrich E M, Hites R A. 1998. Differential toxicity and environmental fates of hexachlorocyclohexane isomers. Environmental Science and Technology, 32: 2197-2207.

Wobus A, Bleul C, Maassen S, et al. 2003. Microbial diversity and functional characterization of sediments from reservoirs of different trophic state. FEMS Microbiol Ecol., 46: 331-347.

Wu Y, Zhang J, Zhu Z J. 2003. Polycyclic aromatic hydrocarbons in the sediments of the Yalujiang Estuary, North China. Marine Pollution Bulletin, 46: 619-625.

Wurl O, Obbard J P, Lam P K. 2006. Distribution of organochlorines in the dissolved and suspended phase of the sea-surface microlayer and seawater in Hong Kong, China. Marine Pollution Bulletin, 52: 768-777.

Wurl O, Obbard J P. 2005. Organochlorine pesticides, polychlorinated biphenyls and polybrominated diphenyl ethers in Singapore_ scoastal marine sediments. Chemosphere, 58: 925-933.

Xiao B, Yu Z, Huang W, et al. 2004. Black carbon and kerogen in soils and sediments: 2. Their roles in equilibrium sorption of less-polar organic pollutants. Environmental Science and Technology, 38: 5842-5852.

Xing B. 2001. Sorption of naphthalene and phenanthrene by soil humic acids. Environmental Science and Technology, 111: 303-309.

Xu D, Zhu S, Chen H, et al. 2006. Structural characterization of humic acids isolated from typical soils in China and their adsorption characteristics to phenanthrene. Colloids and Surfaces A: Physicochemistry Engineering Aspects, 276: 1-7.

Xu M X, Wang P, Wang F P, et al. 2005. Microbial diversity at a deep sea station of the Pacific nodule province. Biodiversity and Conservation, 14: 3363-3380.

Xu S F, Jiang X, Dong Y Y, et al. 2000. Polychlorinated organic compounds in Yangtse River sediments. Chemosphere, 41: 1897-1903.

Xu X, Yang H, Li Q, et al. 2007. Residues of organochlorine pesticides in near shore waters of LaiZhou Bay and JiaoZhou Bay, Shangdong Peninsula, China. Chemosphere, 68: 126-139.

Yamagishi T, Miyazaki T, Horii S, et al. 1981. Identification of musk xylene and musk ketone in fresh water fish collected from the Tama Rever Tokyo. Bulletin of Environmental Contamination and Toxicology, 26: 656-662.

Yang H H, Lai S O, Hsieh L T, et al. 2002. Profiles of PAH emission from steel and iron industries. Chemosphere, 48: 1061-1074.

Yang R Q, Lv A H, Shi J B, et al. 2005. The levels and distribution of organochlorine pesticides (OCPs) in sediments from the Haihe River, China. Chemosphere, 61: 347-354.

Yang Y, Hofmann T, Pies C, et al. 2008a. Sorption polycyclic aromatic hydrocarbons (PAHs) to carbonaceous materials in a river floodplain soil. Environmental Pollution, 2: 1-7.

Yang Z F, Feng J L, Niu J F, et al. 2008b. Release of polycyclic aromatic hydrocarbons from Yangtze River sediment cores during periods of simulated resuspension. Environmental Pollution, 155: 366-374.

Yu Z, Huang W, Song J, et al. 2006. Sorption of organic pollutants by marine sediments: implication for the role of particulate organic matter. Chemosphere, 65: 2493-2501.

Yunker M B, Macdonald R W, Vingarzan R, et al. 2002. PAHs in the Fraser River basin: a critical appraisal of PAH ratios as indicators of PAH source and composition. Organic Geochemistry, 33: 489-515.

Yunkera M B, Robie W. 2003. Alkane and PAH depositional history, sources and fluxes in sediments from the Fraser river basin and strait of Georgia, Canada. Organic Geochemistry, 34: 1429-1454.

Zakaria M P, Tsutsumi S, Ohno K, et al. 2002. Distribution of polycyclic aromatic hydrocarbons (PAHs) in rivers and estuaries in Malaysia: a widespread input of petrogenic PAHs. Environment Science and Technology, 36: 1907-1918.

Zelles L, Bai Q Y, Beck T, et al. 1992. Signature fatty acids in phospholipids and lipopolysaccharides as indicators of microbial biomass and community structure in agricultural soils. Soil Biol Biochem, 24: 317-323.

Zhang Z L, Hong H S, Zhou J L, et al. 2003. Fate and assessment of persistent organic pollutants in water and sediment from Minjiang River Estuary, Southeast China. Chemosphere, 52: 1423-1430.

Zhang J, He M, Shi Y. 2009. Comparative sorption of benzo [α] phrene to different humic acids and humin in sediments. Journal of Hazardous Materials, 166: 802-809.

Zhang J, Cai L Z, Yuan D X, et al. 2004a. Distribution and sources of polynuclear aromatic hydrocarbons in Mangrove surficial sediments of Deep Bay, China. Marine Pollution Bulletin, 49: 479-486.

Zhang Z L, Huang J, Yu G, et al. 2004b. Occurrence of PAHs, PCBs and organochlorine pesticides in the Tonghui River of Beijing, China. Environmental Pollution, 130: 249-261.

Zheng G J, Man B K W, Lam J C W, et al. 2002. Distribution and sources of polycyclic aromatic hydrocarbons in the sediment of a sub-tropical coastal wetland. Water Research, 36: 1457-1468.

Zhou J L, Fileman T W, Evans S, et al. 1996. Seasonal distribution of dissolved pesticides and polynuclear aromatic hydrocarbons in the Humber Estuary and Humber coastal zone. Marine Pollution Bulletin, 32: 599-608.

Zhou J L, Fileman T W, Evans S, et al. 1999. The partition of fluoranthene and pyrene between suspended particles and dissolved phase in the Humber Estuary: A study of the controlling factors. Science of the Total Environment, 244: 305-321.

Zhou J L, Hong H, Zhang Z, et al. 2000. Multi- phase distribution of organic micropollutants in Xiamen Harbour, China. Water Research, 34: 2132-2150.

Zhou J L, Maskaoui K, Qiu Y W, et al. 2001. Polychlorinated biphenyl congeners and organochlorine